实用工程数学

杨策平 刘 磊 主编
朱 玲 徐 循 副主编

科学出版社
北 京

内 容 简 介

本书根据高职高专工程数学课程教学大纲的基本要求，并结合编者多年的教学实践经验编写而成，反映了当前高职高专教育培养高素质实用型人才数学课程设置的教学理念。全书共分三部分，第一部分，线性代数初步；第二部分，概率论与数理统计初步；第三部分，MATLAB 简介及数学实验。本书含盖了工程数学的大部分基本内容。每章节后都配有习题，并在书后附有部分习题参考答案与提示。

本书可供高职高专各专业学生使用。

图书在版编目（CIP）数据

实用工程数学 / 杨策平，刘磊主编. —北京：科学出版社，2018.1
ISBN 978-7-03-055792-6

Ⅰ. ①实… Ⅱ. ①杨…②刘… Ⅲ. ①工程数学-教材 Ⅳ. ①TB11

中国版本图书馆 CIP 数据核字（2017）第 300852 号

责任编辑：胡云志 李 萍 / 责任校对：桂伟利
责任印制：张 伟 / 封面设计：华路天然设计工作室

科 学 出 版 社 出版
北京东黄城根北街 16 号
邮政编码：100717
http://www.sciencep.com

固安县铭成印刷有限公司 印刷

科学出版社发行 各地新华书店经销

*

2018 年 1 月第 一 版 开本：720 × 1000 1/16
2023 年 8 月第四次印刷 印张：14
字数：300 000

定价：36.00 元

（如有印装质量问题，我社负责调换）

前　言

本书是按照新形势下高职高专工程数学教学改革的精神，针对高职高专学生学习的特点，结合编者多年的教学实践编写而成的. 本书具有以下特色：

(1) 依据高职高专工程数学课程教学大纲的基本要求编写而成，力求突出实用性，坚持理论够用为度的原则. 在尽可能保持数学学科特点的基础上，注意到高职高专教育的特殊性，对教学内容进行了精选，淡化理论性和系统性，对一些定理只给出解释或简单的几何说明，强化针对性和实用性，将应用落实到使学生能运用所学数学知识求解实际问题上.

(2) 本书吸取了国内外同类教材的精华，借鉴了近几年我国出版的一批教材的成功经验，因此，本书具有更强的实用性. 书中概念的引入尽可能从实际背景入手，讲解基本概念、基本原理和基本解题技能时，在考虑到学生自身能力、教学学时等实际情况的基础上，做到由易到难、循序渐进和通俗易懂，不要求复杂的计算和证明.

(3) 本书注重基础知识、基本方法和基本技能的训练；注重对学生抽象概括能力、逻辑推理能力、计算能力和解决实际问题能力的培养，并对解题的步骤和思路进行了适当的归纳. 每节后习题的配备类型合理，深度和广度适中.

(4) 本书既考虑到一般理工科专业对工程数学的需要，也兼顾经济类专业的特点，因此，也适用于经济类专业. 书中工程数学内容全面，可根据不同需要选学部分内容，同时，书中注有“*”号的内容可供教师选讲及学有余力的同学阅读.

本书由杨策平、刘磊担任主编，由朱玲、徐循担任副主编. 参编人员有王红、朱长青、黄斌、任潜能、胡二琴等教师.

本书由杨策平修改、统稿、定稿.

在本书的编写过程中，湖北工业大学工程技术学院和湖北工业大学理学院的领导及教师提出了许多宝贵的意见和建议，编者在此表示诚挚的谢意，欢迎各位读者提出批评和建议.

编　者

2017 年 10 月于武汉

前言

目　　录

第一部分　线性代数初步

第一章　行列式与矩阵……1
　第1节　行列式的概念与性质……1
　第2节　克拉默法则……11
　第3节　矩阵的概念与运算……13
　第4节　矩阵的初等变换与逆矩阵……24
第二章　线性方程组与向量组……37
　第1节　线性方程组……37
　第2节　n维向量及其线性相关性……45
　第3节　向量组的秩……51
　第4节　线性方程组解的结构……54
第三章　矩阵的对角化……63
　第1节　向量的内积和长度、正交矩阵……63
　第2节　方阵的特征值与特征向量……68
　第3节　相似矩阵与矩阵的相似对角化……72
　第4节　实对称矩阵的对角化……76
　第5节　二次型及其标准形……79
　第6节　正定二次型与正定矩阵……88

第二部分　概率论与数理统计初步

第四章　古典概型……92
　第1节　随机事件与概率……92
　第2节　概率的基本公式……100
第五章　随机变量及其数字特征……110
　第1节　随机变量及其分布……110
　第2节　随机变量的数字特征……129
第六章　数理统计初步……137
　第1节　总体与样本、抽样分布……137
　第2节　参数估计……145

第 3 节　参数的假设检验 ······ 157
第 4 节　一元线性回归分析 ······ 167

第三部分　MATLAB 简介及数学实验

第七章　MATLAB 简介 ······ 175
第八章　线性代数实验 ······ 189
第九章　概率论与数理统计实验 ······ 194

附录 ······ 199
部分习题参考答案与提示 ······ 205

第一部分　线性代数初步

在科学技术和生产经营管理活动中，经常碰到的许多问题都可以归结为求解线性方程组的问题. 行列式和矩阵是为了求解线性方程组而引入的，它们是研究线性代数的重要工具. 这里将介绍行列式和矩阵的概念及其运算，并用它们求解线性方程组，解决一些实际问题.

第一章　行列式与矩阵

第 1 节　行列式的概念与性质

一、二阶与三阶行列式

行列式的概念起源于求解线性方程组，所谓线性方程组是指未知量的最高次幂是一次的方程组.

设有二元线性方程组

$$\begin{cases} a_{11}x_1 + a_{12}x_2 = b_1, \\ a_{21}x_1 + a_{22}x_2 = b_2. \end{cases} \tag{1}$$

我们用加减消元法，可得

$$\begin{cases} (a_{11}a_{22} - a_{12}a_{21})x_1 = b_1a_{22} - a_{12}b_2, \\ (a_{11}a_{22} - a_{12}a_{21})x_2 = a_{11}b_2 - b_1a_{21}. \end{cases}$$

若 $a_{11}a_{22} - a_{12}a_{21} \neq 0$，那么方程组(1)的解为

$$\begin{cases} x_1 = \dfrac{b_1a_{22} - a_{12}b_2}{a_{11}a_{22} - a_{12}a_{21}}, \\ x_2 = \dfrac{a_{11}b_2 - b_1a_{21}}{a_{11}a_{22} - a_{12}a_{21}}. \end{cases} \tag{2}$$

但公式(2)不容易记忆，因此也就不便于应用. 针对这一缺点，引入记号

$$\begin{vmatrix} a_{11} & a_{12} \\ a_{21} & a_{22} \end{vmatrix} = a_{11}a_{22} - a_{12}a_{21}. \tag{3}$$

在上面引入的记号中，横排称为行，竖排称为列，因为共有两行两列，所以

称为**二阶行列式**，它表示代数和 $a_{11}a_{22}-a_{12}a_{21}$，其中数 $a_{ij}(i=1,2;\ j=1,2)$ 称为二阶行列式的**元素**或**元**. 元素 a_{ij} 的第一个下标 i 称为**行标**，表明该元素位于第 i 行，第二个下标 j 称为**列标**，表明该元素位于第 j 列，位于第 i 行第 j 列的元素称为二阶行列式的 (i,j) 元.

二阶行列式的定义本身也给出了它的计算方法. 从左上角到右下角的对角线称为**主对角线**，沿主对角线上的两元素之积取正号. 从右上角到左下角的对角线称为**次对角线**，沿次对角线上的两元素之积取负号. 这种计算法称为二阶行列式的**对角线法则**.

由二阶行列式的概念，若记

$$D=\begin{vmatrix}a_{11} & a_{12}\\ a_{21} & a_{22}\end{vmatrix},\quad D_1=\begin{vmatrix}b_1 & a_{12}\\ b_2 & a_{22}\end{vmatrix},\quad D_2=\begin{vmatrix}a_{11} & b_1\\ a_{21} & b_2\end{vmatrix},$$

则公式(2)可写成

$$x_1=\frac{D_1}{D}=\frac{\begin{vmatrix}b_1 & a_{12}\\ b_2 & a_{22}\end{vmatrix}}{\begin{vmatrix}a_{11} & a_{12}\\ a_{21} & a_{22}\end{vmatrix}},\quad x_2=\frac{D_2}{D}=\frac{\begin{vmatrix}a_{11} & b_1\\ a_{21} & b_2\end{vmatrix}}{\begin{vmatrix}a_{11} & a_{12}\\ a_{21} & a_{22}\end{vmatrix}}.$$

注意　上式的分母 D 是由方程组(1)的系数所确定的二阶行列式(称为**系数行列式**)，x_1 的分子 D_1 是用常数项 b_1，b_2 替换 D 中 x_1 的系数 a_{11}，a_{21} 所得的二阶行列式，x_2 的分子 D_2 是用常数项 b_1，b_2 替换 D 中 x_2 的系数 a_{12}，a_{22} 所得的二阶行列式. 由此可见，用二阶行列式表示线性方程组(1)的解，显然容易记忆.

例 1.1.1　求解二元线性方程组

$$\begin{cases}2x_1+3x_2=2,\\ x_1+4x_2=-1.\end{cases}$$

解　因为

$$D=\begin{vmatrix}2 & 3\\ 1 & 4\end{vmatrix}=8-3=5\neq 0,$$

$$D_1=\begin{vmatrix}2 & 3\\ -1 & 4\end{vmatrix}=8-(-3)=11,\quad D_2=\begin{vmatrix}2 & 2\\ 1 & -1\end{vmatrix}=-2-2=-4,$$

所以方程组的解为

$$\begin{cases}x_1=\dfrac{D_1}{D}=\dfrac{11}{5},\\[2mm] x_2=\dfrac{D_2}{D}=-\dfrac{4}{5}.\end{cases}$$

与二阶行列式类似，定义三阶行列式如下：

$$D=\begin{vmatrix} a_{11} & a_{12} & a_{13} \\ a_{21} & a_{22} & a_{23} \\ a_{31} & a_{32} & a_{33} \end{vmatrix}=a_{11}a_{22}a_{33}+a_{12}a_{23}a_{31}+a_{13}a_{21}a_{32}-a_{11}a_{23}a_{32}-a_{12}a_{21}a_{33}-a_{13}a_{22}a_{31}$$

称为**三阶行列式**.

由以上定义可知，三阶行列式有三行三列，其元素 $a_{ij}(i, j=1, 2, 3)$ 共有 3^2 个. 三阶行列式仍有对角线法则，即实线上三个元素乘积之和，减去虚线上三个元乘积之和(图 1-1).

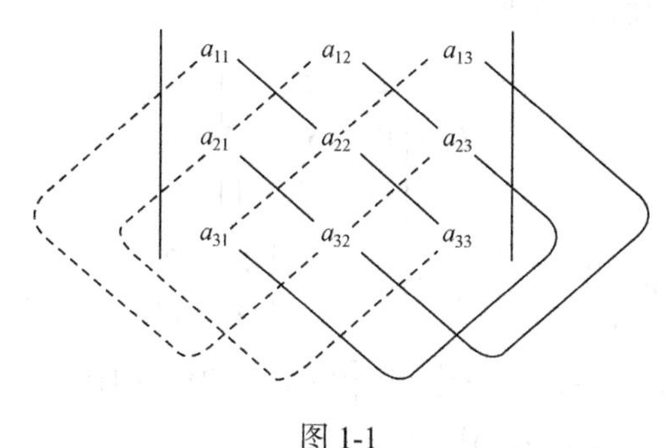

图 1-1

由二阶行列式和三阶行列式的定义，不难发现有如下关系式

$$\begin{aligned} D&=\begin{vmatrix} a_{11} & a_{12} & a_{13} \\ a_{21} & a_{22} & a_{23} \\ a_{31} & a_{32} & a_{33} \end{vmatrix} \\ &=a_{11}(-1)^{1+1}\begin{vmatrix} a_{22} & a_{23} \\ a_{32} & a_{33} \end{vmatrix}+a_{12}(-1)^{1+2}\begin{vmatrix} a_{21} & a_{23} \\ a_{31} & a_{33} \end{vmatrix}+a_{13}(-1)^{1+3}\begin{vmatrix} a_{21} & a_{22} \\ a_{31} & a_{32} \end{vmatrix}, \end{aligned}$$

其中

$$\begin{vmatrix} a_{22} & a_{23} \\ a_{32} & a_{33} \end{vmatrix}$$

是原三阶行列式 D 中划去元素 a_{11} 所在的第一行和第一列后剩下的元素按原来顺序组成的二阶行列式，称它为元素 a_{11} 的**余子式**，记作 M_{11}，即

$$M_{11}=\begin{vmatrix} a_{22} & a_{23} \\ a_{32} & a_{33} \end{vmatrix}.$$

类似地，记

$$M_{12}=\begin{vmatrix} a_{21} & a_{23} \\ a_{31} & a_{33} \end{vmatrix},\quad M_{13}=\begin{vmatrix} a_{21} & a_{22} \\ a_{31} & a_{32} \end{vmatrix},$$

并且令

$$A_{ij}=(-1)^{i+j}M_{ij}\quad (i,j=1,2,3)$$

称为元素 a_{ij} 的**代数余子式**.

因此，三阶行列式也可以表示为

$$D=\begin{vmatrix} a_{11} & a_{12} & a_{13} \\ a_{21} & a_{22} & a_{23} \\ a_{31} & a_{32} & a_{33} \end{vmatrix}=a_{11}A_{11}+a_{12}A_{12}+a_{13}A_{13}. \tag{4}$$

这样，三阶行列式的值可转化为二阶行列式计算而得到.

例 1.1.2　计算三阶行列式

$$D=\begin{vmatrix} 2 & -5 & 1 \\ 0 & 3 & -2 \\ -1 & -3 & 4 \end{vmatrix}.$$

解　$D=2\times(-1)^{1+1}\begin{vmatrix} 3 & -2 \\ -3 & 4 \end{vmatrix}+(-5)\times(-1)^{1+2}\begin{vmatrix} 0 & -2 \\ -1 & 4 \end{vmatrix}+1\times(-1)^{1+3}\begin{vmatrix} 0 & 3 \\ -1 & -3 \end{vmatrix}$

$$=2\times\left[3\times4-(-2)\times(-3)\right]+5\times\left[0\times4-(-2)\times(-1)\right]$$
$$+\left[0\times(-3)-3\times(-1)\right]=5.$$

二、n 阶行列式的定义

定义 1.1.1　由 n^2 个数组成的算式

$$D=\begin{vmatrix} a_{11} & a_{12} & \cdots & a_{1n} \\ a_{21} & a_{22} & \cdots & a_{2n} \\ \vdots & \vdots & & \vdots \\ a_{n1} & a_{n2} & \cdots & a_{nn} \end{vmatrix}$$

称为 ***n* 阶行列式**，其中 $a_{ij}(i,j=1,2,\cdots,n)$ 称为 n 阶行列式第 i 行第 j 列的元素.

当 $n=2$ 时，按(3)式计算二阶行列式，即

$$\begin{vmatrix} a_{11} & a_{12} \\ a_{21} & a_{22} \end{vmatrix}=a_{11}a_{22}-a_{12}a_{21}.$$

当 $n>2$ 时，设 $n-1$ 阶行列式已定义. 在 n 阶行列式 D 中划去元素 a_{ij} 所在的第 i 行和第 j 列后剩下的元素按原来顺序组成的 $n-1$ 阶行列式，称为元素 a_{ij} 的余子式，记作 M_{ij}； $A_{ij}=(-1)^{i+j}M_{ij}$ 称为元素 a_{ij} 的代数余子式.

类似于三阶行列式和二阶行列式的关系式(4)，我们利用 $n-1$ 阶行列式定义 n 阶行列式.

定义 1.1.2

$$D = a_{11}A_{11} + a_{12}A_{12} + \cdots + a_{1n}A_{1n}. \tag{5}$$

这是 n 阶行列式的递归定义. 特别地, 当 $n=1$ 时, 一阶行列式 $|a_{11}|$ 规定为 a_{11}, 即 $|a_{11}| = a_{11}$.

例 1.1.3　写出四阶行列式

$$\begin{vmatrix} 2 & -1 & 5 & 7 \\ 3 & 8 & 6 & 0 \\ 5 & 4 & 1 & 9 \\ 10 & 11 & -3 & -6 \end{vmatrix}$$

中元素 a_{23} 的余子式和代数余子式.

解　由余子式和代数余子式的定义可知

$$M_{23} = \begin{vmatrix} 2 & -1 & 7 \\ 5 & 4 & 9 \\ 10 & 11 & -6 \end{vmatrix}, \quad A_{23} = (-1)^{2+3}M_{23} = -\begin{vmatrix} 2 & -1 & 7 \\ 5 & 4 & 9 \\ 10 & 11 & -6 \end{vmatrix}.$$

例 1.1.4　计算下列 n 阶三角行列式

$$D = \begin{vmatrix} a_{11} & 0 & \cdots & 0 \\ a_{21} & a_{22} & \cdots & 0 \\ \vdots & \vdots & & \vdots \\ a_{n1} & a_{n2} & \cdots & a_{nn} \end{vmatrix}.$$

解　由 n 阶行列式的定义(5)式得

$$D = \begin{vmatrix} a_{11} & 0 & \cdots & 0 \\ a_{21} & a_{22} & \cdots & 0 \\ \vdots & \vdots & & \vdots \\ a_{n1} & a_{n2} & \cdots & a_{nn} \end{vmatrix} = a_{11} \cdot (-1)^{1+1} \begin{vmatrix} a_{22} & 0 & \cdots & 0 \\ a_{32} & a_{33} & \cdots & 0 \\ \vdots & \vdots & & \vdots \\ a_{n2} & a_{n3} & \cdots & a_{nn} \end{vmatrix}$$

$$= a_{11}a_{22} \cdot (-1)^{1+1} \begin{vmatrix} a_{33} & 0 & \cdots & 0 \\ a_{43} & a_{44} & \cdots & 0 \\ \vdots & \vdots & & \vdots \\ a_{n3} & a_{n4} & \cdots & a_{nn} \end{vmatrix} = \cdots = a_{11}a_{22}\cdots a_{nn}.$$

类似地, 有

$$\begin{vmatrix} a_{11} & a_{12} & \cdots & a_{1n} \\ 0 & a_{22} & \cdots & a_{2n} \\ \vdots & \vdots & & \vdots \\ 0 & 0 & \cdots & a_{nn} \end{vmatrix} = a_{11}a_{22}\cdots a_{nn}, \quad \begin{vmatrix} a_{11} & 0 & \cdots & 0 \\ 0 & a_{22} & \cdots & 0 \\ \vdots & \vdots & & \vdots \\ 0 & 0 & \cdots & a_{nn} \end{vmatrix} = a_{11}a_{22}\cdots a_{nn}.$$

例 1.1.5 计算四阶行列式

$$D=\begin{vmatrix} a & 0 & 0 & b \\ 0 & c & 0 & 0 \\ 0 & 0 & d & e \\ f & 0 & 0 & 0 \end{vmatrix}.$$

解 由(5)式得

$$D=\begin{vmatrix} a & 0 & 0 & b \\ 0 & c & 0 & 0 \\ 0 & 0 & d & e \\ f & 0 & 0 & 0 \end{vmatrix}=a\times(-1)^{1+1}\begin{vmatrix} c & 0 & 0 \\ 0 & d & e \\ 0 & 0 & 0 \end{vmatrix}+b\times(-1)^{1+4}\begin{vmatrix} 0 & c & 0 \\ 0 & 0 & d \\ f & 0 & 0 \end{vmatrix}$$

$$=a\times c\times(-1)^{1+1}\begin{vmatrix} d & e \\ 0 & 0 \end{vmatrix}-b\times c\times(-1)^{1+2}\begin{vmatrix} 0 & d \\ f & 0 \end{vmatrix}$$

$$=bc\times(0-df)=-bcdf.$$

三、行列式的性质

为了简化行列式的计算，下面不加证明地引入行列式的性质.

首先给出转置行列式的定义.

定义 1.1.3 设

$$D=\begin{vmatrix} a_{11} & a_{12} & \cdots & a_{1n} \\ a_{21} & a_{22} & \cdots & a_{2n} \\ \vdots & \vdots & & \vdots \\ a_{n1} & a_{n2} & \cdots & a_{nn} \end{vmatrix},$$

将 D 所对应的行与列的位置互换所得的行列式

$$D^{\mathrm{T}}=\begin{vmatrix} a_{11} & a_{21} & \cdots & a_{n1} \\ a_{12} & a_{22} & \cdots & a_{n2} \\ \vdots & \vdots & & \vdots \\ a_{1n} & a_{2n} & \cdots & a_{nn} \end{vmatrix}$$

称为 D 的**转置行列式**.

性质 1.1.1 行列式与它的转置行列式相等.

性质 1.1.1 表明，行列式中行与列的地位是对称的，因此，凡是有关行的性质，对列同样成立.

性质 1.1.2 互换行列式的两行(列)，行列式变号.

推论 如果行列式有两行(列)完全相同，则此行列式等于零.

证明　交换这两行，则 $D=-D$，故 $D=0$.

性质 1.1.3　行列式的某一行(列)中所有的元素都乘以同一个数 k 等于用数 k 乘以此行列式. 例如

$$\begin{vmatrix} a_{11} & a_{12} & \cdots & a_{1n} \\ \vdots & \vdots & & \vdots \\ ka_{i1} & ka_{i2} & \cdots & ka_{in} \\ \vdots & \vdots & & \vdots \\ a_{n1} & a_{n2} & \cdots & a_{nn} \end{vmatrix} = k\begin{vmatrix} a_{11} & a_{12} & \cdots & a_{1n} \\ \vdots & \vdots & & \vdots \\ a_{i1} & a_{i2} & \cdots & a_{in} \\ \vdots & \vdots & & \vdots \\ a_{n1} & a_{n2} & \cdots & a_{nn} \end{vmatrix}.$$

由性质 1.1.3 易得如下结论.

推论 1　行列式中某一行(列)的所有元素的公因子可以提到行列式符号的外面.

推论 2　如果行列式中有一行(列)的元素全为零，那么这个行列式等于零.

性质 1.1.4　如果行列式有两行(列)的对应元素成比例，那么这个行列式等于零.

性质 1.1.5　如果行列式的某一行(列)的各元素都可写成两项之和，例如

$$D=\begin{vmatrix} a_{11} & a_{12} & \cdots & a_{1n} \\ \vdots & \vdots & & \vdots \\ a_{i1}+b_{i1} & a_{i2}+b_{i2} & \cdots & a_{in}+b_{in} \\ \vdots & \vdots & & \vdots \\ a_{n1} & a_{n2} & \cdots & a_{nn} \end{vmatrix},$$

则 D 等于下列两个行列式之和.

$$D=\begin{vmatrix} a_{11} & a_{12} & \cdots & a_{1n} \\ \vdots & \vdots & & \vdots \\ a_{i1} & a_{i2} & \cdots & a_{in} \\ \vdots & \vdots & & \vdots \\ a_{n1} & a_{n2} & \cdots & a_{nn} \end{vmatrix} + \begin{vmatrix} a_{11} & a_{12} & \cdots & a_{1n} \\ \vdots & \vdots & & \vdots \\ b_{i1} & b_{i2} & \cdots & b_{in} \\ \vdots & \vdots & & \vdots \\ a_{n1} & a_{n2} & \cdots & a_{nn} \end{vmatrix}.$$

性质 1.1.6　把行列式的某一行(列)的元素乘以同一个数后加到另一行(列)的对应元素上，行列式不变.

性质 1.1.7　行列式等于它的任一行(列)的各元素与其对应的代数余子式乘积之和，即

$$D=a_{i1}A_{i1}+a_{i2}A_{i2}+\cdots+a_{in}A_{in}\quad (i=1,2,\cdots,n)$$

或

$$D=a_{1j}A_{1j}+a_{2j}A_{2j}+\cdots+a_{nj}A_{nj}\quad (i=1,2,\cdots,n).$$

性质 1.1.7 称为行列式按行(列)展开法则.

例 1.1.6　已知三阶行列式 $D=\begin{vmatrix}3 & 2 & 2\\ 7 & -4 & 1\\ 3 & 7 & 4\end{vmatrix}$，

(1) 按第三行展开，并求其值；

(2) 按第二列展开，并求其值.

解　(1) 将 D 按第三行展开得

$$\begin{aligned}D&=a_{31}A_{31}+a_{32}A_{32}+a_{33}A_{33}\\&=3\times(-1)^{3+1}\begin{vmatrix}2 & 2\\ -4 & 1\end{vmatrix}+7\times(-1)^{3+2}\begin{vmatrix}3 & 2\\ 7 & 1\end{vmatrix}+4\times(-1)^{3+3}\begin{vmatrix}3 & 2\\ 7 & -4\end{vmatrix}\\&=3\times10+7\times(-1)\times(-11)+4\times(-26)=3.\end{aligned}$$

(2) 将 D 按第二列展开得

$$\begin{aligned}D&=a_{12}A_{12}+a_{22}A_{22}+a_{32}A_{32}\\&=2\times(-1)^{1+2}\begin{vmatrix}7 & 1\\ 3 & 4\end{vmatrix}+(-4)\times(-1)^{2+2}\begin{vmatrix}3 & 2\\ 3 & 4\end{vmatrix}+7\times(-1)^{3+2}\begin{vmatrix}3 & 2\\ 7 & 1\end{vmatrix}\\&=2\times(-1)\times25+(-4)\times6+7\times(-1)\times(-11)=3.\end{aligned}$$

例 1.1.7　计算下列行列式：

(1) $\begin{vmatrix}2 & 3\\ 597 & 701\end{vmatrix}$；

(2) 设 $\begin{vmatrix}a_{11} & a_{12} & a_{13}\\ a_{21} & a_{22} & a_{23}\\ a_{31} & a_{32} & a_{33}\end{vmatrix}=1$，求 $\begin{vmatrix}a_{13} & a_{12} & a_{11}\\ a_{23} & a_{22} & a_{21}\\ a_{33}+2a_{13} & a_{32}+2a_{12} & a_{31}+2a_{11}\end{vmatrix}$.

解

(1) $$\begin{aligned}\begin{vmatrix}2 & 3\\ 597 & 701\end{vmatrix}&=\begin{vmatrix}2 & 3\\ 600-3 & 700+1\end{vmatrix}=\begin{vmatrix}2 & 3\\ 600 & 700\end{vmatrix}+\begin{vmatrix}2 & 3\\ -3 & 1\end{vmatrix}\\&=100\begin{vmatrix}2 & 3\\ 6 & 7\end{vmatrix}+11=100(14-18)+11=-389.\end{aligned}$$

(2) $$\begin{aligned}\begin{vmatrix}a_{13} & a_{12} & a_{11}\\ a_{23} & a_{22} & a_{21}\\ a_{33}+2a_{13} & a_{32}+2a_{12} & a_{31}+2a_{11}\end{vmatrix}&\xlongequal{r_3+(-2)r_1}\begin{vmatrix}a_{13} & a_{12} & a_{11}\\ a_{23} & a_{22} & a_{21}\\ a_{33} & a_{32} & a_{31}\end{vmatrix}\\&\xlongequal{c_1\leftrightarrow c_3}-\begin{vmatrix}a_{11} & a_{12} & a_{13}\\ a_{21} & a_{22} & a_{23}\\ a_{31} & a_{32} & a_{33}\end{vmatrix}=-1.\end{aligned}$$

上式中 $r_3+(-2)r_1$ 表示第一行乘以(−2)加到第三行，$c_1\leftrightarrow c_3$ 表示第一列与第三

列互换位置. 类似地，有

$$r_i + kr_j, c_i + kc_j, r_i \leftrightarrow r_j, c_i \leftrightarrow c_j, kr_i, kc_i, r_i \div k, c_i \div k$$

等记号，其中 $r_i \div k(c_i \div k)$ 表示第 i 行(列)提出公因子 k.

四、行列式的计算

对于一个 n 阶行列式，通常是利用性质，将其化简为三角行列式，或将其化简为有某行(列)元素多数为零,或只有一个元素为零,再利用性质 1.1.7 展开降阶，直至化为二、三阶行列式求值.

例 1.1.8　计算行列式

$$D=\begin{vmatrix} 2 & 1 & 0 & 1 \\ 3 & 1 & 5 & 0 \\ 1 & 0 & 5 & 6 \\ 2 & 1 & 3 & 4 \end{vmatrix}.$$

解法 1　将 D 化为上三角行列式：

$$D \xlongequal{c_1\leftrightarrow c_2} -\begin{vmatrix} 1 & 2 & 0 & 1 \\ 1 & 3 & 5 & 0 \\ 0 & 1 & 5 & 6 \\ 1 & 2 & 3 & 4 \end{vmatrix} \xlongequal[r_4-r_1]{r_2-r_1} -\begin{vmatrix} 1 & 2 & 0 & 1 \\ 0 & 1 & 5 & -1 \\ 0 & 1 & 5 & 6 \\ 0 & 0 & 3 & 3 \end{vmatrix}$$

$$\xlongequal{r_4\div 3} -3\begin{vmatrix} 1 & 2 & 0 & 1 \\ 0 & 1 & 5 & -1 \\ 0 & 1 & 5 & 6 \\ 0 & 0 & 1 & 1 \end{vmatrix} \xlongequal{r_3-r_2} -3\begin{vmatrix} 1 & 2 & 0 & 1 \\ 0 & 1 & 5 & -1 \\ 0 & 0 & 0 & 7 \\ 0 & 0 & 1 & 1 \end{vmatrix} \xlongequal{r_3\leftrightarrow r_4} 3\begin{vmatrix} 1 & 2 & 0 & 1 \\ 0 & 1 & 5 & -1 \\ 0 & 0 & 1 & 1 \\ 0 & 0 & 0 & 7 \end{vmatrix}$$

$$=3\times(1\times1\times1\times7)=21.$$

解法 2　保留 a_{12}，把第二列其余元素化为 0，然后按第二列展开：

$$D \xlongequal[r_4-r_1]{r_2-r_1} \begin{vmatrix} 2 & 1 & 0 & 1 \\ 1 & 0 & 5 & -1 \\ 1 & 0 & 5 & 6 \\ 0 & 0 & 3 & 3 \end{vmatrix} =1\times(-1)^{1+2}\begin{vmatrix} 1 & 5 & -1 \\ 1 & 5 & 6 \\ 0 & 3 & 3 \end{vmatrix} \xlongequal{r_2-r_1} -1\begin{vmatrix} 1 & 5 & -1 \\ 0 & 0 & 7 \\ 0 & 3 & 3 \end{vmatrix}$$

$$=(-1)\times1\times(-1)^{1+1}\begin{vmatrix} 0 & 7 \\ 3 & 3 \end{vmatrix}=21.$$

例 1.1.9　计算行列式

$$D=\begin{vmatrix} a & b & b & b \\ b & a & b & b \\ b & b & a & b \\ b & b & b & a \end{vmatrix}.$$

解　由于 D 的每一行的所有元素的和都为 $a+3b$，因此可采用以下解法：

$$D\xlongequal{c_1+(c_2+c_3+c_4)}\begin{vmatrix} a+3b & b & b & b \\ a+3b & b & b & b \\ a+3b & b & a & b \\ a+3b & b & b & a \end{vmatrix}\xlongequal{c_1\div(a+3b)}(a+3b)\begin{vmatrix} 1 & b & b & b \\ 1 & a & b & b \\ 1 & b & a & b \\ 1 & b & b & a \end{vmatrix}$$

$$\xlongequal[i=2,3,4]{r_i-r_1}(a+3b)\begin{vmatrix} 1 & b & b & b \\ 0 & a-b & 0 & 0 \\ 0 & 0 & a-b & 0 \\ 0 & 0 & 0 & a-b \end{vmatrix}=(a+3b)(a-b)^3.$$

习　题　1-1

1. 计算下列二、三阶行列式：

(1) $\begin{vmatrix} 5 & 3 \\ 2 & 7 \end{vmatrix}$；　　(2) $\begin{vmatrix} \cos\theta & -\sin\theta \\ \sin\theta & \cos\theta \end{vmatrix}$；

(3) $\begin{vmatrix} 2 & 1 & 3 \\ 0 & 2 & -1 \\ 4 & 3 & 0 \end{vmatrix}$；　　(4) $\begin{vmatrix} b & -a & 0 \\ 0 & 2c & 3b \\ c & 0 & a \end{vmatrix}$.

2. 利用行列式的性质，计算下列行列式：

(1) $\begin{vmatrix} -ab & ac & ae \\ bd & -cd & de \\ bf & cf & -ef \end{vmatrix}$；　　(2) $\begin{vmatrix} 5 & -1 & 3 \\ 2 & 2 & 2 \\ 196 & 203 & 199 \end{vmatrix}$；

(3) $\begin{vmatrix} 1 & -1 & 0 & 1 \\ 3 & -1 & 1 & 0 \\ 0 & -2 & 1 & -1 \\ 2 & 4 & -1 & 3 \end{vmatrix}$；　　(4) $\begin{vmatrix} 1 & 2 & 3 & 4 \\ 2 & 3 & 4 & 1 \\ 3 & 4 & 1 & 2 \\ 4 & 1 & 2 & 3 \end{vmatrix}$.

3. 计算下列 n 阶行列式：

(1) $\begin{vmatrix} 0 & 1 & 0 & \cdots & 0 \\ 0 & 0 & 2 & \cdots & 0 \\ \vdots & \vdots & \vdots & & \vdots \\ 0 & 0 & 0 & \cdots & n-1 \\ n & 0 & 0 & \cdots & 0 \end{vmatrix}$；　　(2) $\begin{vmatrix} a & 0 & \cdots & 1 \\ 0 & a & \cdots & 0 \\ \vdots & \vdots & & \vdots \\ 1 & 0 & \cdots & a \end{vmatrix}$.

4. 证明下列各题:

(1) $\begin{vmatrix} 1 & a & bc \\ 1 & b & ca \\ 1 & c & ab \end{vmatrix} = (a-b)(b-c)(c-a)$; (2) $\begin{vmatrix} a+b & b+c & c+a \\ a_1+b_1 & b_1+c_1 & c_1+a_1 \\ a_2+b_2 & b_2+c_2 & c_2+a_2 \end{vmatrix} = 2\begin{vmatrix} a & b & c \\ a_1 & b_1 & c_1 \\ a_2 & b_2 & c_2 \end{vmatrix}$.

5. 解下列方程:

(1) $\begin{vmatrix} x & 3 & 4 \\ -1 & x & 0 \\ 0 & x & 1 \end{vmatrix} = 0$; (2) $\begin{vmatrix} 1 & 1 & 1 & 1 \\ 2 & 1-x & 2 & 2 \\ 3 & 3 & x-2 & 3 \\ 4 & 4 & 4 & x-3 \end{vmatrix} = 0$.

第 2 节 克拉默法则

作为 n 阶行列式的一个应用，下面用 n 阶行列式来求解含有 n 个未知量 n 个方程的线性方程组.

设给定了一个含有 n 个未知量 n 个方程的线性方程组:

$$\begin{cases} a_{11}x_1 + a_{12}x_2 + \cdots + a_{1n}x_n = b_1, \\ a_{21}x_1 + a_{22}x_2 + \cdots + a_{2n}x_n = b_2, \\ \cdots\cdots \\ a_{n1}x_1 + a_{n2}x_2 + \cdots + a_{nn}x_n = b_n. \end{cases} \tag{1}$$

以 D 记线性方程组(1)的系数行列式，即

$$D = \begin{vmatrix} a_{11} & a_{12} & \cdots & a_{1n} \\ a_{21} & a_{22} & \cdots & a_{2n} \\ \vdots & \vdots & & \vdots \\ a_{n1} & a_{n2} & \cdots & a_{nn} \end{vmatrix}.$$

定理 1.2.1 [克拉默(Cramer)法则] 如果线性方程组(1)的系数行列式 $D \neq 0$，那么方程组(1)存在唯一解

$$x_1 = \frac{D_1}{D}, \quad x_2 = \frac{D_2}{D}, \quad \cdots, \quad x_n = \frac{D_n}{D},$$

其中 $D_j\ (j = 1, 2, \cdots, n)$ 是把系数行列式 D 中第 j 列的元素用方程组右边的常数项代替后所得到的 n 阶行列式，即

$$D_j = \begin{vmatrix} a_{11} & \cdots & a_{1,j-1} & b_1 & a_{1,j+1} & \cdots & a_{1n} \\ a_{21} & \cdots & a_{2,j-1} & b_2 & a_{2,j+1} & \cdots & a_{2n} \\ \vdots & & \vdots & \vdots & \vdots & & \vdots \\ a_{n1} & \cdots & a_{n,j-1} & b_n & a_{n,j+1} & \cdots & a_{nn} \end{vmatrix}.$$

例 1.2.1　解线性方程组

$$\begin{cases} x_1 - x_2 + x_3 + 2x_4 = 1, \\ x_1 + x_2 - 2x_3 + x_4 = 1, \\ x_1 + x_2 + x_4 = 2, \\ x_1 + x_3 - x_4 = 1. \end{cases}$$

解　$D = \begin{vmatrix} 1 & -1 & 1 & 2 \\ 1 & 1 & -2 & 1 \\ 1 & 1 & 0 & 1 \\ 1 & 0 & 1 & -1 \end{vmatrix} = -10,$

$$D_1 = \begin{vmatrix} 1 & -1 & 1 & 2 \\ 1 & 1 & -2 & 1 \\ 2 & 1 & 0 & 1 \\ 1 & 0 & 1 & -1 \end{vmatrix} = -8, \quad D_2 = \begin{vmatrix} 1 & 1 & 1 & 2 \\ 1 & 1 & -2 & 1 \\ 1 & 2 & 0 & 1 \\ 1 & 1 & 1 & -1 \end{vmatrix} = -9,$$

$$D_3 = \begin{vmatrix} 1 & -1 & 1 & 2 \\ 1 & 1 & 1 & 1 \\ 1 & 1 & 2 & 1 \\ 1 & 0 & 1 & -1 \end{vmatrix} = -5, \quad D_4 = \begin{vmatrix} 1 & -1 & 1 & 1 \\ 1 & 1 & -2 & 1 \\ 1 & 1 & 0 & 2 \\ 1 & 0 & 1 & 1 \end{vmatrix} = -3,$$

因为系数行列式 $D = -10 \neq 0$，所以由克拉默法则知方程组有唯一解：

$$x_1 = \frac{D_1}{D} = \frac{4}{5}, \quad x_2 = \frac{D_2}{D} = \frac{9}{10}, \quad x_3 = \frac{D_3}{D} = \frac{1}{2}, \quad x_4 = \frac{D_4}{D} = \frac{3}{10}.$$

方程组(1)中当常数项 $b_1 = b_2 = \cdots = b_n = 0$ 时，即

$$\begin{cases} a_{11}x_1 + a_{12}x_2 + \cdots + a_{1n}x_n = 0, \\ a_{21}x_1 + a_{22}x_2 + \cdots + a_{2n}x_n = 0, \\ \quad\cdots\cdots \\ a_{n1}x_1 + a_{n2}x_2 + \cdots + a_{nn}x_n = 0 \end{cases} \tag{2}$$

称为齐次线性方程组.

显然,齐次线性方程组总是有解的,因为 $x_1 = x_2 = \cdots = x_n = 0$ 就是它的一个解，所以称它为**零解**. 对于齐次线性方程组，我们需讨论的问题常常是，它是否有非零解. 由克拉默法则可得以下推论.

推论 1　如果齐次线性方程组(2)的系数行列式 $D \neq 0$，那么它只有零解.

事实上，因为 D_j 中有第 j 列为零，即 $D_j = 0(j = 1,2,\cdots,n)$，故当 $D \neq 0$ 时，由克拉默法则得方程组(2)有唯一解

$$x_1=\frac{D_1}{D}=\frac{0}{D}=0,\quad x_2=\frac{D_2}{D}=\frac{0}{D}=0,\quad \cdots,\quad x_n=\frac{D_n}{D}=\frac{0}{D}=0.$$

推论 2　齐次线性方程组(2)有非零解的必要条件是系数行列式 $D=0$.

第二章第 1 节将告诉我们这个条件也是充分的.

例 1.2.2　当 λ 取何值时，方程组

$$\begin{cases}\lambda x_1+x_2+x_3=0,\\ x_1+\lambda x_2+x_3=0,\\ x_1+x_2+\lambda x_3=0\end{cases}$$

有非零解.

解　已知方程组的系数行列式

$$D=\begin{vmatrix}\lambda & 1 & 1\\ 1 & \lambda & 1\\ 1 & 1 & \lambda\end{vmatrix}=(\lambda+2)(\lambda-1)^2,$$

所以由推论 2 得，当 $D=0$，即 $\lambda=-2$ 或 $\lambda=1$ 时，齐次线性方程组有非零解.

习　题　1-2

1. 利用克拉默法则解下列线性方程组：

(1) $\begin{cases}x_1+x_2+x_3=-2,\\ 4x_1-6x_2-2x_3=2,\\ 2x_1-x_2+x_3=-1;\end{cases}$

(2) $\begin{cases}x_1+3x_2-5x_3+x_4=-3,\\ 5x_1-2x_2+7x_3-2x_4=4,\\ 2x_1+x_2-4x_3-x_4=-1,\\ -34x_1-4x_2+6x_3-3x_4=10.\end{cases}$

2. k 取何值时，齐次线性方程组

$$\begin{cases}x_1+x_2+kx_3=0,\\ x_1-kx_2-x_3=0,\\ x_1-x_2+2x_3=0\end{cases}$$

(1) 只有零解；

(2) 有非零解.

第 3 节　矩阵的概念与运算

一、引例

矩阵是由许多具体问题中抽象出来的数学概念，下面是两个具体例子.

引例 1.3.1　要从三个水泥厂 A_1,A_2,A_3 把水泥运往四个销售地 B_1,B_2,B_3,B_4，调

运方案如表 1-1(单位：吨).

表 1-1

水泥厂 \ 销售地	B_1	B_2	B_3	B_4
A_1	80	75	50	90
A_2	36	95	65	78
A_3	45	85	57	69

表中第 $i(i=1,2,3)$行第 $j(j=1,2,3,4)$列的数表示从第 i 个水泥厂运到第 j 个销售地的运量.

如果我们用一个矩形数表表示该调运方案，按原先顺序可记为

$$\begin{pmatrix} 80 & 75 & 50 & 90 \\ 36 & 95 & 65 & 78 \\ 45 & 85 & 57 & 69 \end{pmatrix}.$$

引例 1.3.2　三元线性方程组

$$\begin{cases} a_{11}x_1 + a_{12}x_2 + a_{13}x_3 = b_1, \\ a_{21}x_1 + a_{22}x_2 + a_{23}x_3 = b_2, \\ a_{31}x_1 + a_{32}x_2 + a_{33}x_3 = b_3. \end{cases}$$

将其未知量的系数与常数项按照原先顺序组成一个矩形数表

$$\begin{pmatrix} a_{11} & a_{12} & a_{13} & b_1 \\ a_{21} & a_{22} & a_{23} & b_2 \\ a_{31} & a_{32} & a_{33} & b_3 \end{pmatrix}.$$

实际问题中这样的数表是很多的，矩阵概念由此产生.

二、矩阵的概念

定义 1.3.1　由 $m\times n$ 个数 $a_{ij}(i=1,2,\cdots,m;\ j=1,2,\cdots,n)$ 排成 m 行 n 列的数表

$$\boldsymbol{A}=\begin{pmatrix} a_{11} & a_{12} & \cdots & a_{1n} \\ a_{21} & a_{22} & \cdots & a_{2n} \\ \vdots & \vdots & & \vdots \\ a_{m1} & a_{m2} & \cdots & m_{mn} \end{pmatrix}$$

称为 **m 行 n 列矩阵**，简称 **$m\times n$ 矩阵**. 数 a_{ij} 表示矩阵 $\boldsymbol{A}$ 的第 i 行第 j 列的元素，简称为**元**. i 称为 a_{ij} 的**行标**，j 称为 a_{ij} 的**列标**. 通常用大写黑斜体字母 $\boldsymbol{A},\boldsymbol{B},\boldsymbol{C}$ 等表示

矩阵. 以数 a_{ij} 为元的矩阵可简记作 $(a_{ij})_{m\times n}$ 或 a_{ij} . $m\times n$ 矩阵 $\boldsymbol{A}$ 也记作 $\boldsymbol{A}_{m\times n}$.

行数相等且列数也相等的两个矩阵，称为**同型矩阵**.

若 $\boldsymbol{A}=(a_{ij})$ 与 $\boldsymbol{B}=(b_{ij})$ 是同型矩阵，并且它们的对应元素相等，即

$$a_{ij}=b_{ij}\quad (i=1,2,\cdots,m;\ j=1,2,\cdots,n),$$

则称矩阵 $\boldsymbol{A}$ 与矩阵 $\boldsymbol{B}$ **相等**，记作

$$\boldsymbol{A}=\boldsymbol{B}.$$

行数和列数都等于 n 的矩阵称为 **n 阶矩阵**或 **n 阶方阵**, n 阶矩阵 $\boldsymbol{A}$ 也记作 $\boldsymbol{A}_n$. 元素 a_{ii} 称为方阵 $\boldsymbol{A}$ 的第 i **主对角线元**，元素 $a_{11},a_{22},\cdots,a_{nn}$ 组成 $\boldsymbol{A}$ 的**主对角线**.

元素都是零的矩阵称为**零矩阵**，记作 $\boldsymbol{O}_{m\times n}$ 或 $\boldsymbol{O}$. 注意不同型的零矩阵是不同的.

只有一行的矩阵

$$\boldsymbol{A}=(a_1,a_2,\cdots,a_n)$$

称为**行矩阵**，又称**行向量**. 为避免元素间的混淆，行矩阵也记作

$$\boldsymbol{A}=(a_1,a_2,\cdots,a_n).$$

只有一列的矩阵

$$\boldsymbol{B}=\begin{pmatrix} b_1 \\ b_2 \\ \vdots \\ b_m \end{pmatrix}$$

称为**列矩阵**，又称**列向量**.

除主对角线元外，其他元均为零的 n 阶方阵称为**对角矩阵**，即

$$\boldsymbol{\Lambda}=\begin{pmatrix} \lambda_1 & 0 & \cdots & 0 \\ 0 & \lambda_2 & \cdots & 0 \\ \vdots & \vdots & & \vdots \\ 0 & 0 & \cdots & \lambda_n \end{pmatrix},\quad \text{或记作}\boldsymbol{\Lambda}=\begin{pmatrix} \lambda_1 & & & \\ & \lambda_2 & & \\ & & \ddots & \\ & & & \lambda_n \end{pmatrix}.$$

主对角线上元全为 1 的 n 阶对角阵，称为 n 阶**单位矩阵**，简称**单位阵**，记作 $\boldsymbol{E}_n$ 或 $\boldsymbol{E}$, 即

$$\boldsymbol{E}=\begin{pmatrix} 1 & 0 & \cdots & 0 \\ 0 & 1 & \cdots & 0 \\ \vdots & \vdots & & \vdots \\ 0 & 0 & \cdots & 1 \end{pmatrix}.$$

主对角线下方的元全为零的 n 阶方阵，称为 n 阶**上三角矩阵**，即

$$\begin{pmatrix} a_{11} & a_{12} & \cdots & a_{1n} \\ 0 & a_{22} & \cdots & a_{2n} \\ \vdots & \vdots & & \vdots \\ 0 & 0 & \cdots & a_{nn} \end{pmatrix}.$$

主对角线上方的元全为零的 n 阶方阵，称为 n 阶**下三角矩阵**，即

$$\begin{pmatrix} a_{11} & 0 & \cdots & 0 \\ a_{21} & a_{22} & \cdots & 0 \\ \vdots & \vdots & & \vdots \\ a_{n1} & a_{n2} & \cdots & a_{nn} \end{pmatrix}.$$

三、矩阵的运算

1. 矩阵的加法与减法

定义 1.3.2 设有两个同型矩阵 $\boldsymbol{A}=(a_{ij})_{m\times n}$ 和 $\boldsymbol{B}=(b_{ij})_{m\times n}$，那么矩阵 $\boldsymbol{A}$ 与 $\boldsymbol{B}$ 的和记作 $\boldsymbol{A}+\boldsymbol{B}$, 规定为

$$\boldsymbol{A}+\boldsymbol{B}=\begin{pmatrix} a_{11}+b_{11} & a_{12}+b_{12} & \cdots & a_{1n}+b_{1n} \\ a_{21}+b_{21} & a_{22}+b_{22} & \cdots & a_{2n}+b_{2n} \\ \vdots & \vdots & & \vdots \\ a_{m1}+b_{m1} & a_{m2}+b_{m2} & \cdots & a_{mn}+b_{mn} \end{pmatrix}=(a_{ij}+b_{ij})_{m\times n}.$$

例如，设 $\boldsymbol{A}=\begin{pmatrix} 2 & 1 & 5 \\ 3 & -4 & 7 \end{pmatrix}$，$\boldsymbol{B}=\begin{pmatrix} 1 & 3 & -2 \\ 8 & 6 & 9 \end{pmatrix}$，则

$$\boldsymbol{A}+\boldsymbol{B}=\begin{pmatrix} 2+1 & 1+3 & 5+(-2) \\ 3+8 & (-4)+6 & 7+9 \end{pmatrix}=\begin{pmatrix} 3 & 4 & 3 \\ 11 & 2 & 16 \end{pmatrix}.$$

设 $\boldsymbol{A},\boldsymbol{B},\boldsymbol{C}$ 为 $m\times n$ 矩阵，矩阵加法满足下列运算规律：

(1) $\boldsymbol{A}+\boldsymbol{B}=\boldsymbol{B}+\boldsymbol{A}$ (交换律)；

(2) $(\boldsymbol{A}+\boldsymbol{B})+\boldsymbol{C}=\boldsymbol{A}+(\boldsymbol{B}+\boldsymbol{C})$ (结合律).

设矩阵 $\boldsymbol{A}=(a_{ij})$，记

$$-\boldsymbol{A}=(-a_{ij}),$$

$-\boldsymbol{A}$ 称为矩阵 $\boldsymbol{A}$ 的负矩阵，显然有

$$\boldsymbol{A}+(-\boldsymbol{A})=\boldsymbol{O}.$$

由此规定两个同型矩阵的减法为

$$A-B=A+(-B).$$

2. 数与矩阵相乘

定义 1.3.3 数 k 与矩阵 $A_{m\times n}$ 的乘积记作 kA 或 Ak，规定为

$$kA=Ak=\begin{pmatrix} ka_{11} & ka_{12} & \cdots & ka_{1n} \\ ka_{21} & ka_{22} & \cdots & ka_{2n} \\ \vdots & \vdots & & \vdots \\ ka_{m1} & ka_{m2} & \cdots & ka_{mn} \end{pmatrix}=(ka_{ij})_{m\times n}.$$

由上面定义可知，数与矩阵相乘是数乘以矩阵的每个元素.

设 A，B 为 $m\times n$ 矩阵，k，l 为数，数乘矩阵满足下列运算规律：

(1) $k(lA)=(kl)A$ (结合律)；

(2) $k(A+B)=kA+kB$ (矩阵加法分配律)；

(3) $(k+l)A=kA+lA$ (数加法分配律).

例 1.3.1 已知

$$A=\begin{pmatrix} 2 & 1 & -3 \\ 5 & 4 & 7 \end{pmatrix},\quad B=\begin{pmatrix} 6 & 0 & 9 \\ -7 & 8 & -1 \end{pmatrix},$$

求 $2A-B$.

解 $$2A-B=2A+(-B)=2\begin{pmatrix} 2 & 1 & -3 \\ 5 & 4 & 7 \end{pmatrix}+\begin{pmatrix} -6 & 0 & -9 \\ 7 & -8 & 1 \end{pmatrix}$$

$$=\begin{pmatrix} 4 & 2 & -6 \\ 10 & 8 & 14 \end{pmatrix}+\begin{pmatrix} -6 & 0 & -9 \\ 7 & -8 & 1 \end{pmatrix}$$

$$=\begin{pmatrix} 4+(-6) & 2+0 & -6+(-9) \\ 10+7 & 8+(-8) & 14+1 \end{pmatrix}$$

$$=\begin{pmatrix} -2 & 2 & -15 \\ 17 & 0 & 15 \end{pmatrix}.$$

3. 矩阵的乘法

先看一个实例. 设某工厂生产两种产品 P_1，P_2，每种产品都需要三种原材料 M_1, M_2, M_3. 已知每生产 1 吨 P_i 需原材料 M_j 的数量为 a_{ij} 吨，那么有投入产出矩阵

$$A=(a_{ij})=\begin{pmatrix} 0.5 & 0.3 & 0.2 \\ 0.1 & 0.2 & 0.5 \end{pmatrix}.$$

已知这三种原材料的价格分别是 12，15，9(单位：万元/吨)，求这三种产品每吨的生产成本(只计原材料).

解 P_1 的成本为

$$c_1 = 0.5\times 12 + 0.3\times 15 + 0.2\times 9 = 12.3(\text{万元 / 吨});$$

P_2 的成本为

$$c_2 = 0.1\times 12 + 0.2\times 15 + 0.5\times 9 = 8.7(\text{万元 / 吨}).$$

为方便起见，把三种原材料的价格和两种产品的成本分别写成 3×1 矩阵 $\boldsymbol{B}$ 和 2×1 矩阵 $\boldsymbol{C}$，即

$$\boldsymbol{B} = \begin{pmatrix} 12 \\ 15 \\ 9 \end{pmatrix}, \quad \boldsymbol{C} = \begin{pmatrix} c_1 \\ c_2 \end{pmatrix} = \begin{pmatrix} 12.3 \\ 8.7 \end{pmatrix},$$

称矩阵 $\boldsymbol{C}$ 为矩阵 $\boldsymbol{A}$ 和 $\boldsymbol{B}$ 的乘积，记作 $\boldsymbol{C} = \boldsymbol{AB}$.

定义 1.3.4 设 $\boldsymbol{A} = (a_{ij})_{m\times s}$，$\boldsymbol{B} = (b_{ij})_{s\times n}$，那么规定矩阵 $\boldsymbol{A}$ 与 $\boldsymbol{B}$ 的乘积是一个 $m\times n$ 矩阵 $\boldsymbol{C} = (c_{ij})_{m\times n}$，其中

$$c_{ij} = a_{i1}b_{1j} + a_{i2}b_{2j} + \cdots + a_{is}b_{sj} \quad (i = 1, 2, \cdots, m;\ j = 1, 2, \cdots, n).$$

并把此乘积记作

$$\boldsymbol{C} = \boldsymbol{AB}.$$

由上面定义可知，只有左边矩阵的列数等于右边矩阵的行数时，两个矩阵才能相乘. 而乘积矩阵的行数等于左边矩阵的行数，乘积矩阵的列数等于右边矩阵的列数. 乘积矩阵 $\boldsymbol{C}$ 中的 c_{ij} 元就是左边矩阵的第 i 行与右边矩阵的第 j 列对应元素的乘积之和，即

$$\text{第}i\text{行}\begin{pmatrix} a_{11} & a_{12} & \cdots & a_{1s} \\ \vdots & \vdots & & \vdots \\ \boxed{a_{i1} \quad a_{i2} \quad \cdots \quad a_{is}} \\ \vdots & \vdots & & \vdots \\ a_{m1} & a_{m2} & \cdots & a_{ms} \end{pmatrix} \overset{\text{第}j\text{列}}{\begin{pmatrix} b_{11} & \cdots & \boxed{b_{1j}} & \cdots & b_{1n} \\ b_{21} & \cdots & b_{2j} & \cdots & b_{2n} \\ \vdots & & \vdots & & \vdots \\ b_{s1} & \cdots & b_{sj} & \cdots & b_{sn} \end{pmatrix}} = \overset{\text{第}j\text{列}}{\begin{pmatrix} c_{11} & \cdots & c_{1j} & \cdots & c_{1n} \\ \vdots & & \vdots & & \vdots \\ c_{i1} & \cdots & \boxed{c_{ij}} & \cdots & c_{in} \\ \vdots & & \vdots & & \vdots \\ c_{m1} & \cdots & c_{mj} & \cdots & c_{mn} \end{pmatrix}} \text{第}i\text{列}.$$

例 1.3.2 设

$$\boldsymbol{A} = \begin{pmatrix} 4 & -1 & 2 \\ 1 & 1 & 0 \\ 0 & 3 & 1 \end{pmatrix}, \quad \boldsymbol{B} = \begin{pmatrix} 1 & 2 \\ 0 & 1 \\ 3 & 0 \end{pmatrix},$$

求 $\boldsymbol{AB}$ 与 $\boldsymbol{BA}$.

解　$$AB=\begin{pmatrix}4&-1&2\\1&1&0\\0&3&1\end{pmatrix}\begin{pmatrix}1&2\\0&1\\3&0\end{pmatrix}$$

$$=\begin{pmatrix}4\times1+(-1)\times0+2\times3 & 4\times2+(-1)\times1+2\times0\\1\times1+1\times0+0\times3 & 1\times2+1\times1+0\times0\\0\times1+3\times0+1\times3 & 0\times2+3\times1+1\times0\end{pmatrix}=\begin{pmatrix}10&7\\1&3\\3&3\end{pmatrix}.$$

因为 $\boldsymbol{B}$ 的列数不等于 $\boldsymbol{A}$ 的行数，所以 $\boldsymbol{BA}$ 无意义.

例 1.3.3　设

$$\boldsymbol{A}=\begin{pmatrix}-1&-1\\1&1\end{pmatrix},\quad \boldsymbol{B}=\begin{pmatrix}-1&1\\1&-1\end{pmatrix},$$

求 $\boldsymbol{AB}$ 与 $\boldsymbol{BA}$.

解　$$\boldsymbol{AB}=\begin{pmatrix}-1&-1\\1&1\end{pmatrix}\begin{pmatrix}-1&1\\1&-1\end{pmatrix}=\begin{pmatrix}0&0\\0&0\end{pmatrix},$$

$$\boldsymbol{BA}=\begin{pmatrix}-1&1\\1&-1\end{pmatrix}\begin{pmatrix}-1&-1\\1&1\end{pmatrix}=\begin{pmatrix}2&2\\-2&-2\end{pmatrix}.$$

由上述各例可看出，矩阵的乘法与数的乘法有以下不同：

(1) 矩阵乘法不满足交换律，即 $\boldsymbol{AB}\neq\boldsymbol{BA}$;

(2) 若 $\boldsymbol{A}\neq\boldsymbol{O}$，$\boldsymbol{B}\neq\boldsymbol{O}$，但有可能 $\boldsymbol{AB}=\boldsymbol{O}$(例 1.3.3). 这就提醒读者要特别注意: 若有两个矩阵 $\boldsymbol{A}$, $\boldsymbol{B}$ 满足 $\boldsymbol{AB}=\boldsymbol{O}$, 不能得出 $\boldsymbol{A}=\boldsymbol{O}$ 或 $\boldsymbol{B}=\boldsymbol{O}$ 的结论; 若 $\boldsymbol{A}\neq\boldsymbol{O}$ 而 $\boldsymbol{A}(\boldsymbol{X}-\boldsymbol{Y})=\boldsymbol{O}$，也不能得出 $\boldsymbol{X}=\boldsymbol{Y}$ 的结论.

设 $\boldsymbol{A}$，$\boldsymbol{B}$，$\boldsymbol{C}$ 为矩阵，k 为数，不难验证，矩阵乘法满足下列运算规律(假定矩阵的乘法都有意义)：

(1) $(\boldsymbol{AB})\boldsymbol{C}=\boldsymbol{A}(\boldsymbol{BC})$　(结合律)；

(2) $k(\boldsymbol{AB})=(k\boldsymbol{A})\boldsymbol{B}=\boldsymbol{A}(k\boldsymbol{B})$　(数乘结合律)；

(3) $\boldsymbol{A}(\boldsymbol{B}+\boldsymbol{C})=\boldsymbol{AB}+\boldsymbol{AC}$　(左分配律)，

$(\boldsymbol{B}+\boldsymbol{C})\boldsymbol{A}=\boldsymbol{BA}+\boldsymbol{CA}$　(右分配律)；

(4) $\boldsymbol{A}_{m\times n}\boldsymbol{E}_n=\boldsymbol{E}_m\boldsymbol{A}_{m\times n}=\boldsymbol{A}_{m\times n}$，或简写成 $\boldsymbol{AE}=\boldsymbol{EA}=\boldsymbol{A}$.

下面利用矩阵乘法来定义方阵的幂.

设 $\boldsymbol{A}$ 为 n 阶方阵，定义

$$\boldsymbol{A}^0=\boldsymbol{E},\quad \boldsymbol{A}^k=\underbrace{\boldsymbol{AA}\cdots\boldsymbol{A}}_{k\text{个}},$$

其中 k 为正整数，$\boldsymbol{A}^k$ 称为 $\boldsymbol{A}$ 的 k 次幂.

方阵的幂满足下列运算规律：

$$\boldsymbol{A}^k\boldsymbol{A}^l=\boldsymbol{A}^{k+l},\quad (\boldsymbol{A}^k)^l=\boldsymbol{A}^{kl}.$$

其中，k，l 为正整数.

注意　因为乘法一般不满足交换律，所以对于两个 n 阶方阵 $\boldsymbol{A}$，$\boldsymbol{B}$，一般来说 $(AB)^k \neq A^k B^k$.

例 1.3.4　已知 n 元线性方程组

$$\begin{cases} a_{11}x_1+a_{12}x_2+\cdots+a_{1n}x_n=b_1, \\ a_{21}x_1+a_{22}x_2+\cdots+a_{2n}x_n=b_2, \\ \qquad\cdots\cdots \\ a_{m1}x_1+a_{m2}x_2+\cdots+a_{mn}x_n=b_m, \end{cases}$$

用矩阵方程形式表示该线性方程组.

解　n 元线性方程组的两边分别表示为矩阵，即

$$\begin{pmatrix} a_{11}x_1+a_{12}x_2+\cdots+a_{1n}x_n \\ a_{21}x_1+a_{22}x_2+\cdots+a_{2n}x_n \\ \vdots \\ a_{m1}x_1+a_{m2}x_2+\cdots+a_{mn}x_n \end{pmatrix}=\begin{pmatrix} b_1 \\ b_2 \\ \vdots \\ b_m \end{pmatrix}.$$

左边矩阵可以用矩阵乘法进行简化，即

$$\begin{pmatrix} a_{11} & a_{12} & \cdots & a_{1n} \\ a_{21} & a_{22} & \cdots & a_{2n} \\ \vdots & \vdots & & \vdots \\ a_{m1} & a_{m2} & \cdots & a_{mn} \end{pmatrix}\begin{pmatrix} x_1 \\ x_2 \\ \vdots \\ x_n \end{pmatrix}=\begin{pmatrix} b_1 \\ b_2 \\ \vdots \\ b_m \end{pmatrix}.$$

这三个矩阵分别记作 $\boldsymbol{A}$，$\boldsymbol{x}$，$\boldsymbol{b}$，并分别称为**系数矩阵**、**变量列矩阵**、**常数列矩阵**，则 n 元线性方程组的矩阵方程形式可以简写为

$$\boldsymbol{Ax}=\boldsymbol{b}.$$

例 1.3.5　设 $\boldsymbol{A}=\begin{pmatrix} 0 & 1 & 0 \\ 0 & 0 & 1 \\ 0 & 0 & 0 \end{pmatrix}$，求 $\boldsymbol{A}^k$.

解　$$\boldsymbol{A}^2=\begin{pmatrix} 0 & 1 & 0 \\ 0 & 0 & 1 \\ 0 & 0 & 0 \end{pmatrix}\begin{pmatrix} 0 & 1 & 0 \\ 0 & 0 & 1 \\ 0 & 0 & 0 \end{pmatrix}=\begin{pmatrix} 0 & 0 & 1 \\ 0 & 0 & 0 \\ 0 & 0 & 0 \end{pmatrix},$$

$$\boldsymbol{A}^3=\boldsymbol{A}^2\cdot\boldsymbol{A}=\begin{pmatrix} 0 & 0 & 1 \\ 0 & 0 & 0 \\ 0 & 0 & 0 \end{pmatrix}\begin{pmatrix} 0 & 1 & 0 \\ 0 & 0 & 1 \\ 0 & 0 & 0 \end{pmatrix}=\begin{pmatrix} 0 & 0 & 0 \\ 0 & 0 & 0 \\ 0 & 0 & 0 \end{pmatrix},$$

所以

$$A^k = O \quad (k \geqslant 3).$$

4. 矩阵的转置

定义 1.3.5 把矩阵 $\boldsymbol{A}$ 的行换成同序数的列得到的一个新矩阵，称为 $\boldsymbol{A}$ 的转置矩阵，记作 $\boldsymbol{A}^{\mathrm{T}}$ 或 $\boldsymbol{A}'$ ，即

$$\boldsymbol{A}=\begin{pmatrix} a_{11} & a_{12} & \cdots & a_{1n} \\ a_{21} & a_{22} & \cdots & a_{2n} \\ \vdots & \vdots & & \vdots \\ a_{m1} & a_{m2} & \cdots & a_{mn} \end{pmatrix}, \quad \text{则} \boldsymbol{A}^{\mathrm{T}}=\begin{pmatrix} a_{11} & a_{21} & \cdots & a_{m1} \\ a_{12} & a_{22} & \cdots & a_{m2} \\ \vdots & \vdots & & \vdots \\ a_{1n} & a_{2n} & \cdots & a_{mn} \end{pmatrix}.$$

例如，矩阵 $\boldsymbol{A}=\begin{pmatrix} 5 & 7 & 9 \\ 3 & -6 & 2 \end{pmatrix}$ 的转置矩阵为 $\boldsymbol{A}^{\mathrm{T}}=\begin{pmatrix} 5 & 3 \\ 7 & -6 \\ 9 & 2 \end{pmatrix}$.

可以看出，一个 m 行 n 列矩阵的转置矩阵是一个 n 行 m 列矩阵. 矩阵 $\boldsymbol{A}$ 的第 i 行第 j 列处的元素 a_{ij} ，在 $\boldsymbol{A}^{\mathrm{T}}$ 中则为第 j 行第 i 列处的元素.

容易验证，矩阵的转置满足下列运算规律(假设运算都有意义)：

(1) $(\boldsymbol{A}^{\mathrm{T}})^{\mathrm{T}} = \boldsymbol{A}$ ；　　(2) $(\boldsymbol{A}+\boldsymbol{B})^{\mathrm{T}} = \boldsymbol{A}^{\mathrm{T}} + \boldsymbol{B}^{\mathrm{T}}$ ；

(3) $(k\boldsymbol{A})^{\mathrm{T}} = k\boldsymbol{A}^{\mathrm{T}}$ (k为数)；　　(4) $(\boldsymbol{AB})^{\mathrm{T}} = \boldsymbol{B}^{\mathrm{T}}\boldsymbol{A}^{\mathrm{T}}$.

例 1.3.6 设矩阵

$$\boldsymbol{A}=(a_1, \quad a_2, \quad a_3), \quad \boldsymbol{B}=\begin{pmatrix} 3 & 0 & -1 \\ 2 & 5 & 1 \end{pmatrix},$$

求 $\boldsymbol{A}^{\mathrm{T}}\boldsymbol{A}$ ， $\boldsymbol{A}\boldsymbol{A}^{\mathrm{T}}$ 和 $\boldsymbol{B}^{\mathrm{T}}\boldsymbol{B}$.

解

$$\boldsymbol{A}^{\mathrm{T}}\boldsymbol{A}=\begin{pmatrix} a_1 \\ a_2 \\ a_3 \end{pmatrix}(a_1, \quad a_2, \quad a_3)=\begin{pmatrix} a_1^2 & a_1a_2 & a_1a_3 \\ a_2a_1 & a_2^2 & a_2a_3 \\ a_3a_1 & a_3a_2 & a_3^2 \end{pmatrix},$$

$$\boldsymbol{A}\boldsymbol{A}^{\mathrm{T}}=(a_1, \quad a_2, \quad a_3)\begin{pmatrix} a_1 \\ a_2 \\ a_3 \end{pmatrix}=a_1^2+a_2^2+a_3^2,$$

$$\boldsymbol{B}^{\mathrm{T}}\boldsymbol{B}=\begin{pmatrix} 3 & 2 \\ 0 & 5 \\ -1 & 1 \end{pmatrix}\begin{pmatrix} 3 & 0 & -1 \\ 2 & 5 & 1 \end{pmatrix}=\begin{pmatrix} 13 & 10 & -1 \\ 10 & 25 & 5 \\ -1 & 5 & 2 \end{pmatrix}.$$

若 n 阶方阵与它的转置矩阵相等，即 $\boldsymbol{A}^{\mathrm{T}}=\boldsymbol{A}$，则称 $\boldsymbol{A}$ 为对称矩阵. 例如

$$\boldsymbol{A}=\begin{pmatrix}5 & -1 & 7\\ -1 & 2 & 3\\ 7 & 3 & -4\end{pmatrix}$$

为对称矩阵，又如例 1.3.6 中的三个矩阵 $\boldsymbol{A}^{\mathrm{T}}\boldsymbol{A}$，$\boldsymbol{A}\boldsymbol{A}^{\mathrm{T}}$ 和 $\boldsymbol{B}^{\mathrm{T}}\boldsymbol{B}$ 均为对称矩阵.

由定义可看出，对于对称矩阵 $\boldsymbol{A}=(a_{ij})_{n\times n}$ 有

$$a_{ij}=a_{ji}\quad (i,j=1,2,\cdots,n).$$

5. 方阵的行列式

定义 1.3.6 设 $\boldsymbol{A}=(a_{ij})_{n\times n}$ 为 n 阶方阵，按 $\boldsymbol{A}$ 中元素的排列方式所构成的行列式

$$\begin{vmatrix}a_{11} & a_{12} & \cdots & a_{1n}\\ a_{21} & a_{22} & \cdots & a_{2n}\\ \vdots & \vdots & & \vdots\\ a_{n1} & a_{n2} & \cdots & a_{nn}\end{vmatrix}$$

称为方阵 $\boldsymbol{A}$ 的行列式，记作 $|\boldsymbol{A}|$.

注意 方阵 $\boldsymbol{A}$ 与方阵 $\boldsymbol{A}$ 的行列式是两个不同的概念，前者是一张数表，而后者是一个数值

设 $\boldsymbol{A}$, $\boldsymbol{B}$ 为 n 阶方阵，k 为数，方阵的行列式满足下列规律：

(1) $|\boldsymbol{A}^{\mathrm{T}}|=|\boldsymbol{A}|$；　(2) $|k\boldsymbol{A}|=k^n|\boldsymbol{A}|$；　(3) $|\boldsymbol{A}\boldsymbol{B}|=|\boldsymbol{A}||\boldsymbol{B}|$.

例 1.3.7 设 $\boldsymbol{A}=\begin{pmatrix}2 & 5 & -1\\ 0 & -1 & 6\\ 0 & 0 & 3\end{pmatrix}$，$\boldsymbol{B}=\begin{pmatrix}7 & 0 & 0\\ -3 & 2 & 0\\ 9 & 8 & 1\end{pmatrix}$，求 $|2\boldsymbol{A}|$ 和 $|\boldsymbol{A}\boldsymbol{B}|$.

解 因为 $\boldsymbol{A}$ 和 $\boldsymbol{B}$ 为三阶行列式，且 $|\boldsymbol{A}|=-6$，$|\boldsymbol{B}|=14$，所以

$$|2\boldsymbol{A}|=2^3|\boldsymbol{A}|=8\times(-6)=-48,$$

$$|\boldsymbol{A}\boldsymbol{B}|=|\boldsymbol{A}||\boldsymbol{B}|=(-6)\times 14=-84.$$

习　题　1-3

1. 已知矩阵

$$\boldsymbol{A}=\begin{pmatrix}2 & 3\\ 0 & -1\\ -4 & 1\end{pmatrix},\quad \boldsymbol{B}=\begin{pmatrix}1 & -2\\ -5 & 1\\ 6 & 0\end{pmatrix},$$

求 $\boldsymbol{A}+\boldsymbol{B}$，$2\boldsymbol{A}-3\boldsymbol{B}$.

2. 已知矩阵

$$\boldsymbol{A}=\begin{pmatrix}2&2\\4&3\end{pmatrix},\quad \boldsymbol{B}=\begin{pmatrix}4&1\\2&3\end{pmatrix},$$

若矩阵 $\boldsymbol{X}$ 满足关系式 $3\boldsymbol{A}+\boldsymbol{X}=2\boldsymbol{B}^{\mathrm{T}}$，求矩阵 $\boldsymbol{X}$.

3. 计算下列各题：

(1) $\begin{pmatrix}1&2\\3&-1\end{pmatrix}\begin{pmatrix}-3&4\\1&-2\end{pmatrix}$；

(2) $\begin{pmatrix}4&3&1\\1&-2&3\\5&7&0\end{pmatrix}\begin{pmatrix}7\\2\\1\end{pmatrix}$；

(3) $(3,5,-6)\begin{pmatrix}-1\\2\\4\end{pmatrix}$；

(4) $\begin{pmatrix}1\\2\\3\\4\end{pmatrix}(a,b,c,d)$；

(5) $\begin{pmatrix}-1&1\\1&-1\end{pmatrix}\begin{pmatrix}5&3&2\\2&-1&0\end{pmatrix}$；

(6) $\begin{pmatrix}1&2\\2&0\\3&-1\end{pmatrix}\begin{pmatrix}2&-1&0&1\\3&4&-2&0\end{pmatrix}$.

4. 计算下列各题：

(1) 已知 $\boldsymbol{A}=\begin{pmatrix}2&1\\-1&3\end{pmatrix}$，求 $\boldsymbol{A}^3$；

(2) 已知 $\boldsymbol{A}=\begin{pmatrix}a&0&0\\0&b&0\\0&0&c\end{pmatrix}$，求 $\boldsymbol{A}^k$.

5. 设 $\boldsymbol{A}$，$\boldsymbol{B}$ 均为 $n(\geqslant 2)$阶方阵，$\boldsymbol{E}$ 为 n 阶单位矩阵，k 为实数，说明下列命题或等式是否成立?为什么?

(1) 若 $k\boldsymbol{A}=\boldsymbol{O}$，则 $k=0$ 或 $\boldsymbol{A}=\boldsymbol{O}$；

(2) 若 $\boldsymbol{A}^2=\boldsymbol{A}$，则 $\boldsymbol{A}=\boldsymbol{O}$ 或 $\boldsymbol{A}=\boldsymbol{E}$；

(3) $(\boldsymbol{A}-\boldsymbol{B})(\boldsymbol{A}+\boldsymbol{B})=\boldsymbol{A}^2-\boldsymbol{B}^2$.

6. 四个工厂均能生产甲、乙、丙三种产品，其单位成本如表 1-2.

表 1-2

工厂 \ 单位成本 \ 产品	甲	乙	丙
1	3	5	6
2	2	4	8
3	4	5	5
4	4	3	7

现要生产甲种产品 600 件，乙种产品 500 件，丙种产品 200 件，问由哪个工厂生产成本最低?(要求用矩阵乘法计算)

7. 设某港口在 2007 年 3 月份出口到 3 个地区的两种货物 A_1，A_2 的数量以及它们的单位价格、单位重量和单位体积如表 1-3.

表 1-3

货物 \ 出口量 \ 地区	北美	欧洲	非洲	单位价格/万元	单位重量/吨	单位体积/m^3
A_1	2 000	1 000	800	0.2	0.011	0.12
A_2	1 200	1 300	500	0.35	0.05	0.5

试利用矩阵乘法计算：

(1) 经该港口出口到 3 个地区的货物价值、重量、体积分别各为多少?

(2) 经该港口出口的货物总价值、总重量、总体积各为多少?

第 4 节　矩阵的初等变换与逆矩阵

一、矩阵的初等变换

定义 1.4.1　对矩阵进行下列三种变换，称为矩阵的**初等行变换**：

(1) 互换矩阵的两行，常用 $r_i \leftrightarrow r_j$ 表示第 i 行与第 j 行互换；

(2) 用一个非零数乘矩阵的某一行，常用 kr_i 表示用数 k 乘以第 i 行；

(3) 将矩阵的某一行乘以数 k 后加到另一行，常用 $r_j + kr_i$ 表示第 i 行的 k 倍加到第 j 行.

把定义 1.4.1 中的“行”换成“列”，即得矩阵的**初等列变换**(所用的记号把“r”换成“c”). 矩阵的初等行变换和初等列变换，统称为**初等变换.**

当矩阵 $\boldsymbol{A}$ 经过初等变换变成矩阵 $\boldsymbol{B}$ 时，记作

$$\boldsymbol{A} \to \boldsymbol{B}.$$

注意　对一个矩阵施行初等变换后所得到的矩阵一般不与原矩阵相等，仅是矩阵的演变.

例 1.4.1　利用初等行变换将矩阵

$$\boldsymbol{A} = \begin{pmatrix} 0 & \frac{1}{3} & 0 \\ 1 & 0 & 0 \\ 2 & 0 & 1 \end{pmatrix}$$

化成单位矩阵.

解 $A=\begin{pmatrix}0&\frac{1}{3}&0\\1&0&0\\2&0&1\end{pmatrix}\xrightarrow{r_1\leftrightarrow r_2}\begin{pmatrix}1&0&0\\0&\frac{1}{3}&0\\2&0&1\end{pmatrix}\xrightarrow{r_3+(-2)r_1}\begin{pmatrix}1&0&0\\0&\frac{1}{3}&0\\0&0&1\end{pmatrix}\xrightarrow{3r_2}\begin{pmatrix}1&0&0\\0&1&0\\0&0&1\end{pmatrix}$.

定义 1.4.2 满足下列两个条件的矩阵称为**行阶梯形矩阵**:

(1) 若矩阵有零行(元素全为零的行)，零行全部在矩阵的下方;

(2) 非零行的第一个非零元素(称为**非零首元**)的列标随着行标的增大而严格增大.

例如,

$$\begin{pmatrix}2&1&3\\0&5&-2\\0&0&4\end{pmatrix},\quad\begin{pmatrix}1&0&3&1\\0&0&7&2\\0&0&0&0\end{pmatrix},\quad\begin{pmatrix}3&-1&0&4\\0&2&0&5\\0&0&0&6\\0&0&0&0\\0&0&0&0\end{pmatrix}$$

都是行阶梯形矩阵.

如果行阶梯形矩阵非零行的第一个非零元素(即非零首元)都是 1, 并且这一列的其余元素都是零，那么称该矩阵为**行简化阶梯形矩阵**，或称**行最简形**.

例如,

$$\begin{pmatrix}1&0&-2&-4\\0&1&3&6\\0&0&0&0\end{pmatrix},\quad\begin{pmatrix}1&2&0&3&0&3\\0&0&1&5&0&4\\0&0&0&0&1&0\end{pmatrix}$$

都是行简化阶梯形矩阵.

例 1.4.2 利用初等行变换化下述矩阵 $\boldsymbol{A}$ 为行阶梯形矩阵和行简化阶梯形矩阵.

$$\boldsymbol{A}=\begin{pmatrix}1&-2&-1&0&2\\-2&4&2&6&-6\\2&-1&0&2&3\\3&3&3&3&4\end{pmatrix}.$$

解

$$\boldsymbol{A}\xrightarrow[r_4-3r_1]{\substack{r_2+2r_1\\r_3-2r_1}}\begin{pmatrix}1&-2&-1&0&2\\0&0&0&6&-2\\0&3&2&2&-1\\0&9&6&3&-2\end{pmatrix}\xrightarrow[r_3-3r_2]{\substack{r_2\leftrightarrow r_3\\r_3\leftrightarrow r_4}}\begin{pmatrix}1&-2&-1&0&2\\0&3&2&2&-1\\0&0&0&-3&1\\0&0&0&6&-2\end{pmatrix}$$

$$\xrightarrow{r_4+2r_3}\begin{pmatrix}1&-2&-1&0&2\\0&3&2&2&-1\\0&0&0&-3&1\\0&0&0&0&0\end{pmatrix}=\boldsymbol{B}\xrightarrow[\left(-\frac{1}{3}\right)r_3]{\frac{1}{3}r_2}\begin{pmatrix}1&-2&-1&0&2\\0&1&\frac{2}{3}&\frac{2}{3}&-\frac{1}{3}\\0&0&0&1&-\frac{1}{3}\\0&0&0&0&0\end{pmatrix}$$

$$\xrightarrow[r_1+2r_2]{r_2-\frac{2}{3}r_3}\begin{pmatrix}1&0&\frac{1}{3}&0&\frac{16}{9}\\0&1&\frac{2}{3}&0&-\frac{1}{9}\\0&0&0&1&-\frac{1}{3}\\0&0&0&0&0\end{pmatrix}=\boldsymbol{C}.$$

上面的矩阵 $\boldsymbol{B}$ 为矩阵 $\boldsymbol{A}$ 的行阶梯形矩阵，矩阵 $\boldsymbol{C}$ 为矩阵 $\boldsymbol{A}$ 的行简化阶梯形矩阵.

二、初等矩阵

定义 1.4.3　对单位矩阵 $\boldsymbol{E}$ 施行一次初等变换得到的矩阵，称为初等矩阵.

三种初等变换对应着三种初等矩阵.

1. 互换两行或互换两列

把单位矩阵 $\boldsymbol{E}$ 的第 i，j 两行互换，或第 i，j 两列互换，得到初等矩阵

$$\boldsymbol{E}(i,j)=\begin{pmatrix}1&&&&&&&&&\\&\ddots&&&&&&&&\\&&1&&&&&&&\\&&&0&\cdots&\cdots&\cdots&1&&\\&&&\vdots&1&&&\vdots&&\\&&&\vdots&&\ddots&&\vdots&&\\&&&\vdots&&&1&\vdots&&\\&&&1&\cdots&\cdots&\cdots&0&&\\&&&&&&&&1&\\&&&&&&&&&\ddots\\&&&&&&&&&&1\end{pmatrix}\begin{matrix}\\\\\\\text{第}i\text{行}\\\\\\\\\text{第}j\text{行}\\\\\\\\\end{matrix}.$$

用 m 阶初等矩阵 $\boldsymbol{E}_m(i,\ j)$ 左乘矩阵 $\boldsymbol{A}=(a_{ij})_{m\times n}$，得

$$E_m(i,j)A=\begin{pmatrix} a_{11} & a_{12} & \cdots & a_{1n} \\ \vdots & \vdots & & \vdots \\ a_{j1} & a_{j2} & \cdots & a_{jn} \\ \vdots & \vdots & & \vdots \\ a_{i1} & a_{i2} & \cdots & a_{in} \\ \vdots & \vdots & & \vdots \\ a_{m1} & a_{m2} & \cdots & a_{mn} \end{pmatrix}\begin{matrix} \\ \\ \text{第}i\text{行} \\ \\ \text{第}j\text{行} \\ \\ \\ \end{matrix}.$$

其结果相当于对 A 施行第一种初等行变换，把 A 的第 i 行与第 j 行互换 $(r_i \leftrightarrow r_j)$.

类似地，以 n 阶初等矩阵 $E_n(i,\ j)$ 右乘矩阵 $A=(a_{ij})_{m\times n}$，其结果相当于对矩阵 A 施行第一种初等列变换，把 A 的第 i 列与第 j 列互换 $(c_i \leftrightarrow c_j)$.

2. 以数 $k\neq 0$ 乘某行或某列

以数 $k\neq 0$ 乘单位矩阵 E 的第 i 行，或以数 $k\neq 0$ 乘 E 的第 i 列，得到初等矩阵

$$E(i(k))=\begin{pmatrix} 1 & & & & & & \\ & \ddots & & & & & \\ & & 1 & & & & \\ & & & k & & & \\ & & & & 1 & & \\ & & & & & \ddots & \\ & & & & & & 1 \end{pmatrix}\text{第}i\text{行}.$$

可验知：以 $E_m(i(k))$ 左乘矩阵 A，其结果相当于以数 k 乘 A 的第 i 行 $(r_i\times k)$；以 $E_n(i(k))$ 右乘矩阵 A，其结果相当于以数 k 乘 A 的第 i 列 $(c_i\times k)$.

3. 以数 k 乘某行(列)加到另一行(列)上去

以 k 乘单位矩阵 E 的第 j 行加到第 i 行上，或以 k 乘 E 的第 i 列加到第 j 列上，得到初等矩阵

$$E(i+j(k))=\begin{pmatrix} 1 & & & & & & \\ & \ddots & & & & & \\ & & 1 & \cdots & k & & \\ & & & \ddots & \vdots & & \\ & & & & 1 & & \\ & & & & & \ddots & \\ & & & & & & 1 \end{pmatrix}\begin{matrix} \\ \\ \text{第}i\text{行} \\ \\ \text{第}j\text{行} \\ \\ \\ \end{matrix}.$$

可验知：以 $E(i+j(k))$ 左乘矩阵 A，其结果相当于把 A 的第 j 行乘 k 加到第 i

行上(r_i+kr_j)；以$\boldsymbol{E}_n(i+j(k))$右乘矩阵$\boldsymbol{A}$，其结果相当于把$\boldsymbol{A}$的第i列乘k加到第j列上(c_j+kc_i).

综上所述，可得下述定理.

定理 1.4.1 设$\boldsymbol{A}$是一个$m\times n$矩阵，对$\boldsymbol{A}$施行一次初等行变换，相当于在$\boldsymbol{A}$的左边乘以相应的m阶初等矩阵；对$\boldsymbol{A}$施行一次初等列变换，相当于在$\boldsymbol{A}$的右边乘以相应的n阶初等矩阵.

例如，设$\boldsymbol{A}=\begin{pmatrix}2&1&-3\\0&4&5\\-6&1&7\end{pmatrix}$，则

$$\boldsymbol{E}_3(1,2)=\begin{pmatrix}0&1&0\\1&0&0\\0&0&1\end{pmatrix},\quad \boldsymbol{E}_3(3+1(2))=\begin{pmatrix}1&0&0\\0&1&0\\2&0&1\end{pmatrix},$$

$$\boldsymbol{E}_3(1,2)\boldsymbol{A}=\begin{pmatrix}0&1&0\\1&0&0\\0&0&1\end{pmatrix}\begin{pmatrix}2&1&-3\\0&4&5\\-6&1&7\end{pmatrix}=\begin{pmatrix}0&4&5\\2&1&-3\\-6&1&7\end{pmatrix},$$

即用$\boldsymbol{E}_3(1,2)$左乘$\boldsymbol{A}$，相当于交换矩阵$\boldsymbol{A}$的第一行与第二行.

$$\boldsymbol{A}\boldsymbol{E}_3(3+1(2))=\begin{pmatrix}2&1&-3\\0&4&5\\-6&1&7\end{pmatrix}\begin{pmatrix}1&0&0\\0&1&0\\2&0&1\end{pmatrix}=\begin{pmatrix}-4&1&-3\\10&4&5\\8&1&7\end{pmatrix},$$

即用$\boldsymbol{E}_3(3+1(2))$右乘$\boldsymbol{A}$，相当于将矩阵$\boldsymbol{A}$的第 3 列乘 2 加到第 1 列上去.

三、逆矩阵的概念

由例 1.3.4 知，一个n元线性方程组可写成矩阵方程：

$$\boldsymbol{A}\boldsymbol{x}=\boldsymbol{b}. \tag{1}$$

这样，解线性方程组的问题变为求矩阵方程(1)中变量矩阵$\boldsymbol{x}$的问题.

为了解代数方程

$$ax=b\quad(a\neq 0),$$

可在方程两边同乘以a^{-1}，得解

$$x=a^{-1}b.$$

能否用类似想法来解矩阵方程(1)呢?这就引出了逆矩阵的概念.

定义 1.4.4 设$\boldsymbol{A}$为n阶方阵，若存在n阶方阵$\boldsymbol{B}$，满足

$$\boldsymbol{AB}=\boldsymbol{BA}=\boldsymbol{E}, \tag{2}$$

则称 $\boldsymbol{A}$ 是**可逆矩阵**, 或称 $\boldsymbol{A}$ 是**可逆的**, 称 $\boldsymbol{B}$ 是 $\boldsymbol{A}$ 的**逆矩阵**, 记作 $\boldsymbol{A}^{-1}$, 即 $\boldsymbol{B}=\boldsymbol{A}^{-1}$.

于是, 当 $\boldsymbol{A}$ 为可逆矩阵时, 存在矩阵 $\boldsymbol{A}^{-1}$, 满足

$$\boldsymbol{AA}^{-1}=\boldsymbol{A}^{-1}\boldsymbol{A}=\boldsymbol{E}.$$

例如

$$\boldsymbol{A}=\begin{pmatrix}2&3\\5&8\end{pmatrix},\quad \boldsymbol{B}=\begin{pmatrix}8&-3\\-5&2\end{pmatrix},$$

因为

$$\boldsymbol{AB}=\begin{pmatrix}2&3\\5&8\end{pmatrix}\begin{pmatrix}8&-3\\-5&2\end{pmatrix}=\begin{pmatrix}1&0\\0&1\end{pmatrix},$$

$$\boldsymbol{BA}=\begin{pmatrix}8&-3\\-5&2\end{pmatrix}\begin{pmatrix}2&3\\5&8\end{pmatrix}=\begin{pmatrix}1&0\\0&1\end{pmatrix},$$

即 $\boldsymbol{A}$ 与 $\boldsymbol{B}$ 满足 $\boldsymbol{AB}=\boldsymbol{BA}=\boldsymbol{E}$, 所以由定义知矩阵 $\boldsymbol{A}$ 可逆, 其逆 $\boldsymbol{A}^{-1}=\boldsymbol{B}$.

由(2)式可知, 矩阵 $\boldsymbol{A}$ 与矩阵 $\boldsymbol{B}$ 的地位是平等的, 因此也可以称 $\boldsymbol{B}$ 为可逆矩阵, 称 $\boldsymbol{A}$ 为 $\boldsymbol{B}$ 的逆矩阵, 即 $\boldsymbol{B}^{-1}=\boldsymbol{A}$.

由定义不难验证可逆矩阵具有以下性质.

性质 1.4.1 若矩阵 $\boldsymbol{A}$ 可逆, 则 $\boldsymbol{A}$ 的逆矩阵是唯一的;

性质 1.4.2 若矩阵 $\boldsymbol{A}$ 可逆, 则 $\boldsymbol{A}^{-1}$ 也可逆, 且 $(\boldsymbol{A}^{-1})^{-1}=\boldsymbol{A}$;

性质 1.4.3 若矩阵 $\boldsymbol{A}$ 可逆, 数 $k\neq 0$, 则 $k\boldsymbol{A}$ 也可逆, 且 $(k\boldsymbol{A})^{-1}=\dfrac{1}{k}\boldsymbol{A}^{-1}$;

性质 1.4.4 若 n 阶矩阵 $\boldsymbol{A}$ 与 $\boldsymbol{B}$ 都可逆, 则 $\boldsymbol{AB}$ 也可逆, 且 $(\boldsymbol{AB})^{-1}=\boldsymbol{B}^{-1}\boldsymbol{A}^{-1}$;

性质 1.4.5 若矩阵 $\boldsymbol{A}$ 可逆, 则 $\boldsymbol{A}^{\mathrm{T}}$ 也可逆, 且 $(\boldsymbol{A}^{\mathrm{T}})^{-1}=(\boldsymbol{A}^{-1})^{\mathrm{T}}$.

四、逆矩阵的求法

一般来说, 用定义直接判定一个矩阵是否可逆, 并求其逆是很困难的. 下面我们讨论矩阵可逆的判定方法, 以及求逆矩阵的方法.

1. 用伴随矩阵求逆矩阵

定义 1.4.5 n 阶方阵

$$\boldsymbol{A}=\begin{pmatrix}a_{11}&a_{12}&\cdots&a_{1n}\\a_{21}&a_{22}&\cdots&a_{2n}\\\vdots&\vdots&&\vdots\\a_{n1}&a_{n2}&\cdots&a_{nn}\end{pmatrix}$$

中元素 a_{ij} 的代数余子式 A_{ij} 组成的矩阵

$$\boldsymbol{A}^* = \begin{pmatrix} A_{11} & A_{21} & \cdots & A_{n1} \\ A_{12} & A_{22} & \cdots & A_{n2} \\ \vdots & \vdots & & \vdots \\ A_{1n} & A_{2n} & \cdots & A_{nn} \end{pmatrix}$$

称为矩阵 $\boldsymbol{A}$ 的伴随矩阵，简称伴随阵.

利用矩阵乘法可直接验证任意 n 阶方阵 $\boldsymbol{A}$ 满足

$$\boldsymbol{A}\boldsymbol{A}^* = \boldsymbol{A}^*\boldsymbol{A} = |\boldsymbol{A}|\boldsymbol{E}.$$

定理 1.4.2　n 阶方阵 $\boldsymbol{A}$ 可逆的充分必要条件是 $|\boldsymbol{A}| \neq 0$，且当 $\boldsymbol{A}$ 可逆时

$$\boldsymbol{A}^{-1} = \frac{1}{|\boldsymbol{A}|}\boldsymbol{A}^*. \tag{3}$$

证明　当 $|\boldsymbol{A}| \neq 0$ 时，由 $\boldsymbol{A}\boldsymbol{A}^* = \boldsymbol{A}^*\boldsymbol{A} = |\boldsymbol{A}|\boldsymbol{E}$，得

$$\boldsymbol{A}\left(\frac{1}{|\boldsymbol{A}|}\boldsymbol{A}^*\right) = \left(\frac{1}{|\boldsymbol{A}|}\boldsymbol{A}^*\right)\boldsymbol{A} = \boldsymbol{E},$$

所以，由逆矩阵的定义得 $\boldsymbol{A}$ 可逆，且

$$\boldsymbol{A}^{-1} = \frac{1}{|\boldsymbol{A}|}\boldsymbol{A}^*.$$

反之，若 $\boldsymbol{A}$ 可逆，则存在一个 n 阶方阵 $\boldsymbol{A}^{-1}$，使得 $\boldsymbol{A}\boldsymbol{A}^{-1} = \boldsymbol{E}$. 由方阵的行列式的性质得 $|\boldsymbol{A}||\boldsymbol{A}^{-1}| = |\boldsymbol{E}| = 1$，所以 $|\boldsymbol{A}| \neq 0$.

由定理 1.4.2 易得如下推论.

推论　若方阵 $\boldsymbol{A}$ 与 $\boldsymbol{B}$ 满足 $\boldsymbol{AB} = \boldsymbol{E}$(或 $\boldsymbol{BA} = \boldsymbol{E}$)，则 $\boldsymbol{A}$ 与 $\boldsymbol{B}$ 均可逆，且 $\boldsymbol{B}^{-1} = \boldsymbol{A}$，$\boldsymbol{A}^{-1} = \boldsymbol{B}$.

当 $|\boldsymbol{A}| = 0$ 时，$\boldsymbol{A}$ 称为奇异矩阵，否则称为非奇异矩阵. 因此定理 1.4.2 也可叙述为：方阵 $\boldsymbol{A}$ 可逆的充分必要条件是 $\boldsymbol{A}$ 为非奇异矩阵.

定理 1.4.2 给出了判定一个方阵可逆的一种方法 $|\boldsymbol{A}| \neq 0$，并且给出了求可逆矩阵的逆的一种方法 $\boldsymbol{A}^{-1} = \dfrac{1}{|\boldsymbol{A}|}\boldsymbol{A}^*$.

例 1.4.3　判定下列矩阵是否可逆？若可逆，求其逆矩阵.

(1) $\boldsymbol{A} = \begin{pmatrix} 1 & 2 & 3 \\ 1 & 1 & -1 \\ 0 & 3 & 5 \end{pmatrix}$；　　(2) $\boldsymbol{B} = \begin{pmatrix} 2 & 1 & 1 \\ -1 & 1 & 3 \\ 1 & 5 & 11 \end{pmatrix}$.

解　(1) 因为$|\boldsymbol{A}|=\begin{vmatrix}1&2&3\\1&1&-1\\0&3&5\end{vmatrix}=7\neq 0$，所以 $\boldsymbol{A}$ 是可逆的. 再计算$|\boldsymbol{A}|$的代数余子式. 因为

$$A_{11}=(-1)^{1+1}\begin{vmatrix}1&-1\\3&5\end{vmatrix}=8,\quad A_{12}=(-1)^{1+2}\begin{vmatrix}1&-1\\0&5\end{vmatrix}=-5,\quad A_{13}=(-1)^{1+3}\begin{vmatrix}1&1\\0&3\end{vmatrix}=3,$$

$$A_{21}=(-1)^{2+1}\begin{vmatrix}2&3\\3&5\end{vmatrix}=-1,\quad A_{22}=(-1)^{2+2}\begin{vmatrix}1&3\\0&5\end{vmatrix}=5,\quad A_{23}=(-1)^{2+3}\begin{vmatrix}1&2\\0&3\end{vmatrix}=-3,$$

$$A_{31}=(-1)^{3+1}\begin{vmatrix}2&3\\1&-1\end{vmatrix}=-5,\quad A_{32}=(-1)^{3+2}\begin{vmatrix}1&3\\1&-1\end{vmatrix}=4,\quad A_{33}=(-1)^{3+3}\begin{vmatrix}1&2\\1&1\end{vmatrix}=-1,$$

所以

$$\boldsymbol{A}^{-1}=\frac{1}{|\boldsymbol{A}|}\boldsymbol{A}^{*}=\frac{1}{|\boldsymbol{A}|}\begin{pmatrix}A_{11}&A_{21}&A_{31}\\A_{12}&A_{22}&A_{32}\\A_{13}&A_{23}&A_{33}\end{pmatrix}=\frac{1}{7}\begin{pmatrix}8&-1&-5\\-5&5&4\\3&-3&-1\end{pmatrix}.$$

(2) 因为$|\boldsymbol{B}|=\begin{vmatrix}2&1&1\\-1&1&3\\1&5&11\end{vmatrix}=0$，所以 $\boldsymbol{B}$ 不可逆.

2. 用初等行变换求逆矩阵

由例 1.4.3 可看出，当矩阵的阶数较大时，用伴随矩阵求逆矩阵的运算量一般比较大. 下面介绍用初等行变换求逆矩阵的方法.

定理 1.4.3　n 阶矩阵 $\boldsymbol{A}$ 可逆的充分必要条件是 $\boldsymbol{A}$ 可以通过一系列初等行变换化为 n 阶单位矩阵 $\boldsymbol{E}$.

由 n 阶矩阵 $\boldsymbol{A}$ 与 $\boldsymbol{E}$，构造一个 $n\times 2n$ 矩阵 $(\boldsymbol{A}\mid\boldsymbol{E})$，对这个矩阵作初等行变换，当虚线左边的 $\boldsymbol{A}$ 变为单位矩阵 $\boldsymbol{E}$ 时，虚线右边的单位矩阵 $\boldsymbol{E}$ 就变成了 $\boldsymbol{A}^{-1}$，即

$$(\boldsymbol{A}\mid\boldsymbol{E})\xrightarrow{\text{初等行变换}}(\boldsymbol{E}\mid\boldsymbol{A}^{-1}).$$

例 1.4.4　设

$$\boldsymbol{A}=\begin{pmatrix}1&-5&-2\\-1&3&1\\3&-4&-1\end{pmatrix},$$

求 $\boldsymbol{A}^{-1}$.

解　$$(\boldsymbol{A}\mid\boldsymbol{E})=\left(\begin{array}{ccc|ccc}1&-5&-2&1&0&0\\-1&3&1&0&1&0\\3&-4&-1&0&0&1\end{array}\right)\xrightarrow[r_3-3r_1]{r_2+r_1}\left(\begin{array}{ccc|ccc}1&-5&-2&1&0&0\\0&-2&-1&1&1&0\\0&11&5&-3&0&1\end{array}\right)$$

$$\xrightarrow{r_3+5r_2}\left(\begin{array}{ccc|ccc}1&-5&-2&1&0&0\\0&-2&-1&1&1&0\\0&1&0&2&5&1\end{array}\right)\xrightarrow{r_2\leftrightarrow r_3}\left(\begin{array}{ccc|ccc}1&-5&-2&1&0&0\\0&1&0&2&5&1\\0&-2&-1&1&1&0\end{array}\right)$$

$$\xrightarrow{r_3+2r_2}\left(\begin{array}{ccc|ccc}1&-5&-2&1&0&0\\0&1&0&2&5&1\\0&0&-1&5&11&2\end{array}\right)$$

$$\xrightarrow{(-1)r_3}\left(\begin{array}{ccc|ccc}1&-5&-2&1&0&0\\0&1&0&2&5&1\\0&0&1&-5&-11&-2\end{array}\right)$$

$$\xrightarrow[r_1+5r_2]{r_1+2r_3}\left(\begin{array}{ccc|ccc}1&0&0&1&3&0\\0&1&0&2&5&1\\0&0&1&-5&-11&-2\end{array}\right),$$

所以

$$\boldsymbol{A}^{-1}=\begin{pmatrix}1&3&1\\2&5&1\\-5&-11&-2\end{pmatrix}.$$

注意　(1) 上面方法中只能用初等行变换而不能用初等列变换来进行；

(2) 对已知的 n 阶方阵 $\boldsymbol{A}$，不一定需要知道 $\boldsymbol{A}$ 是否可逆，也可用上述方法计算. 在对矩阵 $(\boldsymbol{A}\mid\boldsymbol{E})$ 进行初等行变换的过程中，如发现虚线左边某一行的元素全为零时，说明矩阵 $\boldsymbol{A}$ 的行列式 $|\boldsymbol{A}|=0$ ，由定理 1.4.1 可知方阵 $\boldsymbol{A}$ 不可逆.

例 1.4.5　用逆矩阵解线性方程组

$$\begin{cases}x_1-5x_2-2x_3=1,\\-x_1+3x_2+x_3=-2,\\3x_1-4x_2-x_3=1.\end{cases}$$

解　设 $\boldsymbol{A}=\begin{pmatrix}1&-5&-2\\-1&3&1\\3&-4&-1\end{pmatrix}$，$\boldsymbol{x}=\begin{pmatrix}x_1\\x_2\\x_3\end{pmatrix}$，$\boldsymbol{b}=\begin{pmatrix}1\\-2\\1\end{pmatrix}$，则方程组可写成矩阵方程形式：

$$\boldsymbol{Ax}=\boldsymbol{b}.$$

由例 1.4.4 知，$\boldsymbol{A}$ 可逆，且

$$\boldsymbol{A}^{-1}=\begin{pmatrix}1&3&1\\2&5&1\\-5&-11&-2\end{pmatrix},$$

所以

$$\boldsymbol{X}=\boldsymbol{A}^{-1}\boldsymbol{B}=\begin{pmatrix}1&3&1\\2&5&1\\-5&-11&-2\end{pmatrix}\begin{pmatrix}1\\-2\\1\end{pmatrix}=\begin{pmatrix}-4\\-7\\15\end{pmatrix}.$$

于是，原方程组的解为 $x_1=-4$，$x_2=-7$，$x_3=15$.

例 1.4.6　解矩阵方程

$$\boldsymbol{X}-\boldsymbol{X}\boldsymbol{A}=\boldsymbol{B},$$

其中

$$\boldsymbol{A}=\begin{pmatrix}1&0&1\\2&1&0\\-3&2&-3\end{pmatrix},\quad \boldsymbol{B}=\begin{pmatrix}1&-2&1\\-3&4&1\end{pmatrix}.$$

解　由矩阵方程 $\boldsymbol{X}-\boldsymbol{X}\boldsymbol{A}=\boldsymbol{B}$，得 $\boldsymbol{X}(\boldsymbol{E}-\boldsymbol{A})=\boldsymbol{B}$. 由初等行变换方法易知 $\boldsymbol{E}-\boldsymbol{A}$ 的逆矩阵为

$$(\boldsymbol{E}-\boldsymbol{A})^{-1}=\begin{pmatrix}0&0&-1\\-2&0&0\\3&-2&4\end{pmatrix}^{-1}=\begin{pmatrix}0&-\dfrac{1}{2}&0\\-2&-\dfrac{3}{4}&-\dfrac{1}{2}\\-1&0&0\end{pmatrix},$$

所以

$$\boldsymbol{X}=\boldsymbol{B}(\boldsymbol{E}-\boldsymbol{A})^{-1}=\begin{pmatrix}1&-2&1\\-3&4&1\end{pmatrix}\begin{pmatrix}0&-\dfrac{1}{2}&0\\-2&-\dfrac{3}{4}&-\dfrac{1}{2}\\-1&0&0\end{pmatrix}=\begin{pmatrix}3&1&1\\-9&-\dfrac{3}{2}&-2\end{pmatrix}.$$

五、用初等变换求矩阵的秩

为了讨论方程组解的问题，我们下面引入矩阵的秩的概念.

定义 1.4.6　在 $m\times n$ 矩阵 $\boldsymbol{A}$ 中，任取 r 行与 r 列($r\leqslant m$，$r\leqslant n$)，位于这些行列交叉处的 r^2 个元素，不改变它们在 $\boldsymbol{A}$ 中所处的位置次序而得的 r 阶行列式，称为**矩阵 $\boldsymbol{A}$ 的 r 阶子式**. 若矩阵 $\boldsymbol{A}$ 中有一个不等于 0 的 r 阶子式，且所有 $r+1$ 阶子

式(如果存在的话)全等于 0，则称数 r 为矩阵 $\boldsymbol{A}$ 的秩，记作 $r(\boldsymbol{A})$. 并规定零矩阵的秩为 0.

如果 $\boldsymbol{A}$ 是 n 阶可逆方阵，即 $r(\boldsymbol{A})=n$，则称 $\boldsymbol{A}$ 是一个满秩矩阵，不可逆矩阵 $\boldsymbol{A}\left(|\boldsymbol{A}|=0, r(\boldsymbol{A})<n\right)$ 称为降秩矩阵.

例 1.4.7 求矩阵 $\boldsymbol{A}$ 的秩，其中

$$\boldsymbol{A}=\begin{pmatrix}2 & -1 & 3 & 5\\ 0 & 3 & 1 & 6\\ 0 & 0 & 0 & 0\end{pmatrix}.$$

解 在 $\boldsymbol{A}$ 中，容易看出一个二阶子式 $\begin{vmatrix}2 & -1\\ 0 & 3\end{vmatrix}=6\neq 0$，而 $\boldsymbol{A}$ 的所有三阶子式的第 3 行都为零行，所以 $\boldsymbol{A}$ 的所有三阶子式都等于零. 因而，$r(\boldsymbol{A})=2$.

一般来说，用定义求矩阵的秩很麻烦. 下面介绍一个简便的方法.

由矩阵的秩的定义和行阶梯形矩阵的定义易知，行阶梯形矩阵的秩等于其非零行的行数. 因此自然想到用初等行变换把矩阵化为行阶梯形矩阵，但初等行变换是否改变矩阵的秩呢?下面的定理对此作出了回答.

定理 1.4.4 设矩阵 $\boldsymbol{A}$ 经初等行变换变为矩阵 $\boldsymbol{B}$，则

$$r(\boldsymbol{A})=r(\boldsymbol{B}).$$

推论 矩阵 $\boldsymbol{A}$ 的秩 $r(\boldsymbol{A})=r$ 的充分必要条件是通过初等行变换能把 $\boldsymbol{A}$ 化成具有 r 个非零行的行阶梯形矩阵.

综上所述，我们得到用初等行变换求矩阵秩的方法：对矩阵施行初等行变换，使其化为行阶梯形矩阵，行阶梯形矩阵的非零行的行数即为该矩阵的秩.

例 1.4.8 设

$$\boldsymbol{A}=\begin{pmatrix}2 & 4 & 3 & 5\\ 1 & 2 & -1 & 4\\ -1 & -2 & 6 & -7\end{pmatrix},$$

求 $r(\boldsymbol{A})$.

解 $$\boldsymbol{A}=\begin{pmatrix}2 & 4 & 3 & 5\\ 1 & 2 & -1 & 4\\ -1 & -2 & 6 & -7\end{pmatrix}\xrightarrow{r_1\leftrightarrow r_2}\begin{pmatrix}1 & 2 & -1 & 4\\ 2 & 4 & 3 & 5\\ -1 & -2 & 6 & -7\end{pmatrix}$$

$$\xrightarrow[r_3+r_1]{r_2-2r_1}\begin{pmatrix}1 & 2 & -1 & 4\\ 0 & 0 & 5 & -3\\ 0 & 0 & 5 & -3\end{pmatrix}\xrightarrow{r_3-r_2}\begin{pmatrix}1 & 2 & -1 & 4\\ 0 & 0 & 5 & -3\\ 0 & 0 & 0 & 0\end{pmatrix},$$

从该行阶梯形矩阵可知，它有两个非零行，所以 $r(\boldsymbol{A})=2$.

习　题　1-4

1. 用伴随矩阵求下列矩阵的逆矩阵：

(1) $\begin{pmatrix} 2 & 3 \\ 3 & 5 \end{pmatrix}$；　(2) $\begin{pmatrix} \sin\theta & -\cos\theta \\ \cos\theta & \sin\theta \end{pmatrix}$；　(3) $\begin{pmatrix} 0 & 3 & 7 \\ 0 & 2 & 5 \\ 3 & 0 & 0 \end{pmatrix}$.

2. 用初等行变换求下列矩阵的逆矩阵：

(1) $\begin{pmatrix} 0 & 1 & 2 \\ 1 & 1 & 4 \\ 2 & -1 & 0 \end{pmatrix}$；　(2) $\begin{pmatrix} 3 & -2 & 0 & -1 \\ 0 & 2 & 2 & 1 \\ 1 & -2 & -3 & -2 \\ 0 & 1 & 2 & 1 \end{pmatrix}$；

(3) $\begin{pmatrix} a_1 & & & \\ & a_2 & & \\ & & \ddots & \\ & & & a_n \end{pmatrix} (a_i \neq 0; i=1,2,\cdots,n)$.

3. 解下列矩阵方程：

(1) $\begin{pmatrix} 2 & 5 \\ 1 & 3 \end{pmatrix}\boldsymbol{X}=\begin{pmatrix} 4 & -6 \\ 2 & 1 \end{pmatrix}$；　(2) $\boldsymbol{X}\begin{pmatrix} 1 & 3 & 3 \\ 1 & 4 & 3 \\ 1 & 3 & 4 \end{pmatrix}=(2,-1,1)$；

(3) $\boldsymbol{AX}+\boldsymbol{B}=\boldsymbol{X}$，其中

$$\boldsymbol{A}=\begin{pmatrix} 0 & 1 & 0 \\ -1 & 1 & 1 \\ -1 & 0 & -1 \end{pmatrix},\quad \boldsymbol{B}=\begin{pmatrix} 1 & -1 \\ 2 & 0 \\ 5 & -3 \end{pmatrix}.$$

4. 用初等行变换将下列矩阵化成行阶梯形矩阵：

(1) $\begin{pmatrix} 3 & 1 & 0 \\ 1 & -1 & 2 \\ 1 & 3 & -4 \end{pmatrix}$；　(2) $\begin{pmatrix} 3 & 2 & 0 & 5 & 0 \\ 3 & -2 & 3 & 6 & -1 \\ 2 & 0 & 1 & 5 & -3 \\ 1 & 6 & -4 & -1 & 4 \end{pmatrix}$.

5. 求下列矩阵的秩：

(1) $\begin{pmatrix} 2 & 5 & 1 \\ 1 & 3 & 4 \\ 3 & 8 & 5 \end{pmatrix}$；　(2) $\begin{pmatrix} 3 & 2 & -1 & -3 & -1 \\ 2 & -1 & 3 & 1 & -3 \\ 7 & 0 & 5 & -1 & -8 \end{pmatrix}$；　(3) $\begin{pmatrix} 1 & 2 & -1 & 0 & 3 \\ 2 & -1 & 0 & 1 & -1 \\ 3 & 1 & -1 & 1 & 2 \\ 0 & -5 & 2 & 1 & -7 \end{pmatrix}$.

6. 设 $\boldsymbol{A}=\begin{pmatrix}1&2&3\\2&3&4\\4&3&1\end{pmatrix}$，写出三阶初等矩阵 $\boldsymbol{E}_3(1,3)$，$\boldsymbol{E}_3(3(2))$ 和 $\boldsymbol{E}_3(2+3(4))$，并写出 $\boldsymbol{E}_3(1,3)\boldsymbol{A}$，$\boldsymbol{A}\boldsymbol{E}_3(3(2))$ 和 $\boldsymbol{A}\boldsymbol{E}_3(2+3(4))$ 的结果.

7. 设矩阵 $\boldsymbol{A}$ 可逆，证明 $\left|\boldsymbol{A}^{-1}\right|=\dfrac{1}{|\boldsymbol{A}|}$.

8. 设矩阵 $\boldsymbol{A}$ 与 $\boldsymbol{B}$ 均可逆，$\boldsymbol{E}$ 为单位矩阵，且 $\boldsymbol{AXB}=\boldsymbol{E}$，证明 $\boldsymbol{X}=\boldsymbol{A}^{-1}\boldsymbol{B}^{-1}$.

第二章　线性方程组与向量组

第 1 节　线性方程组

设有 n 个未知量 m 个方程的线性方程组

$$\begin{cases} a_{11}x_1 + a_{12}x_2 + \cdots + a_{1n}x_n = b_1, \\ a_{21}x_1 + a_{22}x_2 + \cdots + a_{2n}x_n = b_2, \\ \qquad\qquad \cdots\cdots \\ a_{m1}x_1 + a_{m2}x_2 + \cdots + a_{mn}x_n = b_m, \end{cases} \tag{1}$$

若方程组(1)中的常数项 $b_1, b_2, \cdots, b_m$ 不全为零，方程组(1)称为非齐次线性方程组；若 $b_1 = b_2 = \cdots = b_m = 0$ ，方程组(1)称为齐次线性方程组.

(1) 式可以写成矩阵方程形式

$$\boldsymbol{Ax} = \boldsymbol{b}, \tag{2}$$

其中

$$\boldsymbol{A} = \begin{pmatrix} a_{11} & a_{12} & \cdots & a_{1n} \\ a_{21} & a_{22} & \cdots & a_{2n} \\ \vdots & \vdots & & \vdots \\ a_{m1} & a_{m2} & \cdots & a_{mn} \end{pmatrix}, \quad \boldsymbol{x} = \begin{pmatrix} x_1 \\ x_2 \\ \vdots \\ x_n \end{pmatrix}, \quad \boldsymbol{b} = \begin{pmatrix} b_1 \\ b_2 \\ \vdots \\ b_m \end{pmatrix}.$$

记

$$\overline{\boldsymbol{A}} = (\boldsymbol{A} \mid \boldsymbol{b}) \left(\begin{array}{cccc:c} a_{11} & a_{12} & \cdots & a_{1n} & b_1 \\ a_{21} & a_{22} & \cdots & a_{2n} & b_2 \\ \vdots & \vdots & & \vdots & \vdots \\ a_{m1} & a_{m2} & \cdots & a_{mn} & b_m \end{array}\right),$$

$\boldsymbol{A}$ 和 $\overline{\boldsymbol{A}}$ 分别称为线性方程组(1)的系数矩阵和增广矩阵.

一、线性方程组的消元解法

先看一个简单例子.

例 2.1.1　解线性方程组

$$\begin{cases} 2x_1 - x_2 + 3x_3 = 1, \\ 4x_1 + 2x_2 + 5x_3 = 3, \\ x_1 - x_3 = 3. \end{cases}$$

解　方程组的消元过程与增广矩阵的初等行变换过程对照如下.

方程组的消元过程	增广矩阵的初等行变换
$\begin{cases} 2x_1 - x_2 + 3x_3=1, & ① \\ 4x_1 + 2x_2 + 5x_3=3, & ② \\ x_1 - x_3=3 & ③ \end{cases}$	$\overline{A}=\left(\begin{array}{ccc:c} 2 & -1 & 3 & 1 \\ 4 & 2 & 5 & 3 \\ 1 & 0 & -1 & 3 \end{array}\right)$
①↔③ ↓	$r_1 \leftrightarrow r_3$ ↓
$\begin{cases} x_1 - x_3=3, & ① \\ 4x_1 + 2x_2 + 5x_3=3, & ② \\ 2x_1 - x_2 + 3x_3=1 & ③ \end{cases}$	$\left(\begin{array}{ccc:c} 1 & 0 & -1 & 3 \\ 4 & 2 & 5 & 3 \\ 2 & -1 & 3 & 1 \end{array}\right)$
(−4)×①加到② (−2)×①加到③ ↓	r_2-4r_1 r_3-2r_1 ↓
$\begin{cases} x_1 - x_3=3, & ① \\ 2x_2 + 9x_3=-9, & ② \\ -x_2 + 5x_3=-5 & ③ \end{cases}$	$\left(\begin{array}{ccc:c} 1 & 0 & -1 & 3 \\ 0 & 2 & 9 & -9 \\ 0 & -1 & 5 & -5 \end{array}\right)$
③加到② ↓	r_2+r_3 ↓
$\begin{cases} x_1 - x_3=3, & ① \\ x_2+14x_3=-14, & ② \\ -x_2+5x_3=-5 & ③ \end{cases}$	$\left(\begin{array}{ccc:c} 1 & 0 & -1 & 3 \\ 0 & 1 & 14 & -14 \\ 0 & -1 & 5 & -5 \end{array}\right)$
②加到③ ↓	$r_3 \leftrightarrow r_2$ ↓
$\begin{cases} x_1 - x_3=3, & ① \\ x_2+14x_3=-14, & ② \\ 19x_3=-19 & ③ \end{cases}$	$\left(\begin{array}{ccc:c} 1 & 0 & -1 & 3 \\ 0 & 1 & 14 & -14 \\ 0 & 0 & 19 & -19 \end{array}\right)$
$\frac{1}{19}$×③ ↓	$\frac{1}{19}r_3$ ↓

$$\begin{cases} x_1 \qquad\quad -x_3=3, & ① \\ \quad x_2+14x_3=-14, & ② \\ \qquad\qquad x_3=-1 & ③ \end{cases} \qquad \left(\begin{array}{ccc:c} 1 & 0 & -1 & 3 \\ 0 & 1 & 14 & -14 \\ 0 & 0 & 1 & -1 \end{array}\right)$$

③加到①，(−14)×③加到② $\downarrow$　　　　r_1+r_3，r_2-14r_3 $\downarrow$

$$\begin{cases} x_1 \qquad\quad =2, & ① \\ \quad x_2 \qquad =0, & ② \\ \qquad\qquad x_3=-1. & ③ \end{cases} \qquad \left(\begin{array}{ccc:c} 1 & 0 & 0 & 2 \\ 0 & 1 & 0 & 0 \\ 0 & 0 & 1 & -1 \end{array}\right)$$

(方程组的解)　　　　**(行简化阶梯形矩阵)**

通过上表对照可以看出，对线性方程组做顺序消元的过程，实质上是对其增广矩阵施行初等行变换，将增广矩阵化为行简化阶梯形矩阵的过程. 因此，用消元法解一般线性方程组，只需写出增广矩阵，对其施行初等行变换，使其化为行简化阶梯形矩阵，最后还原为最简线性方程组，从而写出方程组的解.

例 2.1.2　解线性方程组

$$\begin{cases} x_1-x_2-\ \ x_3+\ \ x_4=0, \\ x_1-x_2+\ \ x_3-3x_4=2, \\ x_1-x_2-2x_3+3x_4=-1. \end{cases}$$

解　对增广矩阵施行初等行变换，先化为行阶梯形矩阵，再化为行简化阶梯形矩阵：

$$\overline{A}=(A\,\vdots\,b)=\left(\begin{array}{cccc:c} 1 & -1 & -1 & 1 & 0 \\ 1 & -1 & 1 & -3 & 2 \\ 1 & -1 & -2 & 3 & -1 \end{array}\right) \xrightarrow[r_3-r_1]{r_2-r_1} \left(\begin{array}{cccc:c} 1 & -1 & -1 & 1 & 0 \\ 0 & 0 & 2 & -4 & 2 \\ 0 & 0 & -1 & 2 & -1 \end{array}\right)$$

$$\xrightarrow{\frac{1}{2}r_2} \left(\begin{array}{cccc:c} 1 & -1 & -1 & 1 & 0 \\ 0 & 0 & 1 & -2 & 1 \\ 0 & 0 & -1 & 0 & -1 \end{array}\right) \xrightarrow{r_3+r_2} \left(\begin{array}{cccc:c} 1 & -1 & -1 & 1 & 0 \\ 0 & 0 & 1 & -2 & 1 \\ 0 & 0 & 0 & 0 & 0 \end{array}\right)$$

$$\xrightarrow{r_1+r_2} \left(\begin{array}{cccc:c} 1 & -1 & 0 & -1 & 1 \\ 0 & 0 & 1 & -2 & 1 \\ 0 & 0 & 0 & 0 & 0 \end{array}\right).$$

因此，原方程组的同解方程组为

$$\begin{cases} x_1 - x_2 \quad - \ x_4 = 1, \\ \qquad x_3 - 2x_4 = 1, \\ \qquad\qquad 0 = 0. \end{cases}$$

其中，$0=0$ 为多余的方程，可舍去，从而原方程组的解可写成

$$\begin{cases} x_1 = 1 + x_2 + x_4, \\ x_3 = 1 + 2x_4. \end{cases} \tag{3}$$

方程组的解(3)式中的未知量 x_2 和 x_4 可以取任意值，得到的结果都是原方程组的解，故原方程组有无穷多解. (3)式中的未知量 x_2 和 x_4 称为**自由未知量**，用自由未知量表示其他未知量的表示式(3)称为原方程组的**一般解(或通解)**.

注意 自由未知量的选取不是唯一的.

二、线性方程组解的判定定理

定理 2.1.1 (线性方程组解的判定定理) 线性方程组(1)有解的充分必要条件是 $r(\boldsymbol{A}) = r(\overline{\boldsymbol{A}})$.

(1) 若 $r(\boldsymbol{A}) = r(\overline{\boldsymbol{A}}) = n$，线性方程组(1)有唯一解；

(2) 若 $r(\boldsymbol{A}) = r(\overline{\boldsymbol{A}}) < n$，线性方程组(1)有无穷多解；

(3) 若 $r(\boldsymbol{A}) < r(\overline{\boldsymbol{A}})$，线性方程组(1)无解.

由定理 2.1.1 和前面例题的解题过程可得出求解线性方程组的步骤如下：

(1) 对非齐次线性方程组，把它的增广矩阵 $\overline{\boldsymbol{A}}$ 化成行阶梯形矩阵，从 $\overline{\boldsymbol{A}}$ 的行阶梯形矩阵可同时看出 $r(\boldsymbol{A})$和 $r(\overline{\boldsymbol{A}})$，若 $r(\boldsymbol{A}) < r(\overline{\boldsymbol{A}})$，则方程组无解；

(2) 若 $r(\boldsymbol{A}) = r(\overline{\boldsymbol{A}})$，进一步把 $\overline{\boldsymbol{A}}$ 化成行简化阶梯形矩阵；

(3) 设 $r(\boldsymbol{A}) = r(\overline{\boldsymbol{A}})$，把行简化阶梯形矩阵中 r 个非零行的首非零元所对应的未知量取作非自由未知量，其余 $n-r$ 个未知量取作自由未知量，从而写出方程组的解.

例 2.1.3 判定下列线性方程组是否有解，若有解，并求出其解：

(1) $$\begin{cases} x_1 + 2x_2 - 5x_3 = -1, \\ 2x_1 + 4x_2 - 3x_3 = 5, \\ 3x_1 + 6x_2 - 10x_3 = 2, \\ x_1 + 2x_2 + 2x_3 = 6; \end{cases}$$

(2) $$\begin{cases} x_1 + x_2 + 2x_3 + 3x_4 = 1, \\ x_2 + x_3 - 4x_4 = 1, \\ x_1 + 2x_2 + 3x_3 - x_4 = 4, \\ 2x_1 + 3x_2 - x_3 - x_4 = -6. \end{cases}$$

解　(1) 对增广矩阵施行初等行变换：

$$\overline{A}=(A\mid b)=\left(\begin{array}{ccc|c}1&2&-5&-1\\2&4&-3&5\\3&6&-10&2\\1&2&2&6\end{array}\right)\xrightarrow[r_4-r_1]{\substack{r_2-2r_1\\r_3-3r_1}}\left(\begin{array}{ccc|c}1&2&-5&-1\\0&0&7&7\\0&0&5&5\\0&0&7&7\end{array}\right)$$

$$\xrightarrow{\frac{1}{7}r_2}\left(\begin{array}{ccc|c}1&2&-5&-1\\0&0&1&1\\0&0&5&5\\0&0&7&7\\0&0&0&0\end{array}\right)\xrightarrow[r_4-7r_2]{r_3-5r_2}\left(\begin{array}{ccc|c}1&2&-5&-1\\0&0&1&1\\0&0&0&0\\0&0&0&0\end{array}\right)$$

$$\xrightarrow{r_1+5r_2}\left(\begin{array}{ccc|c}1&2&0&4\\0&0&1&1\\0&0&0&0\\0&0&0&0\end{array}\right).$$

易见 $r(A)=r(\overline{A})=2<n=3$，故原方程组有无穷多解. 此时原方程组的同解方程组为

$$\begin{cases}x_1+2x_2\qquad=4,\\\qquad\qquad x_3=1,\end{cases}$$

从而原方程组的通解为

$$\begin{cases}x_1=4-2x_2,\\x_3=1.\end{cases}$$

(2) 对增广矩阵施行初等行变换：

$$\overline{A}=(A\mid b)=\left(\begin{array}{cccc|c}1&1&2&3&1\\0&1&1&-4&1\\1&2&3&-1&4\\2&3&-1&-1&-6\end{array}\right)\xrightarrow[r_4-2r_1]{r_3-r_1}\left(\begin{array}{cccc|c}1&1&2&3&1\\0&1&1&-4&1\\0&1&1&-4&3\\0&1&-5&-7&-8\end{array}\right)$$

$$\xrightarrow[r_4-r_2]{r_3-r_2}\left(\begin{array}{cccc|c}1&1&2&3&1\\0&1&1&-4&1\\0&0&0&0&2\\0&0&-6&-3&-9\end{array}\right)\xrightarrow{r_3\leftrightarrow r_4}\left(\begin{array}{cccc|c}1&1&2&3&1\\0&1&1&-4&1\\0&0&-6&-3&-9\\0&0&0&0&2\end{array}\right).$$

易见 $r(A)=3<r(\overline{A})=4$，所以原方程组无解.

例 2.1.4　当 a 取何值时，线性方程组

$$\begin{cases} x_1-2x_2+\ x_3+3x_4=5, \\ 2x_1+\ x_2-\ x_3+\ x_4=2, \\ 3x_1+4x_2-3x_3-\ x_4=a, \\ x_1+3x_2\qquad -2x_4=-1, \end{cases}$$

(1) 无解；

(2) 有解，并求出解.

解　对增广矩阵施行初等行变换：

$$\overline{A}=(A\mid b)=\left(\begin{array}{cccc|c} 1 & -2 & 1 & 3 & 5 \\ 2 & 1 & -1 & 1 & 2 \\ 3 & 4 & -3 & -1 & a \\ 1 & 3 & 0 & -2 & -1 \end{array}\right)\xrightarrow[r_4-r_1]{\substack{r_2-2r_1\\ r_3-3r_1}}\left(\begin{array}{cccc|c} 1 & -2 & 1 & 3 & 5 \\ 0 & 5 & -3 & -5 & -8 \\ 0 & 10 & -6 & -10 & a-15 \\ 0 & 5 & -0 & -5 & -6 \end{array}\right)$$

$$\xrightarrow[r_4-r_2]{r_3-2r_2}\left(\begin{array}{cccc|c} 1 & -2 & 1 & 3 & 5 \\ 0 & 5 & -3 & -5 & -8 \\ 0 & 0 & 0 & 0 & a+1 \\ 0 & 0 & 2 & 0 & 2 \end{array}\right)$$

$$\xrightarrow[r_3\leftrightarrow r_4]{\frac{1}{5}r_2,\ \frac{1}{2}r_4}\left(\begin{array}{cccc|c} 1 & -2 & 1 & 3 & 5 \\ 0 & 1 & -\dfrac{3}{5} & -1 & -\dfrac{8}{5} \\ 0 & 0 & 1 & 0 & 1 \\ 0 & 0 & 0 & 0 & a+1 \end{array}\right)$$

$$\xrightarrow[r_1-r_3]{r_2+\frac{3}{5}r_3}\left(\begin{array}{cccc|c} 1 & -2 & 0 & 3 & 4 \\ 0 & 1 & 0 & -1 & -1 \\ 0 & 0 & 1 & 0 & 1 \\ 0 & 0 & 0 & 0 & a+1 \end{array}\right)$$

$$\xrightarrow{r_1+2r_2}\left(\begin{array}{cccc|c} 1 & 0 & 0 & 1 & 2 \\ 0 & 1 & 0 & -1 & -1 \\ 0 & 0 & 1 & 0 & 1 \\ 0 & 0 & 0 & 0 & a+1 \end{array}\right).$$

由此可见，

(1) 当 $a\neq-1$ 时，$r(A)=3<r(\overline{A})=4$，此时原方程组无解.

(2) 当 $a=-1$ 时，$r(A)=r(\overline{A})=3<n=4$，原方程组有无穷多组解，此时原方程组的同解方程组为

$$\begin{cases} x_1 \qquad\qquad +x_4 = 2, \\ \quad x_2 \qquad -x_4 = -1, \\ \qquad x_3 \qquad = 1, \end{cases}$$

即原方程组的通解为

$$\begin{cases} x_1 = 2 - x_4, \\ x_2 = -1 + x_4, \\ x_3 = 1. \end{cases}$$

下面来讨论齐次线性方程组，设有齐次线性方程组

$$\begin{cases} a_{11}x_1 + a_{12}x_2 + \cdots + a_{1n}x_n = 0, \\ a_{21}x_1 + a_{22}x_2 + \cdots + a_{2n}x_n = 0, \\ \qquad\qquad \cdots\cdots \\ a_{m1}x_1 + a_{m2}x_2 + \cdots + a_{mn}x_n = 0. \end{cases} \tag{4}$$

其矩阵方程形式为

$$\boldsymbol{Ax} = \boldsymbol{0}.$$

由于 $\overline{\boldsymbol{A}} = (\boldsymbol{A} \mid \boldsymbol{0})$，故总有 $r(\boldsymbol{A}) = r(\overline{\boldsymbol{A}})$，所以齐次线性方程组总是有解，至少有零解 $(x_1 = 0, \ x_2 = 0, \cdots, \ x_n = 0)$.

由定理 2.1.1，可得如下定理.

定理 2.1.2　齐次线性方程组(4)总有解，至少有零解，且

(1) 若 $r(\boldsymbol{A}) = n$ 时，齐次线性方程组(4)只有零解；

(2) 若 $r(\boldsymbol{A}) < n$ 时，齐次线性方程组(4)有非零解.

推论 1　若 $\boldsymbol{A}$ 为 $n \times n$ 方阵，则当 $|\boldsymbol{A}| = 0$ 时，齐次线性方程组 $\boldsymbol{Ax} = \boldsymbol{0}$ 有非零解.

推论 2　若 $\boldsymbol{A}$ 为 $m \times n$ 矩阵，则当 $m < n$ 时，齐次线性方程组 $\boldsymbol{Ax} = \boldsymbol{0}$ 有非零解.

例 2.1.5　判定齐次线性方程组是否有非零解，若有，求出其非零解.

$$\begin{cases} x_1 + x_2 - 2x_3 + 3x_4 = 0, \\ 2x_1 + x_2 - 6x_3 + 4x_4 = 0, \\ 3x_1 + 2x_2 + 4x_3 + x_4 = 0, \\ 2x_1 + x_2 \qquad + x_4 = 0. \end{cases}$$

解　对系数矩阵 $\boldsymbol{A}$ 施行初等行变换：

$$\boldsymbol{A} = \begin{pmatrix} 1 & 1 & -2 & 3 \\ 2 & 1 & -6 & 4 \\ 3 & 2 & 4 & 1 \\ 2 & 1 & 0 & 1 \end{pmatrix} \xrightarrow[r_4 - 2r_1]{\substack{r_2 - 2r_1 \\ r_3 - 3r_1}} \begin{pmatrix} 1 & 1 & -2 & 3 \\ 0 & -1 & -2 & -2 \\ 0 & -1 & 10 & -8 \\ 0 & -1 & 4 & -5 \end{pmatrix} \xrightarrow[r_4 - r_2]{r_3 - r_2} \begin{pmatrix} 1 & 1 & -2 & 3 \\ 0 & -1 & -2 & -2 \\ 0 & 0 & 12 & -6 \\ 0 & 0 & 6 & -3 \end{pmatrix}$$

$$\xrightarrow[r_4-\frac{1}{2}r_3]{(-1)r_2}\begin{pmatrix}1&1&-2&3\\0&1&2&2\\0&0&12&-6\\0&0&0&0\end{pmatrix}\xrightarrow[\frac{1}{12}r_3]{r_1-r_2}\begin{pmatrix}1&0&-4&1\\0&1&2&2\\0&0&1&-\frac{1}{2}\\0&0&0&0\end{pmatrix}\xrightarrow[r_2-2r_3]{r_1+4r_3}\begin{pmatrix}1&0&0&-1\\0&1&0&3\\0&0&1&-\frac{1}{2}\\0&0&0&0\end{pmatrix}$$

由此可见，$r(\boldsymbol{A})=3<n=4$，故原齐次线性方程组有非零解，此时原齐次线性方程组的同解方程组为

$$\begin{cases}x_1 \qquad\qquad - x_4=0,\\ \quad x_2 \qquad + 3x_4=0,\\ \qquad\quad x_3-\dfrac{1}{2}x_4=0,\end{cases}$$

即原方程组的非零解(通解)为

$$\begin{cases}x_1=x_4,\\ x_2=-3x_4,\\ x_3=\dfrac{1}{2}x_4.\end{cases}$$

习　题　2-1

1. 判定下列线性方程组是否有解，若有解，是唯一解还是无穷多解?

(1) $\begin{cases}x_1-2x_2-x_3=1,\\ 2x_1+x_3=5,\\ -x_1+3x_2+2x_3=1;\end{cases}$　　(2) $\begin{cases}2x_1-x_2+3x_3=1,\\ 4x_1-2x_2+5x_3=4,\\ 2x_1-x_2+4x_3=-1;\end{cases}$

(3) $\begin{cases}x_1+x_2+2x_3=1,\\ 3x_1+2x_2+3x_3=0,\\ x_2+3x_3=5.\end{cases}$

2. 解下列线性方程组：

(1) $\begin{cases}x_1+2x_2+3x_3=4,\\ 3x_1+5x_2+7x_3=9,\\ 2x_1+3x_2+4x_3=5;\end{cases}$　　(2) $\begin{cases}2x_1+x_2-x_3+x_4=1,\\ 4x_1+2x_2-2x_3+x_4=2,\\ 2x_1+x_2-x_3-x_4=1;\end{cases}$

(3) $\begin{cases}2x_1+x_2-x_3=1,\\ 3x_1-2x_2+x_3=4,\\ x_1+4x_2-3x_3=7,\\ x_1+2x_2+x_3=4;\end{cases}$　　(4) $\begin{cases}x_1-2x_2+3x_3-4x_4=4,\\ x_1+3x_2-3x_3-3x_4=1,\\ x_2-x_3+x_4=-3,\\ 2x_2-3x_3-x_4=3;\end{cases}$

(5) $\begin{cases} x_1+6x_2-x_3-4x_4=0, \\ -2x_1-12x_2+5x_3+17x_4=0, \\ 3x_1+18x_2-x_3-6x_4=0. \end{cases}$

3. 已知线性方程组

$$\begin{cases} 4x_1+3x_2+x_3=mx_1, \\ 3x_1-4x_2+7x_3=mx_2, \\ x_1+7x_2-6x_3=mx_3. \end{cases}$$

(1) 当 m 取何值时，该方程组有非零解?

(2) 当 m 取何值时，该方程组只有零解?

4. 当 a 取何值时，线性方程组

$$\begin{cases} 3x_1+x_2-x_3-2x_4=2, \\ x_1-5x_2+2x_3+x_4=1, \\ 2x_1+6x_2-3x_3-3x_4=a+1, \\ -x_1-11x_2+5x_3+4x_4=0 \end{cases}$$

(1) 无解；(2) 有解，并求出解.

5. 一百货商店出售四种型号的名牌T恤衫：小号、中号、大号和加大号. 四种型号的T恤衫售价分别为:220元、240元、260元、300元. 若商店某周共售出了13件T恤衫,毛收入为3200元. 并已知大号的销售量为小号和加大号销售量的总和，大号的销售收入(毛收入)也为小号和加大号销售收入(毛收入)的总和. 问各种型号的T恤衫各售出多少件?

第2节 n 维向量及其线性相关性

一、n 维向量的概念

定义 2.2.1 由 n 个实数 $a_1, a_2, \cdots, a_n$ 组成的有序数组称为 n **维向量**，记作 $\boldsymbol{\alpha}=(a_1, a_2, \cdots, a_n)$ ， $a_i (i=1, 2, \cdots, n)$ 称为向量 $\boldsymbol{\alpha}$ 的第 i 个分量.

分量都是零的向量称为零向量，记作 $\mathbf{0}$，即 $\mathbf{0}=(0, 0, \cdots, 0)$. 我们通常用希腊字母 $\boldsymbol{\alpha}$ ，$\boldsymbol{\beta}$ ，$\boldsymbol{\gamma}$ ，…表示向量，向量也可用列表示：

$$\boldsymbol{\beta}=\begin{pmatrix} b_1 \\ b_2 \\ \vdots \\ b_n \end{pmatrix}.$$

定义 2.2.2 设向量 $\boldsymbol{\alpha}=(a_1, a_2, \cdots, a_n)$ ， $\boldsymbol{\beta}=(b_1, b_2, \cdots, b_n)$ 都是 n 维向量，向量 $\boldsymbol{\alpha}$ 和向量 $\boldsymbol{\beta}$ 相等是指它的各个对应分量相等，即 $a_1=b_1$ ， $a_2=b_2$ ， …， $a_n=b_n$ ，记为 $\boldsymbol{\alpha}=\boldsymbol{\beta}$.

二、向量的运算

定义 2.2.3　两个 n 维向量 $\boldsymbol{\alpha}=(a_1,a_2,\cdots,a_n)$，$\boldsymbol{\beta}=(b_1,b_2,\cdots,b_n)$ 的对应分量的和构成的 n 维向量，称为 $\boldsymbol{\alpha}$ 与 $\boldsymbol{\beta}$ 的和，记作 $\boldsymbol{\alpha}+\boldsymbol{\beta}$，即

$$\boldsymbol{\alpha}+\boldsymbol{\beta}=(a_1,a_2,\cdots,a_n)+(b_1,b_2,\cdots,b_n).$$

向量 $(-a_1,-a_2,\cdots,-a_n)$ 称为向量 $\boldsymbol{\alpha}=(a_1,a_2,\cdots,a_n)$ 的负向量，记作

$$-\boldsymbol{\alpha}=(-a_1,-a_2,\cdots,-a_n).$$

由向量加法与负向量可定义向量减法：

$$\boldsymbol{\alpha}-\boldsymbol{\beta}=\boldsymbol{\alpha}+(-\boldsymbol{\beta})=(a_1-b_1,a_2-b_2,\cdots,a_n-b_n).$$

定义 2.2.4　n 维向量 $\boldsymbol{\alpha}=(a_1,a_2,\cdots,a_n)$ 的各个分量的 k 倍所构成的 n 维向量，称为数 k 与向量 $\boldsymbol{\alpha}$ 的乘积，记作 $k\boldsymbol{\alpha}$，即

$$k\boldsymbol{\alpha}=k(a_1,a_2,\cdots,a_n)=(ka_1,ka_2,\cdots,ka_n).$$

向量的加法及数与向量乘法统称为向量的线性运算. 不难验证，它们满足如下运算规律(设 $\boldsymbol{\alpha},\boldsymbol{\beta},\boldsymbol{\gamma}$ 都是 n 维向量，k，l 为实数)：

(1) $\boldsymbol{\alpha}+\boldsymbol{\beta}=\boldsymbol{\beta}+\boldsymbol{\alpha}$；　　(2) $\boldsymbol{\alpha}+(\boldsymbol{\beta}+\boldsymbol{\gamma})=(\boldsymbol{\alpha}+\boldsymbol{\beta})+\boldsymbol{\gamma}$；

(3) $\boldsymbol{\alpha}+\mathbf{0}=\boldsymbol{\alpha}$；　　(4) $\boldsymbol{\alpha}+(-\boldsymbol{\alpha})=\mathbf{0}$；

(5) $(k+l)\boldsymbol{\alpha}=k\boldsymbol{\alpha}+l\boldsymbol{\alpha}$；　　(6) $k(\boldsymbol{\alpha}+\boldsymbol{\beta})=k\boldsymbol{\alpha}+k\boldsymbol{\beta}$；

(7) $(kl)\boldsymbol{\alpha}=k(l\boldsymbol{\alpha})$；　　(8) $1\cdot\boldsymbol{\alpha}=\boldsymbol{\alpha}$.

显然，$k\mathbf{0}=\mathbf{0}$，$\mathbf{0}\cdot\alpha=\mathbf{0}$.

例 2.2.1　设 $\boldsymbol{\alpha}=(1,2,4,-1)$，$\boldsymbol{\beta}=(-3,0,2,5)$，$\boldsymbol{\gamma}=(2,-1,-3,1)$，求 $\boldsymbol{\alpha}+2\boldsymbol{\beta}-3\boldsymbol{\gamma}$.

解　$$\begin{aligned}\boldsymbol{\alpha}+2\boldsymbol{\beta}-3\boldsymbol{\gamma}&=(1,2,4,-1)+(-6,0,4,10)-(6,-3,-9,3)\\&=(-11,5,17,6).\end{aligned}$$

三、向量组的线性相关性

1. 线性组合

在例 2.2.1 中，向量 $\boldsymbol{\alpha}+2\boldsymbol{\beta}-3\boldsymbol{\gamma}$ 就是向量 $\boldsymbol{\alpha},\boldsymbol{\beta},\boldsymbol{\gamma}$ 的一个线性组合，又 $\boldsymbol{\alpha}+2\boldsymbol{\beta}-3\boldsymbol{\gamma}=(-11,5,17,6)$，这时称向量(−11，5，17，6)可由 $\boldsymbol{\alpha},\boldsymbol{\beta},\boldsymbol{\gamma}$ 线性表示. 一般地有如下定义.

定义 2.2.5　设 n 维向量 $\boldsymbol{\alpha}_1,\boldsymbol{\alpha}_2,\cdots,\boldsymbol{\alpha}_m,\boldsymbol{\alpha}$, 如果有一组数 $\lambda_1,\lambda_2,\cdots,\lambda_m$, 使得

$$\boldsymbol{\alpha}=\lambda_1\boldsymbol{\alpha}_1+\lambda_2\boldsymbol{\alpha}_2+\cdots+\lambda_m\boldsymbol{\alpha}_m,$$

则称向量 $\boldsymbol{\alpha}$ 是 $\boldsymbol{\alpha}_1,\boldsymbol{\alpha}_2,\cdots,\boldsymbol{\alpha}_m$ 的线性组合，或说 $\boldsymbol{\alpha}$ 可由 $\boldsymbol{\alpha}_1,\boldsymbol{\alpha}_2,\cdots,\boldsymbol{\alpha}_m$ 线性表示.

例如，任何一个 n 维向量 $\boldsymbol{\alpha}=(a_1,a_2,\cdots,a_n)$ 均是向量组 $\boldsymbol{\varepsilon}_1=(1,0,\cdots,0)$，$\boldsymbol{\varepsilon}_2=(0,1,\cdots,0)$，$\cdots$，$\boldsymbol{\varepsilon}_n=(0,0,\cdots,1)$ 的线性组合，因为有

$$\boldsymbol{\alpha}=a_1\boldsymbol{\varepsilon}_1+a_2\boldsymbol{\varepsilon}_2+\cdots+a_n\boldsymbol{\varepsilon}_n.$$

又如，向量$\begin{pmatrix}3\\1\end{pmatrix}$不是向量$\begin{pmatrix}1\\0\end{pmatrix}$和$\begin{pmatrix}-2\\0\end{pmatrix}$的线性组合，因为对于任意的一组数$k_1$，$k_2$有

$$k_1\begin{pmatrix}1\\0\end{pmatrix}+k_2\begin{pmatrix}-2\\0\end{pmatrix}=\begin{pmatrix}k_1-2k_2\\0\end{pmatrix}\neq\begin{pmatrix}3\\1\end{pmatrix}.$$

例 2.2.2　已知向量组$\boldsymbol{\alpha}_1=(2,2,1,-3)$，$\boldsymbol{\alpha}_2=(-1,-1,1,2)$，$\boldsymbol{\alpha}_3=(-5,-5,11,12)$及向量$\boldsymbol{\beta}=(-1,-1,4,3)$，判断向量$\boldsymbol{\beta}$可否由$\boldsymbol{\alpha}_1,\boldsymbol{\alpha}_2,\boldsymbol{\alpha}_3$线性表示.

解　设$\boldsymbol{\beta}=k_1\boldsymbol{\alpha}_1+k_2\boldsymbol{\alpha}_2+k_3\boldsymbol{\alpha}_3$，其中$k_1,k_2,k_3$为实数，即

$$(-1,-1,4,3)=k_1(2,2,1,-3)+k_2(-1,-1,1,2)+k_3(-5,-5,11,12),$$

$$(-1,-1,4,3)=(2k_1-k_2-5k_3,2k_1-k_2-5k_3,k_1+k_2+11k_3,-3k_1+2k_2+12k_3),$$

由向量相等的定义，有

$$\begin{cases}2k_1-k_2-5k_3=-1,\\2k_1-k_2-5k_3=-1,\\k_1+k_2+11k_3=4,\\-3k_1+2k_2+12k_3=3.\end{cases}$$

至此可知，向量$\boldsymbol{\beta}$可否由向量$\boldsymbol{\alpha}_1,\boldsymbol{\alpha}_2,\boldsymbol{\alpha}_3$线性表示的问题归结为讨论以上非齐次线性方程组是否有解的问题.

用消元法解上述方程组，其增广矩阵为

$$\overline{\boldsymbol{A}}=(\boldsymbol{A}\mid\boldsymbol{b})=\left(\begin{array}{ccc|c}2&-1&-5&-1\\2&-1&-5&-1\\1&1&11&4\\-3&2&12&3\end{array}\right)\xrightarrow[\substack{r_3-2r_1\\r_4+3r_1}]{\substack{r_1\leftrightarrow r_3\\r_2-2r_1}}\left(\begin{array}{ccc|c}1&1&11&4\\0&-3&-27&-9\\0&-3&-27&-9\\0&5&45&15\end{array}\right)$$

$$\xrightarrow{\left(-\frac{1}{3}\right)r_2}\left(\begin{array}{ccc|c}1&1&11&4\\0&1&9&3\\0&-3&-27&-9\\0&5&45&15\end{array}\right)\xrightarrow[r_4-5r_2]{r_3+3r_2}\left(\begin{array}{ccc|c}1&1&11&4\\0&1&9&3\\0&0&0&0\\0&0&0&0\end{array}\right)$$

$$\xrightarrow{r_1-r_2}\left(\begin{array}{ccc|c}1&0&2&1\\0&1&9&3\\0&0&0&0\\0&0&0&0\end{array}\right).$$

因为方程组有无穷多解，即存在k_1,k_2,k_3，使

$$\boldsymbol{\beta}=k_1\boldsymbol{\alpha}_1+k_2\boldsymbol{\alpha}_2+k_3\boldsymbol{\alpha}_3$$

成立，所以 $\boldsymbol{\beta}$ 可由 $\boldsymbol{\alpha}_1, \boldsymbol{\alpha}_2, \boldsymbol{\alpha}_3$ 线性表示.

方程组的一般解为 $k_1 = 1 - 2k_3$, $k_2 = 3 - 9k_3$,若令自由未知量 $k_3 = -1$,则 $k_1 = 3$, $k_2 = 12$ ，于是可得 $\boldsymbol{\beta}$ 由 $\boldsymbol{\alpha}_1, \boldsymbol{\alpha}_2, \boldsymbol{\alpha}_3$ 线性表示的一个表示式：

$$\boldsymbol{\beta} = 3\boldsymbol{\alpha}_1 + 12\boldsymbol{\alpha}_2 - \boldsymbol{\alpha}_3.$$

2. 向量组的线性相关和线性无关

定义 2.2.6 对于 n 维向量组 $\boldsymbol{\alpha}_1, \boldsymbol{\alpha}_2, \cdots, \boldsymbol{\alpha}_m$ ，如果存在一组不全为零的数 $k_1, k_2, \cdots, k_m$ ，使得

$$k_1\boldsymbol{\alpha}_1 + k_2\boldsymbol{\alpha}_2 + \cdots + k_m\boldsymbol{\alpha}_m = \mathbf{0},$$

则称向量组 $\boldsymbol{\alpha}_2, \boldsymbol{\alpha}_2, \cdots, \boldsymbol{\alpha}_m$ 线性相关，否则称它们线性无关.

向量组(同维向量组成的集合)不是线性相关就是线性无关，所谓线性无关，换句话说就是如下定义.

定义 2.2.7 对于 n 维向量组 $\boldsymbol{\alpha}_1, \boldsymbol{\alpha}_2, \cdots, \boldsymbol{\alpha}_m$ ，若

$$k_1\boldsymbol{\alpha}_1 + k_2\boldsymbol{\alpha}_2 + \cdots + k_m\boldsymbol{\alpha}_m = \mathbf{0}$$

只有在 $k_1 = k_2 = \cdots = k_m = 0$ 时才成立，这时称向量组 $\boldsymbol{\alpha}_1, \boldsymbol{\alpha}_2, \cdots, \boldsymbol{\alpha}_m$ 线性无关.

例 2.2.3 讨论向量组 $\boldsymbol{\alpha}_1 = (1,1,1)$ ， $\boldsymbol{\alpha}_2 = (0,2,5)$ ， $\boldsymbol{\alpha}_3 = (1,3,6)$ 的线性相关性.

解 设有数 k_1 ， k_2 ， k_3 ，使 $k_1\boldsymbol{\alpha}_1 + k_2\boldsymbol{\alpha}_2 + k_3\boldsymbol{\alpha}_3 = \mathbf{0}$ ，即

$$k_1 = (1,1,1) + k_2(0,2,5) + k_3(1,3,6) = (0,0,0),$$

由向量相等的定义，可得齐次线性方程组

$$\begin{cases} k_1 + k_3 = 0, \\ k_1 + 2k_2 + 3k_3 = 0, \\ k_1 + 5k_2 + 6k_3 = 0 \end{cases} \Rightarrow \begin{cases} k_1 + k_3 = 0, \\ 2k_2 + 2k_3 = 0, \\ 5k_2 + 5k_3 = 0. \end{cases}$$

解得

$$\begin{cases} k_1 + k_3 = 0, \\ k_2 + k_3 = 0 \end{cases} \Rightarrow \begin{cases} k_1 = -k_3, \\ k_2 = -k_3, \end{cases}$$

其中 k_3 为自由未知量. 令 $k_3 = -1$, 得 $k_1 = k_2 = 1$, 从而得一组不全为零的数，使

$$1 \cdot \boldsymbol{\alpha}_1 + 1 \cdot \boldsymbol{\alpha}_2 + (-1) \cdot \boldsymbol{\alpha}_3 = \mathbf{0},$$

故 $\boldsymbol{\alpha}_1, \boldsymbol{\alpha}_2, \boldsymbol{\alpha}_3$ 线性相关.

例 2.2.4 设向量组 $\boldsymbol{\alpha}_1, \boldsymbol{\alpha}_2, \boldsymbol{\alpha}_3$ 线性无关，若 $\boldsymbol{\beta}_1 = \boldsymbol{\alpha}_1 + \boldsymbol{\alpha}_2$ ， $\boldsymbol{\beta}_2 = \boldsymbol{\alpha}_2 + \boldsymbol{\alpha}_3$ ， $\boldsymbol{\beta}_3 = \boldsymbol{\alpha}_1 + \boldsymbol{\alpha}_3$. 证明向量组 $\boldsymbol{\beta}_1, \boldsymbol{\beta}_2, \boldsymbol{\beta}_3$ 线性无关.

证明 设有数 k_1, k_2, k_3 ，使

$$k_1\boldsymbol{\beta}_1 + k_2\boldsymbol{\beta}_2 + k_3\boldsymbol{\beta}_3 = \mathbf{0},$$

将 $\boldsymbol{\beta}_1 = \boldsymbol{\alpha}_1 + \boldsymbol{\alpha}_2$ ， $\boldsymbol{\beta}_2 = \boldsymbol{\alpha}_2 + \boldsymbol{\alpha}_3$ ， $\boldsymbol{\beta}_3 = \boldsymbol{\alpha}_1 + \boldsymbol{\alpha}_3$ 代入上式得

$$k_1(\boldsymbol{\alpha}_1+\boldsymbol{\alpha}_2)+k_2(\boldsymbol{\alpha}_2+\boldsymbol{\alpha}_3)+k_3(\boldsymbol{\alpha}_1+\boldsymbol{\alpha}_3)=\mathbf{0}.$$

整理得

$$(k_1+k_3)\boldsymbol{\alpha}_1+(k_1+k_2)\boldsymbol{\alpha}_2+(k_2+k_3)\boldsymbol{\alpha}_3=\mathbf{0}.$$

因为$\boldsymbol{\alpha}_1,\boldsymbol{\alpha}_2,\boldsymbol{\alpha}_3$线性无关，故有

$$\begin{cases}k_1+k_3=0,\\k_1+k_2=0,\\k_2+k_3=0.\end{cases}$$

由于该方程组的系数行列式

$$D=\begin{vmatrix}1&0&1\\1&1&0\\0&1&1\end{vmatrix}=2\neq 0,$$

故其只有零解$k_1=k_2=k_3=0$，所以向量组$\boldsymbol{\beta}_1,\boldsymbol{\beta}_2,\boldsymbol{\beta}_3$线性无关.

定理 2.2.1　向量组$\boldsymbol{\alpha}_1,\boldsymbol{\alpha}_2,\cdots,\boldsymbol{\alpha}_m(m\geqslant 2)$线性相关的充分必要条件是其中至少有一个向量可以由其余$m-1$个向量线性表示.

证明　必要性　设$\boldsymbol{\alpha}_1,\boldsymbol{\alpha}_2,\cdots,\boldsymbol{\alpha}_m$线性相关，则存在一组不全为零的数$k_1$，$k_2$，…，$k_m$，使

$$k_1\boldsymbol{\alpha}_1+k_2\boldsymbol{\alpha}_2+\cdots+k_m\boldsymbol{\alpha}_m=\mathbf{0}.$$

因为k_1，k_2，…，k_m中至少有一个不为零，不妨假设$k_1\neq 0$，则有

$$\boldsymbol{\alpha}_1=\frac{k_2}{-k_1}\boldsymbol{\alpha}_2+\frac{k_3}{-k_1}\boldsymbol{\alpha}_3+\cdots+\frac{k_m}{-k_1}\boldsymbol{\alpha}_m,$$

即$\boldsymbol{\alpha}_1$能由其余$m-1$个向量线性表示.

充分性　不妨假设向量组$\boldsymbol{\alpha}_1,\boldsymbol{\alpha}_2,\cdots,\boldsymbol{\alpha}_m$中的向量$\boldsymbol{\alpha}_m$能由其余$m-1$个向量线性表示，即有$k_1,k_2,\cdots,k_{m-1}$，使

$$\boldsymbol{\alpha}_m=k_1\boldsymbol{\alpha}_1+k_2\boldsymbol{\alpha}_2+\cdots+k_{m-1}\boldsymbol{\alpha}_{m-1},$$

于是，存在m个不全为零的数$k_1,k_2,\cdots,k_{m-1},-1$，使

$$k_1\boldsymbol{\alpha}_1+k_2\boldsymbol{\alpha}_2+\cdots+k_{m-1}\boldsymbol{\alpha}_{m-1}+(-1)\boldsymbol{\alpha}_m=\mathbf{0},$$

故$\boldsymbol{\alpha}_1,\boldsymbol{\alpha}_2,\cdots,\boldsymbol{\alpha}_m$线性相关.

定理 2.2.2　若向量组$\boldsymbol{\alpha}_1,\boldsymbol{\alpha}_2,\cdots,\boldsymbol{\alpha}_m$线性无关，而向量组$\boldsymbol{\alpha}_1,\boldsymbol{\alpha}_2,\cdots,\boldsymbol{\alpha}_m$，$\boldsymbol{\beta}$线性相关，则$\boldsymbol{\beta}$可由$\boldsymbol{\alpha}_1,\boldsymbol{\alpha}_2,\cdots,\boldsymbol{\alpha}_m$线性表示，并且表示方法唯一.

证明　因为$\boldsymbol{\alpha}_1,\boldsymbol{\alpha}_2,\cdots,\boldsymbol{\alpha}_m,\boldsymbol{\beta}$线性相关，故存在一组不全为零的数$k_1,k_2,\cdots,k_m,k_{m+1}$，使

$$k_1\boldsymbol{\alpha}_1+k_2\boldsymbol{\alpha}_2+\cdots+k_m\boldsymbol{\alpha}_m+k_{m+1}\boldsymbol{\beta}=\mathbf{0}.$$

要证$\boldsymbol{\beta}$能由$\boldsymbol{\alpha}_1,\boldsymbol{\alpha}_2,\cdots,\boldsymbol{\alpha}_m$线性表示，只需证明$k_{m+1}\neq 0$. 用反证法，假设$k_{m+1}=0$，则上式变为

$$k_1\boldsymbol{\alpha}_1+k_2\boldsymbol{\alpha}_2+\cdots+k_m\boldsymbol{\alpha}_m=\mathbf{0},$$

且$k_1,k_2,\cdots,k_m$不全为零，从而$\boldsymbol{\alpha}_1,\boldsymbol{\alpha}_2,\cdots,\boldsymbol{\alpha}_m$线性相关，这与已知$\boldsymbol{\alpha}_1,\boldsymbol{\alpha}_2,\cdots,\boldsymbol{\alpha}_m$线性无关相矛盾，故$k_{m+1}\neq 0$，于是

$$\boldsymbol{\beta}=\frac{k_1}{-k_{m+1}}\boldsymbol{\alpha}_1+\frac{k_2}{-k_{m+1}}\boldsymbol{\alpha}_2+\cdots+\frac{k_m}{-k_{m+1}}\boldsymbol{\alpha}_m,$$

即$\boldsymbol{\beta}$可由$\boldsymbol{\alpha}_1,\boldsymbol{\alpha}_2,\cdots,\boldsymbol{\alpha}_m$线性表示.

再证表示方法唯一：设有两个表示式

$$\boldsymbol{\beta}=\lambda_1\boldsymbol{\alpha}_1+\lambda_2\boldsymbol{\alpha}_2+\cdots+\lambda_m\boldsymbol{\alpha}_m,$$
$$\boldsymbol{\beta}=\mu_1\boldsymbol{\alpha}_1+\mu_2\boldsymbol{\alpha}_2+\cdots+\mu_m\boldsymbol{\alpha}_m,$$

两式相减可得

$$(\lambda_1-\mu_1)\boldsymbol{\alpha}_1+(\lambda_2-\mu_2)\boldsymbol{\alpha}_2+\cdots+(\lambda_m-\mu_m)\boldsymbol{\alpha}_m=\mathbf{0}.$$

因为$\boldsymbol{\alpha}_1,\boldsymbol{\alpha}_2,\cdots,\boldsymbol{\alpha}_m$线性无关，所以$\lambda_i=\mu_i=0$，或$\lambda_i=\mu_i(i=1,2,\cdots,m)$，即表示方法唯一.

定理 2.2.3 若向量组$\boldsymbol{\alpha}_1,\boldsymbol{\alpha}_2,\cdots,\boldsymbol{\alpha}_r$线性相关，则$\boldsymbol{\alpha}_1,\boldsymbol{\alpha}_2,\cdots,\boldsymbol{\alpha}_r,\boldsymbol{\alpha}_{r+1},\cdots,\boldsymbol{\alpha}_m$也线性相关.

证明 若$\boldsymbol{\alpha}_1,\boldsymbol{\alpha}_2,\cdots,\boldsymbol{\alpha}_r$线性相关，则存在一组不全为零的数$k_1,k_2,\cdots,k_r$，使

$$k_1\boldsymbol{\alpha}_1+k_2\boldsymbol{\alpha}_2+\cdots+k_r\boldsymbol{\alpha}_r=\mathbf{0},$$

从而有一组不全为零的数$k_1,\cdots,k_r,0,\cdots,0$，使

$$k_1\boldsymbol{\alpha}_1+\cdots+k_r\boldsymbol{\alpha}_r+0\boldsymbol{\alpha}_{r+1}+\cdots+0\boldsymbol{\alpha}_m=\mathbf{0},$$

故$\boldsymbol{\alpha}_1,\boldsymbol{\alpha}_2,\cdots,\boldsymbol{\alpha}_m$线性相关.

推论 若向量组$\boldsymbol{\alpha}_1,\boldsymbol{\alpha}_2,\cdots,\boldsymbol{\alpha}_r,\boldsymbol{\alpha}_{r+1},\boldsymbol{\alpha}_m$线性无关，则$\boldsymbol{\alpha}_1,\boldsymbol{\alpha}_2,\cdots,\boldsymbol{\alpha}_r$也线性无关.

习 题 2-2

1. 设$\boldsymbol{\alpha}_1=(1,1,0)$, $\boldsymbol{\alpha}_2=(0,1,1)$, $\boldsymbol{\alpha}_3=(3,4,0)$, 求$\boldsymbol{\alpha}_1-\boldsymbol{\alpha}_2$及$3\boldsymbol{\alpha}_1+2\boldsymbol{\alpha}_2-\boldsymbol{\alpha}_3$.

2. 设$3(\boldsymbol{\alpha}_1-\boldsymbol{\alpha})+2(\boldsymbol{\alpha}_2+\boldsymbol{\alpha})=5(\boldsymbol{\alpha}_3+\boldsymbol{\alpha})$, 其中$\boldsymbol{\alpha}_1=(2,5,1,3)$, $\boldsymbol{\alpha}_2=(10,1,5,10)$, $\boldsymbol{\alpha}_3=(4,1,-1,1)$. 求$\boldsymbol{\alpha}$.

3. 试问下列向量$\boldsymbol{\beta}$能否由其余向量线性表示，若能，写出线性表示式，并说明表示法是否是唯一的.

(1) $\boldsymbol{\beta}=(2,1,-1)$, $\boldsymbol{\alpha}_1=(2,3,1)$, $\boldsymbol{\alpha}_2=(1,2,1)$, $\boldsymbol{\alpha}_3=(3,2,-1)$;

(2) $\boldsymbol{\beta}=(1,2,0)$, $\boldsymbol{\alpha}_1=(2,-11,0)$, $\boldsymbol{\alpha}_2=(1,0,2)$;

(3) $\boldsymbol{\beta}=(8,3,-1,11)$, $\boldsymbol{\alpha}_1=(-1,3,0,-5)$, $\boldsymbol{\alpha}_2=(2,0,7,-3)$, $\boldsymbol{\alpha}_3=(-4,1,-2,-6)$.

4. 判别下列向量组的线性相关性：

(1) $\boldsymbol{\alpha}_1=(1,0)$, $\boldsymbol{\alpha}_2=(1,2)$, $\boldsymbol{\alpha}_3=(-1,5)$;

(2) $\boldsymbol{\alpha}_1=(1,1,1)$, $\boldsymbol{\alpha}_2=(-1,0,1)$, $\boldsymbol{\alpha}_3=(-1,1,0)$;

(3) $\boldsymbol{\alpha}_1=(1,3,0,0)$, $\boldsymbol{\alpha}_2=(1,2,1,-1)$, $\boldsymbol{\alpha}_3=(-3,1,1,2)$；

(4) $\boldsymbol{\alpha}_1=(1,2,1,3)$, $\boldsymbol{\alpha}_2=(4,-1,-5,6)$, $\boldsymbol{\alpha}_3=(1,-3,-4,-7)$, $\boldsymbol{\alpha}_4=(2,1,-1,0)$.

5. 问当λ取何值时，$\boldsymbol{\alpha}_1=(2,1,-1)$, $\boldsymbol{\alpha}_2=(-1,-3,3)$, $\boldsymbol{\alpha}_3=(2,3,\lambda)$ 线性相关.

6. 若向量组$\boldsymbol{\alpha}_1,\boldsymbol{\alpha}_2,\boldsymbol{\alpha}_3$线性无关，证明$\boldsymbol{\beta}_1=2\boldsymbol{\alpha}_1+3\boldsymbol{\alpha}_2$，$\boldsymbol{\beta}_2=\boldsymbol{\alpha}_2+4\boldsymbol{\alpha}_3$，$\boldsymbol{\beta}_3=\boldsymbol{\alpha}_1+5\boldsymbol{\alpha}_3$也线性无关.

第3节　向量组的秩

一、向量组的秩

在讨论一个向量组的线性相关性时，如何用尽可能少的向量去代表全组呢?为此引入向量组的极大线性无关组的概念.

定义 2.3.1　设向量组T中有r个向量$\boldsymbol{\alpha}_1,\boldsymbol{\alpha}_2,\cdots,\boldsymbol{\alpha}_r$，满足：

(1) $\boldsymbol{\alpha}_1,\boldsymbol{\alpha}_2,\cdots,\boldsymbol{\alpha}_r$线性无关；

(2) 向量组 T 中任意一个向量均可由$\boldsymbol{\alpha}_1,\boldsymbol{\alpha}_2,\cdots,\boldsymbol{\alpha}_r$线性表示，则称向量组$\boldsymbol{\alpha}_1,\boldsymbol{\alpha}_2,\cdots,\boldsymbol{\alpha}_r$是向量组$T$的一个极大线性无关向量组，简称极大无关组.

例如，设向量组T为$\boldsymbol{\alpha}_1=(1,0,0)$，$\boldsymbol{\alpha}_2=(0,1,0)$，$\boldsymbol{\alpha}_3=(1,1,0)$，则可验证$\boldsymbol{\alpha}_1$，$\boldsymbol{\alpha}_2$线性无关，$\boldsymbol{\alpha}_3=\boldsymbol{\alpha}_1+\boldsymbol{\alpha}_2$，即$\boldsymbol{\alpha}_3$可由$\boldsymbol{\alpha}_1$，$\boldsymbol{\alpha}_2$线性表示，从而$\boldsymbol{\alpha}_1$，$\boldsymbol{\alpha}_2$为向量组$T$的一个极大无关组.

同样可以验证，$\boldsymbol{\alpha}_1,\boldsymbol{\alpha}_3$和$\boldsymbol{\alpha}_2,\boldsymbol{\alpha}_3$也都是向量组$T$的极大无关组.

从上例可知，一向量组T的极大无关组不一定是唯一的，但向量组T的每个极大无关组所含向量个数是否相等呢？答案是肯定的. 为了回答这个问题，我们先引入下列概念.

定义 2.3.2　设有两个向量组A：$\boldsymbol{\alpha}_1,\boldsymbol{\alpha}_2,\cdots,\boldsymbol{\alpha}_r$及$B$：$\boldsymbol{\beta}_1,\boldsymbol{\beta}_2,\cdots,\boldsymbol{\beta}_s$，若向量组$B$中的任一向量均能由向量组$A$线性表示，则称**向量组 B 能由向量组 A 线性表示**. 若向量组A与向量组B能相互线性表示，则称这两个**向量组等价**.

显然，向量组和它的极大无关组是等价的；如果向量组有多个极大无关组，则它们彼此是等价的.

可以证明，等价的线性无关的向量组所含向量个数相等，故一个向量组不同的极大无关组所含向量的个数是相等的.

定义 2.3.3　向量组T的极大无关组所含向量个数称为向量组T的秩，记为$r(T)$.

只含有零向量的向量组的秩规定其为零.

例如，向量组$\boldsymbol{\alpha}_1=(1,0,0)$，$\boldsymbol{\alpha}_2=(0,1,0)$，$\boldsymbol{\alpha}_3=(1,1,0)$，由于$\boldsymbol{\alpha}_1,\boldsymbol{\alpha}_2$是它的一个极大无关组，故$r(\boldsymbol{\alpha}_1,\boldsymbol{\alpha}_2,\boldsymbol{\alpha}_3)=2$.

二、向量组的秩与矩阵秩的关系

用定义求向量组的极大无关组和秩，往往是非常困难的. 下面我们将向量组与矩阵联系起来，用矩阵的秩和初等变换来求向量组的极大无关组和秩.

定理 2.3.1 向量组的秩等于以这组向量为行组成的矩阵的秩，也等于以这组向量为列组成的矩阵的秩.

定理 2.3.2 矩阵的初等行变换不改变其列向量间的线性相关性和线性组合关系.

由定理 2.3.1 和定理 2.3.2 可知，在求向量组的极大无关组和秩时，可以利用矩阵及初等变换来求解. 具体方法如下：

(1) 将向量组的向量写成列向量，构成矩阵 $\boldsymbol{A}$；

(2) 对矩阵 $\boldsymbol{A}$ 作初等行变换，化矩阵 $\boldsymbol{A}$ 为行阶梯形矩阵；

(3) 在行阶梯形矩阵中，非零行的数目即为向量组的秩，非零首元所在列对应原来的向量组即为极大无关组.

如果要将向量组的其余向量用极大无关组线性表示，还需继续进行如下步骤：

(4) 对第(2)步得到的 $\boldsymbol{A}$ 的行阶梯形矩阵用初等行变换进一步化为行简化阶梯形矩阵；

(5) 其余列向量均可由极大无关组线性表示，线性表示式的系数就是该向量对应于行简化阶梯形矩阵中列向量的分量.

例 2.3.1 设向量组 $\boldsymbol{\alpha}_1=(1,-1,2,4)$，$\boldsymbol{\alpha}_2=(0,3,1,2)$，$\boldsymbol{\alpha}_3=(3,0,7,4)$，$\boldsymbol{\alpha}_4=(2,1,5,6)$，$\boldsymbol{\alpha}_5=(1,-1,2,0)$，求向量组的秩及其一个极大无关组.

解 把所给向量组视为列向量组作成矩阵 $\boldsymbol{A}$，

$$\boldsymbol{A}=\begin{pmatrix}1&0&3&2&1\\-1&3&0&1&-1\\2&1&7&5&2\\4&2&4&6&0\end{pmatrix}\xrightarrow[\substack{r_3-2r_1\\r_4-4r_1}]{r_2+r_1}\begin{pmatrix}1&0&3&2&1\\0&3&3&3&0\\0&1&1&1&0\\0&2&-8&-2&-4\end{pmatrix}$$

$$\xrightarrow{r_2\leftrightarrow r_3}\begin{pmatrix}1&0&3&2&1\\0&1&1&1&0\\0&3&3&3&0\\0&2&-8&-2&-4\end{pmatrix}\xrightarrow[r_4-2r_2]{r_3-3r_2}\begin{pmatrix}1&0&3&2&1\\0&1&1&1&0\\0&0&0&0&0\\0&0&-10&-4&-4\end{pmatrix}$$

$$\xrightarrow{r_3\leftrightarrow r_4}\begin{pmatrix}1&0&3&2&1\\0&1&1&1&0\\0&0&-10&-4&-4\\0&0&0&0&0\end{pmatrix}.$$

从以上行阶梯形矩阵可以看出，$r(\boldsymbol{A})=3$，且行阶梯形矩阵非零首元所在列为第1，2，3列，所以$\boldsymbol{A}$的第1，2，3列向量是$\boldsymbol{A}$的列向量组的一个极大无关组，故所求向量组的秩为3，即$r(\boldsymbol{a}_1,\boldsymbol{a}_2,\boldsymbol{a}_3,\boldsymbol{a}_4,\boldsymbol{\alpha}_5)=3$，且$\boldsymbol{\alpha}_1$，$\boldsymbol{\alpha}_2$，$\boldsymbol{\alpha}_3$为它的一个极大无关组.

例 2.3.2　求向量组

$$\boldsymbol{\alpha}_1=\begin{pmatrix}2\\1\\4\\3\end{pmatrix},\quad \boldsymbol{\alpha}_2=\begin{pmatrix}-1\\1\\-6\\6\end{pmatrix},\quad \boldsymbol{\alpha}_3=\begin{pmatrix}-1\\-2\\2\\-9\end{pmatrix},\quad \boldsymbol{\alpha}_4=\begin{pmatrix}1\\1\\-2\\7\end{pmatrix},\quad \boldsymbol{\alpha}_5=\begin{pmatrix}2\\4\\4\\9\end{pmatrix}$$

的秩及其一个极大无关组，并将其余向量用极大无关组线性表示.

解　将已知向量组构成矩阵$\boldsymbol{A}$，

$$\boldsymbol{A}=(\boldsymbol{\alpha}_1,\boldsymbol{\alpha}_2,\boldsymbol{\alpha}_3,\boldsymbol{\alpha}_4,\boldsymbol{\alpha}_5)=\begin{pmatrix}2&-1&-1&1&2\\1&1&-2&1&4\\4&-6&2&-2&4\\3&6&-9&7&9\end{pmatrix}\xrightarrow[\frac{1}{2}r_3]{r_1\leftrightarrow r_2}\begin{pmatrix}1&1&-2&1&4\\2&-1&-1&1&2\\2&-3&1&-1&2\\3&6&-9&7&9\end{pmatrix}$$

$$\xrightarrow[r_4-3r_1]{\substack{r_2-r_3\\ r_3-2r_1}}\begin{pmatrix}1&1&-2&1&4\\0&2&-2&2&0\\0&-5&5&-3&-6\\0&3&-3&4&-3\end{pmatrix}\xrightarrow[r_4-3r_2]{\substack{\frac{1}{2}r_2\\ r_3+5r_2}}\begin{pmatrix}1&1&-2&1&4\\0&1&-1&1&0\\0&0&0&2&-6\\0&0&0&1&-3\end{pmatrix}$$

$$\xrightarrow[r_4-2r_3]{r_3\leftrightarrow r_4}\begin{pmatrix}1&1&-2&1&4\\0&1&-1&1&0\\0&0&0&1&-3\\0&0&0&0&0\end{pmatrix}.$$

知$r(\boldsymbol{A})=3$，故$r(\boldsymbol{\alpha}_1,\boldsymbol{\alpha}_2,\boldsymbol{\alpha}_3,\boldsymbol{\alpha}_4,\boldsymbol{\alpha}_5)=3$. 而三个非零行的非零首元在第1，2，4列，故$\boldsymbol{\alpha}_1$，$\boldsymbol{\alpha}_2$，$\boldsymbol{\alpha}_4$为向量组$\boldsymbol{\alpha}_1$，$\boldsymbol{\alpha}_2$，$\boldsymbol{\alpha}_3$，$\boldsymbol{\alpha}_4$，$\boldsymbol{\alpha}_5$的一个极大无关组. 继续初等行变换得行简化阶梯形矩阵：

$$\begin{pmatrix}1&1&-2&1&4\\0&1&-1&1&0\\0&0&0&1&-3\\0&0&0&0&0\end{pmatrix}\xrightarrow[r_2-r_3]{r_1-r_2}\begin{pmatrix}1&0&-1&0&4\\0&1&-1&0&3\\0&0&0&1&-3\\0&0&0&0&0\end{pmatrix}$$

从而可得

$$\boldsymbol{\alpha}_5=4\boldsymbol{\alpha}_1+3\boldsymbol{\alpha}_2-3\boldsymbol{\alpha}_4,$$
$$\boldsymbol{\alpha}_3=-\boldsymbol{\alpha}_1-\boldsymbol{\alpha}_2+0\boldsymbol{\alpha}_4.$$

不属于极大无关组的向量已用极大无关组线性表示.

习　题　2-3

1. 求下列向量组的秩和一个极大无关组.

(1) $\boldsymbol{\alpha}_1=(2,4,2)$ ，$\boldsymbol{\alpha}_2=(1,1,0)$ ，$\boldsymbol{\alpha}_3=(2,3,1)$ ，$\boldsymbol{\alpha}_4=(3,5,2)$ ；

(2) $\boldsymbol{\alpha}_1=(1,1,1)$ ，$\boldsymbol{\alpha}_2=(0,2,1)$ ，$\boldsymbol{\alpha}_3=(0,0,1)$ ；

(3) $\boldsymbol{\alpha}_1=(1,0,-3,-1)$ ，$\boldsymbol{\alpha}_2=(2,-1,1,0)$ ，$\boldsymbol{\alpha}_3=(1,-1,4,2)$ ，$\boldsymbol{\alpha}_4=(3,-4,4,0)$.

2. 求下列向量组的秩和一个极大无关组，并将其余向量用极大无关组线性表示.

(1) $\boldsymbol{\alpha}_1=(1,1,1)$ ，$\boldsymbol{\alpha}_2=(1,1,0)$ ，$\boldsymbol{\alpha}_3=(1,0,0)$ ，$\boldsymbol{\alpha}_4=(1,2,-3)$ ；

(2) $\boldsymbol{\alpha}_1=(1,-1,2,4)$ ，$\boldsymbol{\alpha}_2=(0,3,1,2)$ ，$\boldsymbol{\alpha}_3=(3,0,7,14)$ ，$\boldsymbol{\alpha}_4=(1,-1,2,0)$ ，$\boldsymbol{\alpha}_5=(2,1,5,6)$ ；

(3) $\boldsymbol{\alpha}_1=(1,1,3,1)$ ，$\boldsymbol{\alpha}_2=(-1,1,-1,3)$ ，$\boldsymbol{\alpha}_3=(5,-2,8,-9)$ ，$\boldsymbol{\alpha}_4=(-1,3,1,7)$.

3. 设向量组

$$\boldsymbol{\alpha}_1=\begin{pmatrix}1\\2\\1\end{pmatrix},\quad \boldsymbol{\alpha}_2=\begin{pmatrix}2\\3\\1\end{pmatrix},\quad \boldsymbol{\alpha}_3=\begin{pmatrix}a\\3\\1\end{pmatrix},\quad \boldsymbol{\alpha}_4=\begin{pmatrix}2\\b\\3\end{pmatrix}$$

的秩为 2，求 a，b.

第 4 节　线性方程组解的结构

在第 1 节中，我们运用消元法可以判别线性方程组是否有解，并能求出通解. 但对方程组有无穷多解时，这无穷多解之间有何联系没有讨论，下面就讨论与这一问题有关的线性方程组解的结构.

一、齐次线性方程组解的结构

设齐次线性方程组

$$\begin{cases}a_{11}x_1+a_{12}x_2+\cdots+a_{1n}x_n=0,\\ a_{21}x_1+a_{22}x_2+\cdots+a_{2n}x_n=0,\\ \qquad\cdots\cdots\\ a_{m1}x_1+a_{m2}x_2+\cdots+a_{mn}x_n=0.\end{cases}\tag{1}$$

记

$$\boldsymbol{A}=\begin{pmatrix}a_{11}&a_{12}&\cdots&a_{1n}\\a_{21}&a_{22}&\cdots&a_{2n}\\\vdots&\vdots&&\vdots\\a_{m1}&a_{m2}&\cdots&a_{mn}\end{pmatrix},\quad \boldsymbol{x}=\begin{pmatrix}x_1\\x_2\\\vdots\\x_n\end{pmatrix},$$

则齐次线性方程组(1)可表示为如下矩阵形式：

$$\boldsymbol{Ax} = \boldsymbol{0}. \tag{2}$$

若 $x_1 = k_1, x_2 = k_2, \cdots, x_n = k_n$ 为(1)的解，则称向量

$$\boldsymbol{x} = \begin{pmatrix} k_1 \\ k_2 \\ \vdots \\ k_n \end{pmatrix}$$

为方程组(1)的**解向量**，简称为(1)的**解**.

齐次线性方程组 $\boldsymbol{Ax} = \boldsymbol{0}$ 的解具有以下性质.

性质 2.4.1　如果 $\boldsymbol{\xi}_1$ 与 $\boldsymbol{\xi}_2$ 都是 $\boldsymbol{Ax} = \boldsymbol{0}$ 的解，则 $\boldsymbol{\xi}_1 + \boldsymbol{\xi}_2$ 也是 $\boldsymbol{Ax} = \boldsymbol{0}$ 的解.

证明　因为 $\boldsymbol{\xi}_1$ 与 $\boldsymbol{\xi}_2$ 都是方程组 $\boldsymbol{Ax} = \boldsymbol{0}$ 的解，则

$$\boldsymbol{A\xi}_1 = \boldsymbol{0},\ \boldsymbol{A\xi}_2 = \boldsymbol{0},$$

因此

$$\boldsymbol{A}(\boldsymbol{\xi}_1 + \boldsymbol{\xi}_2) = \boldsymbol{A\xi}_1 + \boldsymbol{A\xi}_2 = \boldsymbol{0} + \boldsymbol{0} = \boldsymbol{0},$$

所以 $\boldsymbol{\xi}_1 + \boldsymbol{\xi}_2$ 也是方程组 $\boldsymbol{Ax} = \boldsymbol{0}$ 的解.

性质 2.4.2　如果 $\boldsymbol{\xi}$ 是 $\boldsymbol{Ax} = \boldsymbol{0}$ 的解，k 为任意实常数，则 $k\boldsymbol{\xi}$ 也是 $\boldsymbol{Ax} = \boldsymbol{0}$ 的解.

证明　因为 $\boldsymbol{A\xi} = \boldsymbol{0}$，所以有

$$\boldsymbol{A}(k\boldsymbol{\xi}) = k(\boldsymbol{A\xi}) = k \cdot \boldsymbol{0} = \boldsymbol{0},$$

即 $k\boldsymbol{\xi}$ 也是 $\boldsymbol{Ax} = \boldsymbol{0}$ 的解.

性质 2.4.3　如果 $\boldsymbol{\xi}_1$，$\boldsymbol{\xi}_2$，…，$\boldsymbol{\xi}_s$ 都是 $\boldsymbol{Ax} = \boldsymbol{0}$ 的解，则它们的线性组合

$$\boldsymbol{\xi} = k_1\boldsymbol{\xi}_1 + k_2\boldsymbol{\xi}_2 + \cdots + k_s\boldsymbol{\xi}_s$$

也是 $\boldsymbol{Ax} = \boldsymbol{0}$ 的解，其中 k_1，k_2，…，k_s 是任意实数.

由性质 2.4.1 和性质 2.4.2 可知性质 2.4.3 显然成立.

由上面性质可知，如果一个齐次线性方程组有非零解，它就有无穷多个解，这无穷多个解构成了一个 n 维向量组. 如果能求出这个向量组的一个极大无关组，则齐次线性方程组的全部解就可由这个极大无关组线性表示.

定义 2.4.1　设 $\boldsymbol{\xi}_1$，$\boldsymbol{\xi}_2$，…，$\boldsymbol{\xi}_s$ 是齐次线性方程组 $\boldsymbol{Ax} = \boldsymbol{0}$ 的 s 个解向量，如果满足：

(1) $\boldsymbol{\xi}_1$，$\boldsymbol{\xi}_2$，…，$\boldsymbol{\xi}_s$ 线性无关；

(2) $\boldsymbol{Ax} = \boldsymbol{0}$ 的任一解向量都可由 $\boldsymbol{\xi}_1$，$\boldsymbol{\xi}_2$，…，$\boldsymbol{\xi}_s$ 线性表示，则称 $\boldsymbol{\xi}_1$，$\boldsymbol{\xi}_2$，…，$\boldsymbol{\xi}_s$ 是齐次线性方程组 $\boldsymbol{Ax} = \boldsymbol{0}$ 的一个**基础解系**.

由定义 2.4.1 知，齐次线性方程组的一个基础解系就是其解向量组的一个极大无关组.

下面来求齐次线性方程组 $\boldsymbol{Ax} = \boldsymbol{0}$ 的基础解系.

设系数矩阵 $\boldsymbol{A}$ 的秩为 r，即 $r(\boldsymbol{A})=r$. 若 $r=n$，则方程组 $\boldsymbol{Ax}=\boldsymbol{0}$ 只有零解，此时无基础解系. 现设 $r(\boldsymbol{A})=r<n$，对系数矩阵 $\boldsymbol{A}$ 施行初等行变换后(必要时交换 $\boldsymbol{A}$ 的列的次序)，可将其化为如下行简化阶梯阵

$$\boldsymbol{I}=\begin{pmatrix} 1 & 0 & \cdots & 0 & -c_{1,r+1} & \cdots & -c_{1n} \\ 0 & 1 & \cdots & 0 & -c_{2,r+1} & \cdots & -c_{2n} \\ \vdots & \vdots & & \vdots & \vdots & & \vdots \\ 0 & 0 & \cdots & 1 & -c_{r,r+1} & \cdots & -c_{rn} \\ 0 & 0 & \cdots & 0 & 0 & \cdots & 0 \\ \vdots & \vdots & & \vdots & \vdots & & \vdots \\ 0 & 0 & \cdots & 0 & 0 & \cdots & 0 \end{pmatrix}\begin{matrix} \left.\vphantom{\begin{matrix}1\\1\\1\\1\end{matrix}}\right\} r\text{行} \\ \left.\vphantom{\begin{matrix}1\\1\\1\end{matrix}}\right\} m-r\text{行} \end{matrix}$$

与 $\boldsymbol{I}$ 对应的方程组为

$$\begin{cases} x_1 = c_{1,r+1}x_{r+1}+\cdots+c_{1n}x_n, \\ x_1 = c_{2,r+1}x_{r+1}+\cdots+c_{2n}x_n, \\ \qquad\cdots\cdots \\ x_r = c_{r,r+1}x_{r+1}+\cdots+c_{rn}x_n, \end{cases}$$

其中 x_{r+1}，x_{r+2}，…，x_n 为自由未知量，对这 $n-r$ 个自由未知量取下列 $n-r$ 组数

$$\begin{pmatrix} x_{r+1} \\ x_{r+2} \\ \vdots \\ x_n \end{pmatrix}=\begin{pmatrix} 1 \\ 0 \\ \vdots \\ 0 \end{pmatrix},\begin{pmatrix} 0 \\ 1 \\ \vdots \\ 0 \end{pmatrix},\cdots,\begin{pmatrix} 0 \\ 0 \\ \vdots \\ 1 \end{pmatrix},$$

可得到方程组(1)或(2)的 $n-r$ 个解向量

$$\boldsymbol{\xi}_1=\begin{pmatrix} c_{1,r+1} \\ \vdots \\ c_{r,r+1} \\ 1 \\ 0 \\ \vdots \\ 0 \end{pmatrix},\quad \boldsymbol{\xi}_2=\begin{pmatrix} c_{1,r+2} \\ \vdots \\ c_{r,r+2} \\ 0 \\ 1 \\ \vdots \\ 0 \end{pmatrix},\quad \cdots,\quad \boldsymbol{\xi}_{n-r}=\begin{pmatrix} c_{1n} \\ \vdots \\ c_{rn} \\ 0 \\ 0 \\ \vdots \\ 1 \end{pmatrix}.$$

可以验证 $\boldsymbol{\xi}_1$，$\boldsymbol{\xi}_2$，…，$\boldsymbol{\xi}_{n-r}$ 是齐次线性方程组(1)的一个基础解系.

综上所述可得齐次线性方程组(1)的解的结构定理.

定理 2.4.1　设 n 元齐次线性方程组 $\boldsymbol{Ax}=\boldsymbol{0}$，其中系数矩阵 $\boldsymbol{A}$ 为 $m\times n$ 矩阵，秩 $r(\boldsymbol{A})=r$，则

(1) 若 $r=n$ 时，方程组 $\boldsymbol{Ax}=\boldsymbol{0}$ 只有零解，因而没有基础解系；

(2) 若 $r<n$ 时，方程组 $\boldsymbol{Ax}=\boldsymbol{0}$ 有非零解和基础解系，且每个基础解系中包含 $n-r$ 个解向量.

设 $\boldsymbol{\xi}_1$，$\boldsymbol{\xi}_2$，…，$\boldsymbol{\xi}_{n-r}$ 为 $\boldsymbol{Ax}=\boldsymbol{0}$ 的一个基础解系，则 $\boldsymbol{Ax}=\boldsymbol{0}$ 的所有解可表示为

$$\boldsymbol{x}=k_1\boldsymbol{\xi}_1+k_2\boldsymbol{\xi}_2+\cdots+k_{n-r}\boldsymbol{\xi}_{n-r},$$

其中 k_1，k_2，…，k_{n-r} 为任意实数. 上式也就是齐次线性方程组(1)的用基础解系表示的通解.

例 2.4.1　求下列方程组的一个基础解系：

$$\begin{cases} x_1+x_2+2x_3+2x_4=0, \\ 2x_1-x_2+x_3-2x_4=0, \\ x_1-2x_2-x_3-4x_4=0. \end{cases}$$

解　对系数矩阵 $\boldsymbol{A}$ 施行初等行变换，化为行简化阶梯阵

$$\boldsymbol{A}=\begin{pmatrix} 1 & 1 & 2 & 2 \\ 2 & -1 & 1 & -2 \\ 1 & -2 & -1 & -4 \end{pmatrix} \xrightarrow[r_3-r_1]{r_2-2r_1} \begin{pmatrix} 1 & 1 & 2 & 2 \\ 0 & -3 & -3 & -6 \\ 0 & -3 & -3 & -6 \end{pmatrix} \xrightarrow{r_3-r_2} \begin{pmatrix} 1 & 1 & 2 & 2 \\ 0 & -3 & -3 & -6 \\ 0 & 0 & 0 & 0 \end{pmatrix}$$

$$\xrightarrow{\left(-\frac{1}{3}\right)\times r_2} \begin{pmatrix} 1 & 1 & 2 & 2 \\ 0 & 1 & 1 & 2 \\ 0 & 0 & 0 & 0 \end{pmatrix} \xrightarrow{r_1-r_2} \begin{pmatrix} 1 & 0 & 1 & 0 \\ 0 & 1 & 1 & 2 \\ 0 & 0 & 0 & 0 \end{pmatrix}.$$

因为 $r(\boldsymbol{A})=2<4$(未知量个数)，所以方程组有非零解，其基础解系所含向量个数 $s=n-r=4-2=2$. 原方程组与下方程组同解

$$\begin{cases} x_1=-x_3, \\ x_2=-x_3-2x_4, \end{cases}$$

其中 x_3，x_4 为自由未知量.

令 $\begin{pmatrix} x_3 \\ x_4 \end{pmatrix}=\begin{pmatrix} 1 \\ 0 \end{pmatrix}$ 与 $\begin{pmatrix} x_3 \\ x_4 \end{pmatrix}=\begin{pmatrix} 0 \\ 1 \end{pmatrix}$，得方程组的基础解系为

$$\boldsymbol{\xi}_1=\begin{pmatrix} -1 \\ -1 \\ 1 \\ 0 \end{pmatrix}, \quad \boldsymbol{\xi}_2=\begin{pmatrix} 0 \\ -2 \\ 0 \\ 1 \end{pmatrix}.$$

例 2.4.2　求下列齐次线性方程组的通解(要求用基础解系表示)：

$$\begin{cases} x_1+2x_2-x_3+2x_4=0, \\ x_1+2x_2+2x_3-x_4=0, \\ 4x_1+8x_2+5x_3-x_4=0. \end{cases}$$

解　对系数矩阵 $\boldsymbol{A}$ 施行初等行变换，化为行简化阶梯阵

$$\boldsymbol{A}=\begin{pmatrix}1&2&-1&2\\1&2&2&-1\\4&8&5&-1\end{pmatrix}\xrightarrow[r_3-4r_1]{r_2-r_1}\begin{pmatrix}1&2&-1&2\\0&0&3&-3\\0&0&9&-9\end{pmatrix}$$

$$\xrightarrow[\frac{1}{3}\times r_2]{r_3-3r_2}\begin{pmatrix}1&2&-1&2\\0&0&1&-1\\0&0&0&0\end{pmatrix}\xrightarrow{r_1+r_2}\begin{pmatrix}1&2&0&0\\0&0&1&-1\\0&0&0&0\end{pmatrix}.$$

因为 $r(\boldsymbol{A})=2<4$(未知量个数)，所以方程组有非零解，其基础解系所含向量个数 $s=n-r=4-2=2$. 原方程组与下方程组同解

$$\begin{cases}x_1=-2x_2-x_4,\\x_3=x_4,\end{cases}$$

其中 x_2， x_4 为自由未知量.

令 $\begin{pmatrix}x_2\\x_4\end{pmatrix}=\begin{pmatrix}1\\0\end{pmatrix}$ 与 $\begin{pmatrix}x_2\\x_4\end{pmatrix}=\begin{pmatrix}0\\1\end{pmatrix}$，得方程组的基础解系为

$$\boldsymbol{\xi}_1=\begin{pmatrix}-2\\1\\0\\0\end{pmatrix},\quad \boldsymbol{\xi}_2=\begin{pmatrix}-1\\0\\1\\1\end{pmatrix},$$

所以，原方程组的通解为 $\boldsymbol{x}=k_1\boldsymbol{\xi}_1+k_2\boldsymbol{\xi}_2$，即

$$\begin{pmatrix}x_1\\x_2\\x_3\\x_4\end{pmatrix}=k_1\begin{pmatrix}-2\\1\\0\\0\end{pmatrix}+k_2\begin{pmatrix}-1\\0\\1\\1\end{pmatrix},$$

其中 k_1， k_2 为任意实数.

二、非齐次线性方程组解的结构

设非齐次线性方程组

$$\begin{cases}a_{11}x_1+a_{12}x_2+\cdots+a_{1n}x_n=b_1,\\a_{21}x_1+a_{22}x_2+\cdots+a_{2n}x_n=b_2,\\\quad\cdots\cdots\\a_{m1}x_1+a_{m2}x_2+\cdots+a_{mn}x_n=b_m,\end{cases}\tag{3}$$

记

$$\boldsymbol{A}=\begin{pmatrix} a_{11} & a_{12} & \cdots & a_{1n} \\ a_{21} & a_{22} & \cdots & a_{2n} \\ \vdots & \vdots & & \vdots \\ a_{m1} & a_{m2} & \cdots & a_{mn} \end{pmatrix},\quad \boldsymbol{x}=\begin{pmatrix} x_1 \\ x_2 \\ \vdots \\ x_n \end{pmatrix},\quad \boldsymbol{b}=\begin{pmatrix} b_1 \\ b_2 \\ \vdots \\ b_m \end{pmatrix},$$

其中 $\boldsymbol{b}\neq\boldsymbol{0}$，则非齐次线性方程组(3)可表示为

$$\boldsymbol{Ax}=\boldsymbol{b}, \tag{4}$$

其对应的齐次线性方程组

$$\boldsymbol{Ax}=\boldsymbol{0} \tag{5}$$

称为非齐次线性方程组 $\boldsymbol{Ax}=\boldsymbol{b}$ 的导出组.

非齐次线性方程组与其导出组之间有下列性质.

性质 2.4.4　如果 $\boldsymbol{\eta}_1$ 与 $\boldsymbol{\eta}_2$ 都是 $\boldsymbol{Ax}=\boldsymbol{b}$ 的解，则 $\boldsymbol{\eta}_1-\boldsymbol{\eta}_2$ 是其导出组的解.

证明　因为 $\boldsymbol{\eta}_1$ 与 $\boldsymbol{\eta}_2$ 都是 $\boldsymbol{Ax}=\boldsymbol{b}$ 的解，则 $\boldsymbol{A\eta}_1=\boldsymbol{b}$，$\boldsymbol{A\eta}_2=\boldsymbol{b}$，故

$$\boldsymbol{A}(\boldsymbol{\eta}_1-\boldsymbol{\eta}_2)=\boldsymbol{A\eta}_1-\boldsymbol{A\eta}_2=\boldsymbol{b}-\boldsymbol{b}=\boldsymbol{0},$$

所以 $\boldsymbol{\eta}_1-\boldsymbol{\eta}_2$ 是 $\boldsymbol{Ax}=\boldsymbol{b}$ 的导出组 $\boldsymbol{Ax}=\boldsymbol{0}$ 的解.

性质 2.4.5　如果 $\boldsymbol{\eta}$ 是 $\boldsymbol{Ax}=\boldsymbol{b}$ 的解，$\boldsymbol{\xi}$ 是其导出组 $\boldsymbol{Ax}=\boldsymbol{0}$ 的解，则 $\boldsymbol{\eta}+\boldsymbol{\xi}$ 是 $\boldsymbol{Ax}=\boldsymbol{b}$ 的解.

证明　因为 $\boldsymbol{A\eta}=\boldsymbol{b}$，$\boldsymbol{A\xi}=\boldsymbol{0}$，所以有

$$\boldsymbol{A}(\boldsymbol{\eta}+\boldsymbol{\xi})=\boldsymbol{A\eta}+\boldsymbol{A\xi}=\boldsymbol{b}+\boldsymbol{0}=\boldsymbol{b},$$

故 $\boldsymbol{\eta}+\boldsymbol{\xi}$ 为 $\boldsymbol{Ax}=\boldsymbol{b}$ 的解.

定理 2.4.2　设 $\boldsymbol{\eta}^*$ 为非齐次线性方程组 $\boldsymbol{Ax}=\boldsymbol{b}$ 的任一解，对应的导出组 $\boldsymbol{Ax}=\boldsymbol{0}$ 的基础解系为 $\boldsymbol{\xi}_1,\boldsymbol{\xi}_2,\cdots,\boldsymbol{\xi}_{n-r}$，则 $\boldsymbol{Ax}=\boldsymbol{b}$ 的通解为

$$\boldsymbol{x}=k_1\boldsymbol{\xi}_1+k_2\boldsymbol{\xi}_2+\cdots+k_{n-r}\boldsymbol{\xi}_{n-r}+\boldsymbol{\eta}^*, \tag{6}$$

其中 $k_1,k_2,\cdots,k_{n-r}$ 为任意实数.

证明　因 $\boldsymbol{\xi}_1,\boldsymbol{\xi}_2,\cdots,\boldsymbol{\xi}_{n-r}$ 为 $\boldsymbol{Ax}=\boldsymbol{0}$ 的基础解系，则 $\boldsymbol{\xi}=k_1\boldsymbol{\xi}_1+k_2\boldsymbol{\xi}_2+\cdots+k_{n-r}\boldsymbol{\xi}_{n-r}$ 也为 $\boldsymbol{Ax}=\boldsymbol{0}$ 的解. 由性质 2.4.5 知，$\boldsymbol{x}=\boldsymbol{\xi}+\boldsymbol{\eta}^*$ 为 $\boldsymbol{Ax}=\boldsymbol{b}$ 的解，从而 $\boldsymbol{x}=k_1\boldsymbol{\xi}_1+k_2\boldsymbol{\xi}_2+\cdots+k_{n-r}\boldsymbol{\xi}_{n-r}+\boldsymbol{\eta}^*$ 为 $\boldsymbol{Ax}=\boldsymbol{b}$ 的解.

下面再证 $\boldsymbol{Ax}=\boldsymbol{b}$ 的任一解 $\boldsymbol{x}$ 都可表示为

$$\boldsymbol{x}=k_1\boldsymbol{\xi}_1+k_2\boldsymbol{\xi}_2+\cdots+k_{n-r}\boldsymbol{\xi}_{n-r}+\boldsymbol{\eta}^*$$

的形式. 这是因为 $\boldsymbol{x}$ 与 $\boldsymbol{\eta}^*$ 都为 $\boldsymbol{Ax}=\boldsymbol{b}$ 的解，由性质 2.4.4 知 $\boldsymbol{x}-\boldsymbol{\eta}^*$ 为 $\boldsymbol{Ax}=\boldsymbol{0}$ 的解，而 $\boldsymbol{Ax}=\boldsymbol{0}$ 的基础解系为 $\boldsymbol{\xi}_1,\boldsymbol{\xi}_2,\cdots,\boldsymbol{\xi}_{n-r}$，故 $\boldsymbol{x}-\boldsymbol{\eta}^*$ 可由 $\boldsymbol{\xi}_1,\boldsymbol{\xi}_2,\cdots,\boldsymbol{\xi}_{n-r}$ 表示，即存在常数 $k_1,k_2,\cdots,k_{n-r}$ 使

$$\boldsymbol{x}-\boldsymbol{\eta}^{*}=k_1\boldsymbol{\xi}_1+k_2\boldsymbol{\xi}_2+\cdots+k_{n-r}\boldsymbol{\xi}_{n-r},$$

即

$$\boldsymbol{x}=k_1\boldsymbol{\xi}_1+k_2\boldsymbol{\xi}_2+\cdots+k_{n-r}\boldsymbol{\xi}_{n-r}+\boldsymbol{\eta}^{*}.$$

(6) 式是非齐次线性方程组 $\boldsymbol{Ax}=\boldsymbol{b}$ 的通解或一般解.

求非齐次线性方程组 $\boldsymbol{Ax}=\boldsymbol{b}$ 的结构式通解的一般步骤如下：

① 写出其增广矩阵 $\boldsymbol{A}=(\boldsymbol{A}\mid\boldsymbol{b})$；

② 对 $\overline{\boldsymbol{A}}$ 进行初等行变换，变成行简化阶梯阵，求出 $r(\boldsymbol{A})$ 与 $r(\overline{\boldsymbol{A}})$，若 $r(\boldsymbol{A})\neq r(\overline{\boldsymbol{A}})$，则方程组无解，若 $r(\boldsymbol{A})=r(\overline{\boldsymbol{A}})$，则方程组有解，继续进行如下步骤.

③ 设 $r(\boldsymbol{A})=r(\overline{\boldsymbol{A}})=r$，若 $r<n$，则 $\boldsymbol{Ax}=\boldsymbol{b}$ 有无穷多解，求对应导出组 $\boldsymbol{Ax}=\boldsymbol{0}$ 的基础解系 $\boldsymbol{\xi}_1$，$\boldsymbol{\xi}_2$，…，$\boldsymbol{\xi}_{n-r}$，若 $r=n$，则 $\boldsymbol{Ax}=\boldsymbol{b}$ 只有唯一解，这时导出组 $\boldsymbol{Ax}=\boldsymbol{0}$ 只有零解；

④ 求 $\boldsymbol{Ax}=\boldsymbol{b}$ 的一个特解 $\boldsymbol{\eta}^{*}$，再根据定理 2.4.2 写出 $\boldsymbol{Ax}=\boldsymbol{b}$ 的结构式通解

$$\boldsymbol{x}=k_1\boldsymbol{\xi}_1+k_2\boldsymbol{\xi}_2+\cdots+k_{n-r}\boldsymbol{\xi}_{n-r}+\boldsymbol{\eta}^{*},$$

其中 $k_1,k_2,\cdots,k_{n-r}$ 为任意常数.

例 2.4.3　求下列非齐次线性方程组的通解：

$$\begin{cases}x_1+2x_2+x_3-x_4+x_5=3,\\2x_1+5x_2+x_3+x_4+6x_5=8,\\3x_1+5x_2+3x_3-2x_4+x_5=6,\\x_1+4x_2-x_3+5x_4+9x_5=7.\end{cases}$$

解　对其增广矩阵施行初等行变换，即

$$\overline{\boldsymbol{A}}=(\boldsymbol{A}\mid\boldsymbol{b})=\left(\begin{array}{ccccc|c}1&2&1&-1&1&3\\2&5&1&1&6&8\\3&5&3&-2&1&6\\1&4&-1&5&9&7\end{array}\right)\xrightarrow[r_4-r_1]{\substack{r_2-2r_1\\r_3-3r_1}}\left(\begin{array}{ccccc|c}1&2&1&-1&1&3\\0&1&-1&3&4&2\\0&-1&0&1&-2&-3\\0&2&-2&6&8&4\end{array}\right)$$

$$\xrightarrow[r_4-2r_2]{r_3+r_2}\left(\begin{array}{ccccc|c}1&2&1&-1&1&3\\0&1&-1&3&4&2\\0&0&-1&4&2&-1\\0&0&0&0&0&0\end{array}\right)\xrightarrow{(-1)\times r_3}\left(\begin{array}{ccccc|c}1&2&1&-1&1&3\\0&1&-1&3&4&2\\0&0&1&-4&-2&1\\0&0&0&0&0&0\end{array}\right)$$

$$\xrightarrow[r_2+r_3]{r_1-r_3}\left(\begin{array}{ccccc|c}1&2&0&3&3&2\\0&1&0&-1&2&3\\0&0&1&-4&-2&1\\0&0&0&0&0&0\end{array}\right)\xrightarrow{r_1-2r_2}\left(\begin{array}{ccccc|c}1&0&0&5&-1&-4\\0&1&0&-1&2&3\\0&0&1&-4&-2&1\\0&0&0&0&0&0\end{array}\right),$$

可见$r(\boldsymbol{A})=r(\overline{\boldsymbol{A}})=r(\boldsymbol{A} \mid \boldsymbol{b})=3<5$，故方程组有无穷多解，且

$$\begin{cases} x_1=-4-5x_4+x_5, \\ x_2=3+x_4-2x_5, \\ x_3=1+4x_4+2x_5. \end{cases}$$

令$x_4=x_5=0$，得$x_1=-4$，$x_2=3$，$x_3=1$．于是得到方程组的一个特解，即

$$\boldsymbol{\eta}^*=\begin{pmatrix} -4 \\ 3 \\ 1 \\ 0 \\ 0 \end{pmatrix}.$$

方程组的导出组的同解方程组为

$$\begin{cases} x_1=-5x_4+x_5, \\ x_2=x_4-2x_5, \\ x_3=4x_4+2x_5, \end{cases}$$

令

$$\begin{pmatrix} x_4 \\ x_5 \end{pmatrix}=\begin{pmatrix} 1 \\ 0 \end{pmatrix} \quad 与 \quad \begin{pmatrix} x_4 \\ x_5 \end{pmatrix}=\begin{pmatrix} 0 \\ 1 \end{pmatrix},$$

则导出组的基础解系为

$$\boldsymbol{\xi}_1=\begin{pmatrix} -5 \\ 1 \\ 4 \\ 1 \\ 0 \end{pmatrix}, \quad \boldsymbol{\xi}_2=\begin{pmatrix} 1 \\ -2 \\ 2 \\ 0 \\ 1 \end{pmatrix},$$

因此，原方程组的通解为

$$\boldsymbol{x}=\begin{pmatrix} x_1 \\ x_2 \\ x_3 \\ x_4 \\ x_5 \end{pmatrix}=k_1\boldsymbol{\xi}_1+k_2\boldsymbol{\xi}_2+\boldsymbol{\eta}^*=k_1\begin{pmatrix} -5 \\ 1 \\ 4 \\ 1 \\ 0 \end{pmatrix}+k_2\begin{pmatrix} 1 \\ -2 \\ 2 \\ 0 \\ 1 \end{pmatrix}+\begin{pmatrix} -4 \\ 3 \\ 1 \\ 0 \\ 0 \end{pmatrix},$$

其中k_1，k_2为任意常数.

习 题 2-4

1. 求下列齐次线性方程组的一个基础解系和通解：

(1) $\begin{cases} x_1 + x_2 + 2x_3 - x_4 = 0, \\ 2x_1 + x_2 + x_3 - x_4 = 0, \\ 2x_1 + 2x_2 + x_3 + 2x_4 = 0; \end{cases}$

(2) $\begin{cases} x_1 + x_2 + x_3 + x_4 = 0, \\ 2x_1 + 3x_2 + x_3 + x_4 = 0, \\ 4x_1 + 5x_2 + 3x_3 + 3x_4 = 0; \end{cases}$

(3) $\begin{cases} x_1 + x_2 + x_3 + x_4 + x_5 = 0, \\ 3x_1 + 2x_2 + x_3 + x_4 - 3x_5 = 0, \\ x_2 + 2x_3 + 2x_4 + 6x_5 = 0, \\ 5x_1 + 4x_2 + 3x_3 + 3x_4 - x_5 = 0; \end{cases}$

(4) $\begin{cases} x_1 + x_2 - 3x_3 - x_5 = 0, \\ x_1 - x_2 + 2x_3 - x_4 = 0, \\ 4x_1 - 2x_2 + 6x_3 + 3x_4 - 4x_5 = 0, \\ 2x_1 + 4x_2 - 2x_3 + 4x_4 - 7x_5 = 0. \end{cases}$

2. 求下列非齐次线性方程组的通解(要求用基础解系表示)：

(1) $\begin{cases} x_1 - x_2 + 2x_3 + 2x_4 = 1, \\ 2x_1 + x_2 + 4x_3 + x_4 = 5, \\ x_1 + 2x_2 + 2x_3 - x_4 = 4; \end{cases}$

(2) $\begin{cases} x_1 + x_2 = 5, \\ 2x_1 + x_2 + x_3 + 2x_4 = 1, \\ 5x_1 + 3x_2 + 2x_3 + 2x_4 = 3; \end{cases}$

(3) $\begin{cases} x_1 + x_2 - 2x_3 - x_4 + x_5 = 1, \\ 3x_1 - x_2 + x_3 + 4x_4 + 3x_5 = 4, \\ x_1 + 5x_2 - 9x_3 - 8x_4 + x_5 = 0. \end{cases}$

3. 求非齐次线性方程组 $\boldsymbol{Ax} = \boldsymbol{b}$ 的通解，其中增广矩阵 $\overline{\boldsymbol{A}} = (\boldsymbol{A} \mid \boldsymbol{b})$ 经过初等行变换化为

$$\left(\begin{array}{cccc|c} 1 & 2 & -1 & 2 & 5 \\ 0 & 1 & 0 & 3 & 6 \\ 0 & 0 & 0 & 0 & 0 \end{array}\right).$$

4. 设 $\boldsymbol{\eta}_1$，$\boldsymbol{\eta}_2$，$\boldsymbol{\eta}_3$ 是非齐次线性方程组 $\boldsymbol{Ax} = \boldsymbol{b}$ 的 3 个解，k_1，k_2，k_3 为实数，满足 $k_1 + k_2 + k_3 = 1$，证明 $\boldsymbol{x} = k_1\boldsymbol{\eta}_1 + k_2\boldsymbol{\eta}_2 + k_3\boldsymbol{\eta}_3$ 也是它的解.

5. 当 λ 为何值时，下列方程组有解，并求其解：

$$\begin{cases} 2x_1 - x_2 + x_3 + x_4 = 1, \\ x_1 + 2x_2 - x_3 + 4x_4 = 2, \\ x_1 + 7x_2 - 4x_3 + 11x_4 = \lambda. \end{cases}$$

第三章 矩阵的对角化

第1节 向量的内积和长度、正交矩阵

一、向量的内积

定义 3.1.1 设有 n 维向量

$$\boldsymbol{x}=\begin{pmatrix}x_1\\x_2\\\vdots\\x_n\end{pmatrix},\quad \boldsymbol{y}=\begin{pmatrix}y_1\\y_2\\\vdots\\y_n\end{pmatrix},$$

它们对应分量乘积之和称为 $\boldsymbol{x}$ 与 $\boldsymbol{y}$ 的内积，记为$[\boldsymbol{x},\ \boldsymbol{y}]$，即

$$[\boldsymbol{x},\ \boldsymbol{y}]=x_1y_1+x_2y_2+\cdots+x_ny_n,$$

用矩阵表示就是

$$[\boldsymbol{x},\ \boldsymbol{y}]=\boldsymbol{x}^{\mathrm{T}}\boldsymbol{y}=(x_1,x_2,\cdots,x_n)\begin{pmatrix}y_1\\y_2\\\vdots\\y_n\end{pmatrix}.$$

内积具有以下基本性质(其中 $\boldsymbol{x}$，$\boldsymbol{y}$，$\boldsymbol{z}$ 为任意 n 维向量，λ为实数)：

(1) 对称性：$[\boldsymbol{x},\ \boldsymbol{y}]=[\boldsymbol{y},\ \boldsymbol{x}]$；

(2) 线性性：$[\boldsymbol{x}+\boldsymbol{y},\ \boldsymbol{z}]=[\boldsymbol{x},\ \boldsymbol{z}]+[\boldsymbol{y},\ \boldsymbol{z}]$，$[\lambda\boldsymbol{x},\ \boldsymbol{y}]=\lambda[\boldsymbol{x},\boldsymbol{y}]$；

(3) 非负性：$[\boldsymbol{x},\ \boldsymbol{x}]\geqslant 0$，当且仅当 $\boldsymbol{x}=\boldsymbol{0}$ 时$[\boldsymbol{x},\ \boldsymbol{x}]=\boldsymbol{0}$.

定义 3.1.2 令

$$\|\boldsymbol{x}\|=\sqrt{[\boldsymbol{x},\ \boldsymbol{x}]}=\sqrt{x_1^2+x_2^2+\cdots+x_n^2},$$

$\|\boldsymbol{x}\|$ 称为 n 维向量 $\boldsymbol{x}=(x_1,x_2,\cdots,x_n)^{\mathrm{T}}$ 的长度(或范数).

当$\|\boldsymbol{x}\|=1$时，称 $\boldsymbol{x}$ 为单位向量.

向量的长度具有以下性质：

(1) 非负性：当 $\boldsymbol{x}\neq\boldsymbol{0}$ 时，$\|\boldsymbol{x}\|>0$，当且仅当 $\boldsymbol{x}=\boldsymbol{0}$ 时，$\|\boldsymbol{x}\|=\boldsymbol{0}$；

(2) 齐次性：$\|\lambda\boldsymbol{x}\|=|\lambda|\|\boldsymbol{x}\|$；

(3) 三角不等式：$\|\boldsymbol{x}+\boldsymbol{y}\| \leqslant \|\boldsymbol{x}\|+\|\boldsymbol{y}\|$.

定义 3.1.3 设 $\boldsymbol{x}$，$\boldsymbol{y}$ 是两个非零 n 维向量，那么

$$\theta = \arccos\frac{[\boldsymbol{x}, \boldsymbol{y}]}{\|\boldsymbol{x}\|\|\boldsymbol{y}\|}$$

称为 n 维向量 $\boldsymbol{x}$ 与 $\boldsymbol{y}$ 的夹角，其中 $0 \leqslant \theta \leqslant \pi$.

定义 3.1.4 如果向量 $\boldsymbol{x}$，$\boldsymbol{y}$ 的内积为零，即 $[\boldsymbol{x}, \boldsymbol{y}]=\boldsymbol{0}$，那么 $\boldsymbol{x}$，$\boldsymbol{y}$ 称为正交或互相垂直，记为 $\boldsymbol{x} \perp \boldsymbol{y}$.

例 3.1.1 已知 $\boldsymbol{\alpha}_1=(1,1,1)^{\mathrm{T}}$，$\boldsymbol{\alpha}_2=(1,-2,1)^{\mathrm{T}}$.

(1) 求内积 $[\boldsymbol{\alpha}_1, \boldsymbol{\alpha}_2]$ 和 $\boldsymbol{\alpha}_2$ 的长度；

(2) 求一个与 $\boldsymbol{\alpha}_1$ 和 $\boldsymbol{\alpha}_2$ 都正交的非零向量 $\boldsymbol{\alpha}_3$.

解 (1) $[\boldsymbol{\alpha}_1, \boldsymbol{\alpha}_2]=1\times1+1\times(-2)+1\times1=0$,

$$\|\boldsymbol{\alpha}_2\|=\sqrt{1^2+(-2)^2+1^2}=\sqrt{6}.$$

(2) 设 $\boldsymbol{\alpha}_3=(x_1, x_2, x_3)^{\mathrm{T}}$，因为 $\boldsymbol{\alpha}_3$ 与 $\boldsymbol{\alpha}_1$ 和 $\boldsymbol{\alpha}_2$ 都正交，所以有 $[\boldsymbol{\alpha}_3, \boldsymbol{\alpha}_1]=0$，$[\boldsymbol{\alpha}_3, \boldsymbol{\alpha}_2]=0$，即

$$\begin{cases} x_1+x_2+x_3=0, \\ x_1-2x_2+x_3=0. \end{cases}$$

易求出上齐次线性方程组的基础解系为 $\boldsymbol{\xi}=\begin{pmatrix}-1\\0\\1\end{pmatrix}$. 取 $\boldsymbol{\alpha}_3=(-1,0,1)^{\mathrm{T}}$.

二、正交向量组

定义 3.1.5 如果一组非零向量 $\boldsymbol{\alpha}_1$，$\boldsymbol{\alpha}_2$，…，$\boldsymbol{\alpha}_m$ 两两正交，则称此向量组 $\{\boldsymbol{\alpha}_1, \boldsymbol{\alpha}_2, \cdots, \boldsymbol{\alpha}_m\}$ 为正交向量组.

定理 3.1.1 正交向量组一定线性无关.

证明 设 $\boldsymbol{\alpha}_1$，$\boldsymbol{\alpha}_2$，…，$\boldsymbol{\alpha}_m$ 为正交向量组，并设有数组 k_1，k_2，…，k_m 使

$$k_1\boldsymbol{\alpha}_1+k_2\boldsymbol{\alpha}_2+\cdots+k_m\boldsymbol{\alpha}_m=\boldsymbol{0}.$$

上式两边与向量 $\boldsymbol{\alpha}_1$ 取内积得

$$[\boldsymbol{\alpha}_1, k_1\boldsymbol{\alpha}_1+k_2\boldsymbol{\alpha}_2+\cdots+k_m\boldsymbol{\alpha}_m]=[\boldsymbol{\alpha}_1, \boldsymbol{0}]=0,$$

即

$$k_1[\boldsymbol{\alpha}_1, \boldsymbol{\alpha}_1]+k_2[\boldsymbol{\alpha}_1, \boldsymbol{\alpha}_2]+\cdots+k_m[\boldsymbol{\alpha}_1, \boldsymbol{\alpha}_m]=0. \tag{1}$$

因为 $\boldsymbol{\alpha}_1$ 与 $\boldsymbol{\alpha}_2$，$\boldsymbol{\alpha}_3$，…，$\boldsymbol{\alpha}_m$ 都正交，所以 $[\boldsymbol{\alpha}_1, \boldsymbol{\alpha}_i]=0(i=2,3,\cdots,m)$. 从而由(1)式得 $k_1[\boldsymbol{\alpha}_1, \boldsymbol{\alpha}_1]=0$，又因为 $\boldsymbol{\alpha}_1 \neq \boldsymbol{0}$，所以 $[\boldsymbol{\alpha}_1, \boldsymbol{\alpha}_1]=\|\boldsymbol{\alpha}_1\|^2 \neq 0$，故 $k_1=0$.

同理可得 $k_2=0$，…，$k_m=0$，因此 $\boldsymbol{\alpha}_1$，$\boldsymbol{\alpha}_2$，$\boldsymbol{\alpha}_m$ 线性无关.

定义 3.1.6　若$\boldsymbol{\alpha}_1$，$\boldsymbol{\alpha}_2$，…，$\boldsymbol{\alpha}_m$为正交向量组，且$\boldsymbol{\alpha}_i(i=1,2,\cdots,m)$都是单位向量，则称$\boldsymbol{\alpha}_1$，$\boldsymbol{\alpha}_2$，…，$\boldsymbol{\alpha}_m$为**标准正交向量组**(或**单位正交向量组**).

例如，n 维向量组$\boldsymbol{\varepsilon}_1=(1,0,\cdots,0)$，$\boldsymbol{\varepsilon}_2=(0,1,\cdots,0)$，…，$\boldsymbol{\varepsilon}_n=(0,0,\cdots,1)$就是一个标准正交向量组.

为讨论后续内容，往往需要寻求与已知线性无关向量组等价的标准正交向量组. 下面来介绍一种这样的方法——**施密特**(Schmidt)**正交化方法**.

设向量组$\boldsymbol{\alpha}_1$，$\boldsymbol{\alpha}_2$，…，$\boldsymbol{\alpha}_m$线性无关，取

$$\boldsymbol{\beta}_1=\boldsymbol{\alpha}_1,$$

$$\boldsymbol{\beta}_2=\boldsymbol{\alpha}_2-\frac{[\boldsymbol{\alpha}_2,\boldsymbol{\beta}_1]}{[\boldsymbol{\beta}_1,\boldsymbol{\beta}_1]}\boldsymbol{\beta}_1,$$

$$\boldsymbol{\beta}_3=\boldsymbol{\alpha}_3-\frac{[\boldsymbol{\alpha}_3,\boldsymbol{\beta}_1]}{[\boldsymbol{\beta}_1,\boldsymbol{\beta}_1]}\boldsymbol{\beta}_1-\frac{[\boldsymbol{\alpha}_3,\boldsymbol{\beta}_2]}{[\boldsymbol{\beta}_2,\boldsymbol{\beta}_2]}\boldsymbol{\beta}_2,$$

……

$$\boldsymbol{\beta}_m=\boldsymbol{\alpha}_m-\frac{[\boldsymbol{\alpha}_m,\boldsymbol{\beta}_1]}{[\boldsymbol{\beta}_1,\boldsymbol{\beta}_1]}\boldsymbol{\beta}_1-\frac{[\boldsymbol{\alpha}_m,\boldsymbol{\beta}_2]}{[\boldsymbol{\beta}_2,\boldsymbol{\beta}_2]}\boldsymbol{\beta}_2-\cdots-\frac{[\boldsymbol{\alpha}_m,\boldsymbol{\beta}_{m-1}]}{[\boldsymbol{\beta}_{m-1},\boldsymbol{\beta}_{m-1}]}\boldsymbol{\beta}_{m-1}.$$

然后只要把它们单位化，即取

$$\boldsymbol{e}_1=\frac{1}{\|\boldsymbol{\beta}_1\|}\boldsymbol{\beta}_1,\quad \boldsymbol{e}_2=\frac{1}{\|\boldsymbol{\beta}_2\|}\boldsymbol{\beta}_2,\quad \cdots,\quad \boldsymbol{e}_m=\frac{1}{\|\boldsymbol{\beta}_m\|}\boldsymbol{\beta}_m.$$

容易验证$\boldsymbol{e}_1$，$\boldsymbol{e}_2$，…，$\boldsymbol{e}_m$就是与$\boldsymbol{\alpha}_1$，$\boldsymbol{\alpha}_2$，…，$\boldsymbol{\alpha}_m$等价的标准正交向量组.

求与线性无关向量组$\boldsymbol{\alpha}_1$，$\boldsymbol{\alpha}_2$，…，$\boldsymbol{\alpha}_m$等价的标准正交向量组$\boldsymbol{e}_1$，$\boldsymbol{e}_2$，…，$\boldsymbol{e}_m$的过程，称为对$\boldsymbol{\alpha}_1$，$\boldsymbol{\alpha}_2$，…，$\boldsymbol{\alpha}_m$进行**标准正交化**或**正交规范化**.

例 3.1.2　设$\boldsymbol{\alpha}_1=\begin{pmatrix}1\\1\\1\end{pmatrix}$，$\boldsymbol{\alpha}_2=\begin{pmatrix}0\\1\\2\end{pmatrix}$，$\boldsymbol{\alpha}_3=\begin{pmatrix}2\\0\\3\end{pmatrix}$，试用施密特正交化方法把这组向量标准正交化.

解　取

$$\boldsymbol{\beta}_1=\boldsymbol{\alpha}_1=\begin{pmatrix}1\\1\\1\end{pmatrix},$$

$$\boldsymbol{\beta}_2=\boldsymbol{\alpha}_2-\frac{[\boldsymbol{\alpha}_2,\boldsymbol{\beta}_1]}{[\boldsymbol{\beta}_1,\boldsymbol{\beta}_1]}\boldsymbol{\beta}_1=\begin{pmatrix}0\\1\\2\end{pmatrix}-\frac{3}{3}\begin{pmatrix}1\\1\\1\end{pmatrix}=\begin{pmatrix}-1\\0\\1\end{pmatrix},$$

$$\boldsymbol{\beta}_3=\boldsymbol{\alpha}_3-\frac{[\boldsymbol{\alpha}_3,\boldsymbol{\beta}_1]}{[\boldsymbol{\beta}_1,\boldsymbol{\beta}_1]}\boldsymbol{\beta}_1-\frac{[\boldsymbol{\alpha}_3,\boldsymbol{\beta}_2]}{[\boldsymbol{\beta}_2,\boldsymbol{\beta}_2]}\boldsymbol{\beta}_2=\begin{pmatrix}2\\0\\3\end{pmatrix}-\frac{5}{3}\begin{pmatrix}1\\1\\1\end{pmatrix}-\frac{1}{2}\begin{pmatrix}-1\\0\\1\end{pmatrix}=\frac{5}{6}\begin{pmatrix}1\\-2\\1\end{pmatrix}.$$

再把它们单位化，取

$$\boldsymbol{e}_1=\frac{\boldsymbol{\beta}_1}{\|\boldsymbol{\beta}_1\|}=\begin{pmatrix}\frac{1}{\sqrt{3}}\\\frac{1}{\sqrt{3}}\\\frac{1}{\sqrt{3}}\end{pmatrix},\quad \boldsymbol{e}_2=\frac{\boldsymbol{\beta}_2}{\|\boldsymbol{\beta}_2\|}=\begin{pmatrix}-\frac{1}{\sqrt{2}}\\0\\\frac{1}{\sqrt{2}}\end{pmatrix},\quad \boldsymbol{e}_3=\frac{\boldsymbol{\beta}_3}{\|\boldsymbol{\beta}_3\|}=\begin{pmatrix}\frac{1}{\sqrt{6}}\\-\frac{2}{\sqrt{6}}\\\frac{1}{\sqrt{6}}\end{pmatrix}.$$

$\boldsymbol{e}_1$， $\boldsymbol{e}_2$， $\boldsymbol{e}_3$即为所求.

三、正交矩阵

定义 3.1.7　如果 n 阶矩阵 $\boldsymbol{A}$ 满足

$$\boldsymbol{A}^{\mathrm{T}}\boldsymbol{A}=\boldsymbol{E}\quad (\text{即}\boldsymbol{A}^{-1}=\boldsymbol{A}^{\mathrm{T}}),$$

那么称 $\boldsymbol{A}$ 为**正交矩阵**，简称**正交阵**.

上式用 $\boldsymbol{A}$ 的列向量表示为

$$\begin{pmatrix}\boldsymbol{\alpha}_1^{\mathrm{T}}\\\boldsymbol{\alpha}_2^{\mathrm{T}}\\\vdots\\\boldsymbol{\alpha}_n^{\mathrm{T}}\end{pmatrix}(\boldsymbol{\alpha}_1,\boldsymbol{\alpha}_2,\cdots,\boldsymbol{\alpha}_n)=\boldsymbol{E},$$

即

$$\begin{pmatrix}\boldsymbol{\alpha}_1^{\mathrm{T}}\boldsymbol{\alpha}_1 & \boldsymbol{\alpha}_1^{\mathrm{T}}\boldsymbol{\alpha}_2 & \cdots & \boldsymbol{\alpha}_1^{\mathrm{T}}\boldsymbol{\alpha}_n\\\boldsymbol{\alpha}_2^{\mathrm{T}}\boldsymbol{\alpha}_1 & \boldsymbol{\alpha}_2^{\mathrm{T}}\boldsymbol{\alpha}_2 & \cdots & \boldsymbol{\alpha}_2^{\mathrm{T}}\boldsymbol{\alpha}_n\\\vdots & \vdots & & \vdots\\\boldsymbol{\alpha}_n^{\mathrm{T}}\boldsymbol{\alpha}_1 & \boldsymbol{\alpha}_n^{\mathrm{T}}\boldsymbol{\alpha}_2 & \cdots & \boldsymbol{\alpha}_n^{\mathrm{T}}\boldsymbol{\alpha}_n\end{pmatrix}=\boldsymbol{E},$$

亦即

$$\boldsymbol{\alpha}_i^{\mathrm{T}}\boldsymbol{\alpha}_i=1\quad(i=1,2,\cdots,n) \tag{2}$$

$$\boldsymbol{\alpha}_i^{\mathrm{T}}\boldsymbol{\alpha}_j=0\quad(i\neq j) \tag{3}$$

(2) 式说明 $\boldsymbol{A}$ 的每一列向量都是单位向量,(3) 式说明任意两个不同的列向量都正交. 由此可得如下定理.

定理 3.1.2　方阵 $\boldsymbol{A}$ 为正交矩阵的充分必要条件是 $\boldsymbol{A}$ 的列向量都是单位向量，

且两两正交.

因为 $\boldsymbol{A}^{\mathrm{T}}\boldsymbol{A}=\boldsymbol{E}$ 与 $\boldsymbol{A}\boldsymbol{A}^{\mathrm{T}}=\boldsymbol{E}$ 等价，所以上述定理对 $\boldsymbol{A}$ 的行向量亦成立，即有如下推论.

推论　方阵 $\boldsymbol{A}$ 为正交矩阵的充分必要条件是 $\boldsymbol{A}$ 的行向量都是单位向量，且两两正交.

例 3.1.3　验证矩阵

$$\boldsymbol{A}=\begin{pmatrix} \frac{1}{2} & -\frac{1}{2} & \frac{1}{2} & -\frac{1}{2} \\ \frac{1}{2} & -\frac{1}{2} & -\frac{1}{2} & \frac{1}{2} \\ \frac{1}{\sqrt{2}} & \frac{1}{\sqrt{2}} & 0 & 0 \\ 0 & 0 & \frac{1}{\sqrt{2}} & \frac{1}{\sqrt{2}} \end{pmatrix}$$

是正交矩阵.

证明　容易看出这个矩阵的每个列向量都是单位向量，且两两正交，所以矩阵 $\boldsymbol{A}$ 是正交矩阵.

定义 3.1.8　若 $\boldsymbol{P}$ 是正交阵，则线性变换 $\boldsymbol{y}=\boldsymbol{P}\boldsymbol{x}$ 称为正交变换.

设 $\boldsymbol{y}=\boldsymbol{P}\boldsymbol{x}$ 为正交变换，则有

$$\|\boldsymbol{y}\|=\sqrt{\boldsymbol{y}^{\mathrm{T}}\boldsymbol{y}}=\sqrt{(\boldsymbol{P}\boldsymbol{x})^{\mathrm{T}}(\boldsymbol{P}\boldsymbol{x})}=\sqrt{\boldsymbol{x}^{\mathrm{T}}\boldsymbol{P}^{\mathrm{T}}\boldsymbol{P}\boldsymbol{x}}=\sqrt{\boldsymbol{x}^{\mathrm{T}}\boldsymbol{E}\boldsymbol{x}}=\sqrt{\boldsymbol{x}^{\mathrm{T}}\boldsymbol{x}}=\|\boldsymbol{x}\|.$$

这说明经过正交变换向量的长度保持不变，这是正交变换的优良特性.

习　题　3-1

1. 已知向量 $\boldsymbol{\alpha}=(3,0,-4)^{\mathrm{T}}$，$\boldsymbol{\beta}=(-1,3,-2,5)^{\mathrm{T}}$，则 $\|a\|=$____，$\|\boldsymbol{\beta}\|=$____.

2. 计算下列向量的内积：

(1) $\boldsymbol{\alpha}=(-2,1,5)^{\mathrm{T}}$，$\boldsymbol{\beta}=(3,-4,3)^{\mathrm{T}}$；

(2) $\boldsymbol{\alpha}=(1,-2,0,3)^{\mathrm{T}}$，$\boldsymbol{\beta}=(3,6,2,-4)^{\mathrm{T}}$.

3. 设 $\boldsymbol{\alpha}=\begin{pmatrix}1\\0\\-2\end{pmatrix}$，$\boldsymbol{\beta}=\begin{pmatrix}-4\\2\\3\end{pmatrix}$，$\boldsymbol{\gamma}$ 与 $\boldsymbol{\alpha}$ 正交，且 $\boldsymbol{\beta}=\lambda\boldsymbol{\alpha}+\boldsymbol{\gamma}$，求 λ 和 $\boldsymbol{\gamma}$.

4. 用施密特正交化方法将下列向量组标准正交化.

(1) $\boldsymbol{\alpha}_1=\begin{pmatrix}1\\1\\1\end{pmatrix}$，$\boldsymbol{\alpha}_2=\begin{pmatrix}1\\2\\3\end{pmatrix}$，$\boldsymbol{\alpha}_3=\begin{pmatrix}1\\4\\9\end{pmatrix}$；

(2) $\boldsymbol{\alpha}_1=\begin{pmatrix}1\\1\\0\\0\end{pmatrix}$，$\boldsymbol{\alpha}_2=\begin{pmatrix}1\\0\\-1\\0\end{pmatrix}$，$\boldsymbol{\alpha}_3=\begin{pmatrix}1\\0\\0\\1\end{pmatrix}$.

5. 下列矩阵是不是正交矩阵?并说明理由.

(1) $\begin{pmatrix}6&-3&2\\-3&6&3\\2&3&-6\end{pmatrix}$；　　(2) $\begin{pmatrix}-\frac{1}{\sqrt{3}}&\frac{1}{\sqrt{3}}&\frac{1}{\sqrt{3}}\\\frac{1}{\sqrt{6}}&\frac{1}{\sqrt{6}}&\frac{2}{\sqrt{6}}\\\frac{1}{\sqrt{2}}&\frac{1}{\sqrt{2}}&0\end{pmatrix}$.

6. 设 $a>0$，求 a，b，c，使 $\boldsymbol{A}$ 为正交矩阵，其中

$$\boldsymbol{A}=\begin{pmatrix}0&1&0\\a&0&c\\b&0&\frac{1}{2}\end{pmatrix}.$$

7. 设 $\boldsymbol{A}$ 与 $\boldsymbol{B}$ 都是 n 阶正交矩阵，证明 $\boldsymbol{AB}$ 也是正交矩阵.

第 2 节　方阵的特征值与特征向量

定义 3.2.1　设 $\boldsymbol{A}$ 为 n 阶方阵，λ 是一个数，$\boldsymbol{x}$ 是非零 n 维列向量，如果关系式

$$\boldsymbol{Ax}=\lambda\boldsymbol{x} \tag{1}$$

成立，则数 λ 称为矩阵 $\boldsymbol{A}$ 的特征值，非零向量 $\boldsymbol{x}$ 称为 $\boldsymbol{A}$ 的对应于特征值 λ 的特征向量.

(1) 式也可写成

$$(\lambda\boldsymbol{E}-\boldsymbol{A})\boldsymbol{x}=\boldsymbol{0},$$

这是 n 个未知数 n 个方程的齐次线性方程组，它有非零解的充分必要条件是系数行列式

$$|\lambda\boldsymbol{E}-\boldsymbol{A}|=0,$$

$$\begin{vmatrix}\lambda-a_{11}&-a_{12}&\cdots&-a_{1n}\\-a_{21}&\lambda-a_{22}&\cdots&-a_{2n}\\\vdots&\vdots&&\vdots\\-a_{n1}&-a_{n2}&\cdots&\lambda-a_{nn}\end{vmatrix}=0. \tag{2}$$

上式是以 λ 为未知数的一元 n 次方程，称为矩阵 $\boldsymbol{A}$ 的**特征方程**. 其左端 $|\lambda\boldsymbol{E}-\boldsymbol{A}|$ 是 λ 的 n 次多项式，记作 $f(\lambda)$，称为矩阵 $\boldsymbol{A}$ 的**特征多项式**. 显然，$\boldsymbol{A}$ 的

特征值就是特征方程的解. 特征方程在复数范围内恒有解，其个数为方程的次数(重根按重数计算)，因此，n 阶矩阵 $\boldsymbol{A}$ 在复数范围内有 n 个特征值.

综上所述可知，求方阵 $\boldsymbol{A}$ 的特征值及其对应的特征向量的步骤如下：

(1) 写出方阵 $\boldsymbol{A}$ 的特征方程 $|\lambda\boldsymbol{E}-\boldsymbol{A}|=0$；

(2) 解特征方程 $|\lambda\boldsymbol{E}-\boldsymbol{A}|=0$，求出其全部根 λ_1，λ_2，…，λ_s，它们就是矩阵 $\boldsymbol{A}$ 的全部特征值；

(3) 对每个 λ_i，求对应的特征向量，把特征值 λ_i 代入齐次线性方程组 $(\lambda\boldsymbol{E}-\boldsymbol{A})\boldsymbol{x}=\boldsymbol{0}$ 中，求出其基础解系，设所求出的基础解系为 $\boldsymbol{\xi}_1$，$\boldsymbol{\xi}_2$，…，$\boldsymbol{\xi}_r$，则

$$k_1\boldsymbol{\xi}_1+k_2\boldsymbol{\xi}_2+\cdots+k_r\boldsymbol{\xi}_r$$

就是对应于特征值 λ_i 的全部特征向量，其中 k_1，k_2，…，k_r 为任意一组不全为零的实数.

例 3.2.1　求矩阵 $\boldsymbol{A}=\begin{pmatrix}-1&1&0\\-4&3&0\\1&0&2\end{pmatrix}$ 的特征值与特征向量.

解　$\boldsymbol{A}$ 的特征多项式为

$$|\lambda\boldsymbol{E}-\boldsymbol{A}|=\begin{vmatrix}\lambda+1&-1&0\\4&\lambda-3&0\\-1&0&\lambda-2\end{vmatrix}=(\lambda-2)(\lambda-1)^2.$$

解方程 $|\lambda\boldsymbol{E}-\boldsymbol{A}|=0$，即 $(\lambda-2)(\lambda-1)^2=0$，得 $\boldsymbol{A}$ 的特征值为 $\lambda_1=2$，$\lambda_2=\lambda_3=1$(二重根).

当 $\lambda_1=2$ 时，以 $\lambda_1=2$ 代入齐次线性方程组 $(\lambda\boldsymbol{E}-\boldsymbol{A})\boldsymbol{x}=\boldsymbol{0}$，得 $(2\boldsymbol{E}-\boldsymbol{A})\boldsymbol{x}=\boldsymbol{0}$. 由

$$2\boldsymbol{E}-\boldsymbol{A}=\begin{pmatrix}3&-1&0\\4&-1&0\\-1&0&0\end{pmatrix}\to\begin{pmatrix}1&0&0\\0&1&0\\0&0&0\end{pmatrix}$$

解得基础解系 $\boldsymbol{p}_1=\begin{pmatrix}0\\0\\1\end{pmatrix}$，所以 $k_1\boldsymbol{p}_1(k_1\neq0)$ 是对应于 $\lambda_1=2$ 的全部特征向量.

当 $\lambda_2=\lambda_3=1$ 时，解方程组 $(\boldsymbol{E}-\boldsymbol{A})\boldsymbol{x}=\boldsymbol{0}$. 由

$$\boldsymbol{E}-\boldsymbol{A}=\begin{pmatrix}2&-1&0\\4&-2&0\\-1&0&-1\end{pmatrix}\to\begin{pmatrix}1&0&1\\0&1&2\\0&0&0\end{pmatrix},$$

解得基础解系 $\boldsymbol{p}_2=\begin{pmatrix}-1\\-2\\1\end{pmatrix}$，所以 $k_2\boldsymbol{p}_2(k_2\neq 0)$ 是对应于 $\lambda_2=\lambda_3=1$ 的全部特征向量.

例 3.2.2　求矩阵 $\boldsymbol{A}=\begin{pmatrix}3&2&-1\\-2&-2&2\\3&6&-1\end{pmatrix}$ 的特征值与特征向量.

解　$\boldsymbol{A}$ 的特征多项式为

$$|\lambda\boldsymbol{E}-\boldsymbol{A}|=\begin{vmatrix}\lambda-1&-2&1\\2&\lambda+2&-2\\-3&-6&\lambda+1\end{vmatrix}=(\lambda+4)(\lambda-2)^2.$$

解方程 $|\lambda\boldsymbol{E}-\boldsymbol{A}|=0$，即 $(\lambda+4)(\lambda-2)^2=0$，得 $\boldsymbol{A}$ 的特征值为 $\lambda_1=-4$，$\lambda_2=\lambda_3=2$(二重根).

当 $\lambda_1=-4$ 时，解方程组 $(-4\boldsymbol{E}-\boldsymbol{A})\boldsymbol{x}=\boldsymbol{0}$. 由

$$-4\boldsymbol{E}-\boldsymbol{A}=\begin{pmatrix}-7&-2&1\\2&-2&-2\\-3&-6&-3\end{pmatrix}\to\begin{pmatrix}1&0&-\dfrac{1}{3}\\0&1&\dfrac{2}{3}\\0&0&0\end{pmatrix}$$

解得基础解系

$$\boldsymbol{q}=\begin{pmatrix}\dfrac{1}{3}\\-\dfrac{2}{3}\\1\end{pmatrix}=\frac{1}{3}\begin{pmatrix}1\\-2\\3\end{pmatrix},$$

故基础解系也可取为 $\boldsymbol{p}_1=\begin{pmatrix}1\\-2\\3\end{pmatrix}$，所以 $k_1\boldsymbol{p}_1(k_1\neq 0)$ 是对应于 $\lambda_1=-4$ 的全部特征向量.

当 $\lambda_2=\lambda_3=2$ 时，解方程组 $(2\boldsymbol{E}-\boldsymbol{A})\boldsymbol{x}=\boldsymbol{0}$. 由

$$2\boldsymbol{E}-\boldsymbol{A}=\begin{pmatrix}-1&-2&1\\2&4&-2\\-3&-6&3\end{pmatrix}\to\begin{pmatrix}1&2&-1\\0&0&0\\0&0&0\end{pmatrix}$$

解得基础解系 $\boldsymbol{p}_2=\begin{pmatrix}-2\\1\\0\end{pmatrix}$，$\boldsymbol{p}_3=\begin{pmatrix}1\\0\\1\end{pmatrix}$，所以 $k_2\boldsymbol{p}_2+k_3\boldsymbol{p}_3$ (其中 k_2，k_3 不全为零)是对

应于 $\lambda_2=\lambda_3=2$ 的全部特征向量.

例 3.2.3　设 λ 是方阵 $\boldsymbol{A}$ 的特征值，证明 λ^2 是 $\boldsymbol{A}^2$ 的特征值.

证明　因 λ 是 $\boldsymbol{A}$ 的特征值，故有 $\boldsymbol{p}\neq\boldsymbol{0}$ 使 $\boldsymbol{A}\boldsymbol{p}=\lambda\boldsymbol{p}$. 于是

$$\boldsymbol{A}^2\boldsymbol{p}=\boldsymbol{A}(\boldsymbol{A}\boldsymbol{p})=\boldsymbol{A}(\lambda\boldsymbol{p})=\lambda(\boldsymbol{A}\boldsymbol{p})=\lambda(\lambda\boldsymbol{p})=\lambda^2\boldsymbol{p},$$

所以 λ^2 是 $\boldsymbol{A}^2$ 的特征值.

定理 3.2.1　n 阶方阵 $\boldsymbol{A}$ 与它的转置矩阵 $\boldsymbol{A}^{\mathrm{T}}$ 有相同的特征值.

证明　因为

$$\lambda\boldsymbol{E}-\boldsymbol{A}^{\mathrm{T}}=(\lambda\boldsymbol{E})^{\mathrm{T}}-\boldsymbol{A}^{\mathrm{T}}=(\lambda\boldsymbol{E}-\boldsymbol{A})^{\mathrm{T}},$$

又因为行列式与其转置行列式的值相等，所以

$$\left|\lambda\boldsymbol{E}-\boldsymbol{A}^{\mathrm{T}}\right|=\left|(\lambda\boldsymbol{E}-\boldsymbol{A})^{\mathrm{T}}\right|=\left|\lambda\boldsymbol{E}-\boldsymbol{A}\right|,$$

即矩阵 $\boldsymbol{A}$ 与 $\boldsymbol{A}^{\mathrm{T}}$ 的特征多项式相同，因此，它们的特征值也相同.

定理 3.2.2　n 阶矩阵 $\boldsymbol{A}$ 互不相同的特征值 $\lambda_1,\lambda_2,\cdots,\lambda_m$ 对应的特征向量 $\boldsymbol{p}_1$，$\boldsymbol{p}_2$，…，$\boldsymbol{p}_m$ 线性无关.

证明　仅证明两个不同特征值所对应的特征向量的情形，多个不同特征值的情形可以用数学归纳法证明.

设存在数 k_1，k_2 使

$$k_1\boldsymbol{p}_1+k_2\boldsymbol{p}_2=\boldsymbol{0}\ ,\tag{3}$$

用 $\boldsymbol{A}$ 左乘上式两端，并由 $\boldsymbol{A}\boldsymbol{p}_1=\lambda_1\boldsymbol{p}_1$，$\boldsymbol{A}\boldsymbol{p}_2=\lambda_2\boldsymbol{p}_2$，得

$$k_1\boldsymbol{A}\boldsymbol{p}_1+k_2\boldsymbol{A}\boldsymbol{p}_2=\boldsymbol{0},\quad \text{即}\, k_1\lambda_1\boldsymbol{p}_1+k_2\lambda_2\boldsymbol{p}_2=\boldsymbol{0}.\tag{4}$$

再用 λ_1 乘(3)式两端，有

$$k_1\lambda_1\boldsymbol{p}_1+k_2\lambda_1\boldsymbol{p}_2=\boldsymbol{0}\ .\tag{5}$$

(5)式减(4)式得

$$k_2(\lambda_1-\lambda_2)\boldsymbol{p}_2=\boldsymbol{0}.$$

由于 $\boldsymbol{p}_2\neq\boldsymbol{0}$，$\lambda_1\neq\lambda_2$，所以 $k_2=0$. 同理可证 $k_1=0$，故 $\boldsymbol{p}_1$ 与 $\boldsymbol{p}_2$ 线性无关.

习　题　3-2

1. 求下列矩阵的特征值和特征向量：

(1) $\begin{pmatrix}3&4\\5&2\end{pmatrix}$；　(2) $\begin{pmatrix}2&-1&2\\5&-3&3\\-1&0&-2\end{pmatrix}$；　(3) $\begin{pmatrix}-1&-2&-2\\1&2&1\\-1&-1&0\end{pmatrix}$.

2. 已知 $\boldsymbol{\alpha}=(1,1,-1)^{\mathrm{T}}$ 是矩阵 $\boldsymbol{A}=\begin{pmatrix}2&-1&2\\5&a&3\\-1&b&-2\end{pmatrix}$ 的一个特征向量. 试求 a,b 的值及特征向量

$\boldsymbol{\alpha}$ 所对应的特征值.

3. 设 $\boldsymbol{A}$ 为 n 阶方阵且满足 $\boldsymbol{A}^2=\boldsymbol{O}$，证明 $\boldsymbol{A}$ 的特征值为零.

4. 设 λ 是 n 阶可逆方阵 $\boldsymbol{A}$ 的特征值，证明 $\dfrac{1}{\lambda}$ 是 $\boldsymbol{A}^{-1}$ 的特征值.

第 3 节　相似矩阵与矩阵的相似对角化

定义 3.3.1　设 $\boldsymbol{A}$，$\boldsymbol{B}$ 都是 n 阶矩阵，若存在可逆矩阵 $\boldsymbol{P}$，使

$$\boldsymbol{P}^{-1}\boldsymbol{A}\boldsymbol{P}=\boldsymbol{B},$$

则称 $\boldsymbol{B}$ 是 $\boldsymbol{A}$ 的**相似矩阵**，或称 $\boldsymbol{A}$ 与 $\boldsymbol{B}$ **相似**，记作 $\boldsymbol{A}\sim\boldsymbol{B}$. 运算 $\boldsymbol{P}^{-1}\boldsymbol{A}\boldsymbol{P}$ 称为对 $\boldsymbol{A}$ 进行**相似变换**，而可逆矩阵 $\boldsymbol{P}$ 称为将 $\boldsymbol{A}$ 变为 $\boldsymbol{B}$ 的**相似变换矩阵**.

矩阵的相似具有下面三条性质.

性质 3.3.1　反身性：$\boldsymbol{A}\sim\boldsymbol{A}$.

因为 $\boldsymbol{E}^{-1}\boldsymbol{A}\boldsymbol{E}=\boldsymbol{A}$，由定义知，$\boldsymbol{A}\sim\boldsymbol{A}$.

性质 3.3.2　对称性：若 $\boldsymbol{A}\sim\boldsymbol{B}$，则 $\boldsymbol{B}\sim\boldsymbol{A}$.

因为 $\boldsymbol{A}\sim\boldsymbol{B}$，所以存在可逆矩阵 $\boldsymbol{P}$，使 $\boldsymbol{P}^{-1}\boldsymbol{A}\boldsymbol{P}=\boldsymbol{B}$，于是 $(\boldsymbol{P}^{-1})^{-1}\boldsymbol{B}\boldsymbol{P}^{-1}=\boldsymbol{A}$，故 $\boldsymbol{B}\sim\boldsymbol{A}$.

性质 3.3.3　传递性：若 $\boldsymbol{A}\sim\boldsymbol{B}$，$\boldsymbol{B}\sim\boldsymbol{C}$，则 $\boldsymbol{A}\sim\boldsymbol{C}$.

仿性质 3.3.1 与性质 3.3.2，性质 3.3.3 同理可证.

定理 3.3.1　相似矩阵有相同的特征多项式，从而也有相同的特征值.

证明　设 $\boldsymbol{A}$ 与 $\boldsymbol{B}$ 相似，则存在可逆矩阵 $\boldsymbol{P}$，使得 $\boldsymbol{P}^{-1}\boldsymbol{A}\boldsymbol{P}=\boldsymbol{B}$，于是

$$\begin{aligned}|\lambda\boldsymbol{E}-\boldsymbol{B}|&=|\lambda\boldsymbol{E}-\boldsymbol{P}^{-1}\boldsymbol{A}\boldsymbol{P}|=|\boldsymbol{P}^{-1}(\lambda\boldsymbol{E})\boldsymbol{P}-\boldsymbol{P}^{-1}\boldsymbol{A}\boldsymbol{P}|=|\boldsymbol{P}^{-1}(\lambda\boldsymbol{E}-\boldsymbol{A})\boldsymbol{P}|\\&=|\boldsymbol{P}^{-1}||(\lambda\boldsymbol{E}-\boldsymbol{A})||\boldsymbol{P}|=|\boldsymbol{P}^{-1}\boldsymbol{P}||\lambda\boldsymbol{E}-\boldsymbol{A}|=|\lambda\boldsymbol{E}-\boldsymbol{A}|.\end{aligned}$$

推论　若 n 阶矩阵 $\boldsymbol{A}$ 与对角阵

$$\boldsymbol{\Lambda}=\begin{pmatrix}\lambda_1&&&\\&\lambda_2&&\\&&\ddots&\\&&&\lambda_n\end{pmatrix}$$

相似，则 λ_1，λ_2，…，λ_n 即是 $\boldsymbol{A}$ 的 n 个特征值.

证明　因 λ_1，λ_2，…，λ_n 是 $\boldsymbol{\Lambda}$ 的 n 个特征值，由定理 3.3.1 知 λ_1，λ_2，…，λ_n 也是 $\boldsymbol{A}$ 的 n 个特征值.

对于一个给定的矩阵 $\boldsymbol{A}$，能否找到一个与它相似的较简单的矩阵，这类问题在许多实际问题中很重要. 下面要讨论的主要问题是：对 n 阶方阵 $\boldsymbol{A}$，寻求可逆

矩阵 $\boldsymbol{P}$，使 $\boldsymbol{P}^{-1}\boldsymbol{A}\boldsymbol{P}=\boldsymbol{\Lambda}$ 为对角阵，这个过程称为把方阵 $\boldsymbol{A}$ **相似对角化**，简称**对角化**.

定理 3.3.2 n 阶方阵 $\boldsymbol{A}$ 可对角化的充分必要条件是 $\boldsymbol{A}$ 有 n 个线性无关的特征向量.

证明　必要性 假设 $\boldsymbol{A}$ 与对角阵 $\boldsymbol{\Lambda}$ 相似，即存在可逆阵 $\boldsymbol{P}$，使得

$$\boldsymbol{P}^{-1}\boldsymbol{A}\boldsymbol{P}=\boldsymbol{\Lambda},$$

其中

$$\boldsymbol{P}=(p_1,\ p_2,\cdots,\ p_n),\quad \boldsymbol{\Lambda}=\begin{pmatrix}\lambda_1 & & & \\ & \lambda_2 & & \\ & & \ddots & \\ & & & \lambda_n\end{pmatrix},$$

两边左乘 $\boldsymbol{P}$，得 $\boldsymbol{A}\boldsymbol{P}=\boldsymbol{P}\boldsymbol{\Lambda}$，即

$$\boldsymbol{A}(\boldsymbol{p}_1,\ \boldsymbol{p}_2,\cdots,\ \boldsymbol{p}_n)=(\boldsymbol{p}_1,\ \boldsymbol{p}_2,\cdots,\ \boldsymbol{p}_n)\begin{pmatrix}\lambda_1 & & & \\ & \lambda_2 & & \\ & & \ddots & \\ & & & \lambda_n\end{pmatrix},$$

于是

$$(\boldsymbol{A}\boldsymbol{p}_1,\boldsymbol{A}\boldsymbol{p}_2,\cdots,\boldsymbol{A}\boldsymbol{p}_n)=(\lambda_1\boldsymbol{p}_1,\lambda_2\boldsymbol{p}_2,\cdots,\lambda_n\boldsymbol{p}_n),$$
$$\boldsymbol{A}\boldsymbol{p}_i=\lambda_i\boldsymbol{p}_i\quad(i=1,2,\cdots,n).$$

即 λ_i 是 $\boldsymbol{A}$ 的特征值，$\boldsymbol{P}$ 的列向量 $\boldsymbol{p}_i$ 是 $\boldsymbol{A}$ 对应于 λ_i 的特征向量. 又因 $\boldsymbol{P}$ 可逆，故 $\boldsymbol{p}_i$，$\boldsymbol{p}_2$，$\cdots$，$\boldsymbol{p}_n$ 线性无关.

充分性 设 n 阶方阵 $\boldsymbol{A}$ 有 n 个线性无关的特征向量，即

$$\boldsymbol{A}\boldsymbol{p}_i=\lambda_i\boldsymbol{p}_i\quad(i=1,2,\cdots,n),$$

令

$$\boldsymbol{P}=(\boldsymbol{p}_1,\boldsymbol{p}_2,\cdots,\boldsymbol{p}_n),$$

则

$$\begin{aligned}\boldsymbol{A}\boldsymbol{P}&=\boldsymbol{A}(\boldsymbol{p}_1,\boldsymbol{p}_2,\cdots,\boldsymbol{p}_n)\\&=(\boldsymbol{A}\boldsymbol{p}_1,\boldsymbol{A}\boldsymbol{p}_2,\cdots,\boldsymbol{A}\boldsymbol{p}_n)=(\lambda_1\boldsymbol{p}_1,\lambda_2\boldsymbol{p}_2,\cdots,\lambda_n\boldsymbol{p}_n)\\&=(\boldsymbol{p}_1,\boldsymbol{p}_2,\cdots,\boldsymbol{p}_n)\begin{pmatrix}\lambda_1 & & & \\ & \lambda_2 & & \\ & & \ddots & \\ & & & \lambda_n\end{pmatrix}=\boldsymbol{P}\boldsymbol{\Lambda}.\end{aligned}$$

因为 $\boldsymbol{p}_i$， $\boldsymbol{p}_2$，…， $\boldsymbol{p}_n$ 线性无关，所以 $\boldsymbol{P}$ 可逆. 故 $\boldsymbol{P}^{-1}\boldsymbol{A}\boldsymbol{P}=\boldsymbol{P}^{-1}\boldsymbol{P}\boldsymbol{\Lambda}=\boldsymbol{E}\boldsymbol{\Lambda}=\boldsymbol{\Lambda}$，即 $\boldsymbol{A}$ 可对角化.

推论　若 n 阶矩阵 $\boldsymbol{A}$ 有 n 个不同的特征值，则 $\boldsymbol{A}$ 可对角化.

证明　若 n 阶矩阵 $\boldsymbol{A}$ 有 n 个不同的特征值，则由定理 3.2.2 知，$\boldsymbol{A}$ 有 n 个线性无关的特征向量，再由定理 3.3.2 知，$\boldsymbol{A}$ 可对角化.

当 n 阶矩阵 $\boldsymbol{A}$ 的特征方程有重根时，$\boldsymbol{A}$ 的对角化问题有如下定理.

定理 3.3.3　当 $\boldsymbol{A}$ 的特征方程有重根时，若每个重根的重数和所对应的线性无关的特征向量的个数相等，则 $\boldsymbol{A}$ 可对角化；若有一个 k 重根(特征值)所对应的线性无关的特征向量个数少于 k，则 $\boldsymbol{A}$ 不能对角化.

例 3.3.1　判定下列方阵是否可对角化，若其可对角化，写出对角阵 $\boldsymbol{\Lambda}$ 及相似变换矩阵 $\boldsymbol{P}$.

(1) $\boldsymbol{A}=\begin{pmatrix}1&0&1\\0&1&0\\0&0&1\end{pmatrix}$；　　　　(2) $\boldsymbol{A}=\begin{pmatrix}1&-2&2\\-2&-2&4\\2&4&-2\end{pmatrix}$.

解　(1)
$$|\lambda\boldsymbol{E}-\boldsymbol{A}|=\begin{vmatrix}\lambda-1&0&-1\\0&\lambda-1&0\\0&0&\lambda-1\end{vmatrix}=(\lambda-1)^3,$$

从而 $\boldsymbol{A}$ 的特征值为 $\lambda_1=\lambda_2=\lambda_3=1$ (三重根)，将 $\lambda_1=\lambda_2=\lambda_3=1$ 代入 $(\lambda\boldsymbol{E}-\boldsymbol{A})\boldsymbol{x}=\boldsymbol{0}$，得 $(1\cdot\boldsymbol{E}-\boldsymbol{A})\boldsymbol{x}=\boldsymbol{0}$，又

$$1\cdot\boldsymbol{E}-\boldsymbol{A}=\begin{pmatrix}0&0&-1\\0&0&0\\0&0&0\end{pmatrix}\to\begin{pmatrix}0&0&1\\0&0&0\\0&0&0\end{pmatrix},$$

可得 $(1\cdot\boldsymbol{E}-\boldsymbol{A})\boldsymbol{x}=\boldsymbol{0}$ 的基础解系为

$$\boldsymbol{p}_1=\begin{pmatrix}1\\0\\0\end{pmatrix},\quad \boldsymbol{p}_2=\begin{pmatrix}0\\1\\0\end{pmatrix},$$

所以由定理 3.3.3 可知 $\boldsymbol{A}$ 不可对角化.

(2)
$$|\lambda\boldsymbol{E}-\boldsymbol{A}|=\begin{vmatrix}\lambda-1&2&-2\\2&\lambda+2&-4\\-2&-4&\lambda+2\end{vmatrix}=(\lambda+7)(\lambda-2)^2,$$

所以 $\boldsymbol{A}$ 的特征值为 $\lambda_1=-7$，$\lambda_2=\lambda_3=2$ (二重根).

将 $\lambda_1=-7$ 代入 $(\lambda\boldsymbol{E}-\boldsymbol{A})\boldsymbol{x}=\boldsymbol{0}$ 得 $(-7\boldsymbol{E}-\boldsymbol{A})\boldsymbol{x}=0$，又

$$-7E-A=\begin{pmatrix}-8&2&-2\\2&-5&-4\\-2&-4&-5\end{pmatrix}\to\begin{pmatrix}1&0&\frac{1}{2}\\0&1&1\\0&0&0\end{pmatrix},$$

$(-7E-A)x=0$ 的基础解系为 $p_1=\begin{pmatrix}-1\\-2\\2\end{pmatrix}$.

将 $\lambda_2=\lambda_3=2$ 代入 $(\lambda E-A)x=0$, 得 $(2E-A)x=0$, 又

$$2E-A=\begin{pmatrix}1&2&-2\\2&4&-4\\-2&-4&4\end{pmatrix}\to\begin{pmatrix}1&2&-2\\0&0&0\\0&0&0\end{pmatrix},$$

$(2E-A)x=0$ 的基础解系为 $p_2=\begin{pmatrix}-2\\1\\0\end{pmatrix}$, $p_3=\begin{pmatrix}2\\0\\1\end{pmatrix}$.

由定理 3.3.3 可知，A 可对角化.

令

$$P=(p_1, p_2, p_3)=\begin{pmatrix}-1&-2&2\\-2&1&0\\2&0&1\end{pmatrix},$$

则

$$P^{-1}AP=\begin{pmatrix}-7&0&0\\0&2&0\\0&0&2\end{pmatrix}=\Lambda.$$

例 3.3.2 已知 $A=\begin{pmatrix}1&-2&2\\-2&-2&4\\2&4&-2\end{pmatrix}$，求 A^{100}.

解 A 是例 3.3.1 的矩阵，因为 $P^{-1}AP=\Lambda$，所以 $A=P\Lambda P^{-1}$，于是

$$A^{100}=\underbrace{(P\Lambda P^{-1})(P\Lambda P^{-1})\cdots(P\Lambda P^{-1})}_{100个}=P\Lambda^{100}P^{-1}.$$

由例 3.3.1 知

$$P=\begin{pmatrix}-1&-2&2\\-2&1&0\\2&0&1\end{pmatrix},\quad P^{-1}=\frac{1}{9}\begin{pmatrix}-1&-2&2\\-2&5&4\\2&4&5\end{pmatrix},\quad \Lambda=\begin{pmatrix}-7&0&0\\0&2&0\\0&0&2\end{pmatrix},$$

故

$$A^{100}=P\Lambda^{100}P^{-1}=\begin{pmatrix}-1&-2&2\\-2&1&0\\2&0&1\end{pmatrix}\begin{pmatrix}-7&0&0\\0&2&0\\0&0&2\end{pmatrix}^{100}\left(\frac{1}{9}\right)\begin{pmatrix}-1&-2&2\\-2&5&4\\2&4&5\end{pmatrix}$$

$$=\frac{1}{9}\begin{pmatrix}-1&-2&2\\-2&1&0\\2&0&1\end{pmatrix}\begin{pmatrix}7^{100}&0&0\\0&2^{100}&0\\0&0&2^{100}\end{pmatrix}\begin{pmatrix}-1&-2&2\\-2&5&4\\2&4&5\end{pmatrix}$$

$$=\frac{1}{9}\begin{pmatrix}7^{100}+2^{103}&2\cdot7^{100}-2^{101}&-2\cdot7^{100}+2^{101}\\2\cdot7^{100}-2^{101}&4\cdot7^{100}+5\cdot2^{100}&-4\cdot7^{100}+2^{102}\\-2\cdot7^{100}+2^{101}&-4\cdot7^{100}+2^{102}&4\cdot7^{100}+5\cdot2^{100}\end{pmatrix}.$$

习　题　3-3

1. 判定下列矩阵是否可对角化，若可对角化，写出对角阵 $\boldsymbol{\Lambda}$ 及相似变换矩阵 $\boldsymbol{P}$.

(1) $A=\begin{pmatrix}1&2&3\\2&1&3\\3&3&6\end{pmatrix}$，　(2) $A=\begin{pmatrix}3&-2&0\\-1&3&-1\\-5&7&-1\end{pmatrix}$；　(3) $A=\begin{pmatrix}1&1&-1\\-2&4&-2\\-2&2&0\end{pmatrix}$.

2. 设 $A=\begin{pmatrix}-2&1&1\\0&2&0\\-4&1&3\end{pmatrix}$，求 A^{100}.

3. 设三阶矩阵 A 的特征值为 $\lambda_1=2$，$\lambda_2=-2$，$\lambda_3=1$，对应的特征向量依次为 $p_1=\begin{pmatrix}0\\1\\1\end{pmatrix}$，$p_2=\begin{pmatrix}1\\1\\1\end{pmatrix}$，$p_3=\begin{pmatrix}1\\1\\0\end{pmatrix}$，求 A.

第 4 节　实对称矩阵的对角化

虽然并不是所有矩阵都相似于一个对角阵，但是对于实对称矩阵(所有元素都为实数的对称矩阵)来说，它们肯定相似于对角阵，不仅如此，相似变换矩阵 $\boldsymbol{P}$ 还可以要求它是一个正交阵.

实对称矩阵的特征值、特征向量有下列性质.

性质 3.4.1　实对称矩阵的特征值都是实数.

性质 3.4.2　实对称矩阵对应于不同特征值的特征向量必正交.

定理 3.4.1　设 $\boldsymbol{A}$ 为 n 阶实对称矩阵，则必存在正交矩阵 $\boldsymbol{P}$，使

$$\boldsymbol{P}^{-1}\boldsymbol{AP}=\begin{pmatrix}\lambda_1 & & & \\ & \lambda_2 & & \\ & & \ddots & \\ & & & \lambda_n\end{pmatrix}=\boldsymbol{\Lambda},$$

其中 λ_1，λ_2，…，λ_n 是 $\boldsymbol{A}$ 的特征值.

由此可见，实对称矩阵 $\boldsymbol{A}$ 一定可以对角化，与之相似的对角阵的对角线上的元素就是 $\boldsymbol{A}$ 的特征值 $\lambda_1,\lambda_2,\cdots,\lambda_n$，而正交矩阵 $\boldsymbol{P}$ 是其对应的单位特征向量 $\boldsymbol{p}_1$，$\boldsymbol{p}_2$，…，$\boldsymbol{p}_n$ 所组成的.

对于实对称矩阵 $\boldsymbol{A}$，求正交阵 $\boldsymbol{P}$，使 $\boldsymbol{P}^{-1}\boldsymbol{AP}$ 为对角阵的步骤如下：

(1) 解方程 $|\lambda\boldsymbol{E}-\boldsymbol{A}|=0$，求出 $\boldsymbol{A}$ 的全部特征值(事实上，做完这一步，就已经求出 $\boldsymbol{A}$ 的相似对角阵)；

(2) 对每个特征值 λ_i(重根只算一次)，求出齐次线性方程组 $(\lambda_i\boldsymbol{E}-\boldsymbol{A})\boldsymbol{x}=\boldsymbol{0}$ 的基础解系，它们就是属于 λ_i 的线性无关的特征向量；

(3) 将每个 λ_i 相应的线性无关的特征向量用施密特方法正交规范化，使之成为正交单位向量组. 这时，如 λ_i 只有一个线性无关的特征向量，只需将这个向量单位化就可以了；

(4) 将所有属于不同特征值的已正交规范化的特征向量放在与特征值在对角阵相应的位置就得到了正交矩阵 $\boldsymbol{P}$，就能使

$$\boldsymbol{P}^{-1}\boldsymbol{AP}=\begin{pmatrix}\lambda_1 & & & \\ & \lambda_2 & & \\ & & \ddots & \\ & & & \lambda_n\end{pmatrix}=\boldsymbol{\Lambda}.$$

例 3.4.1　设 $\boldsymbol{A}=\begin{pmatrix}4&2&2\\2&4&2\\2&2&4\end{pmatrix}$，求一个正交阵 $\boldsymbol{P}$，使 $\boldsymbol{P}^{-1}\boldsymbol{AP}=\boldsymbol{\Lambda}$ 为对角阵.

解　$\boldsymbol{A}$ 的特征方程为

$$|\lambda\boldsymbol{E}-\boldsymbol{A}|=\begin{vmatrix}\lambda-4&-2&-2\\-2&\lambda-4&-2\\-2&-2&\lambda-4\end{vmatrix}=(\lambda-8)(\lambda-2)^2=0,$$

故 $\boldsymbol{A}$ 的特征值为 $\lambda_1=8$，$\lambda_2=\lambda_3=2$.

对于 $\lambda_1=8$，解齐次线性方程组 $(8\boldsymbol{E}-\boldsymbol{A})\boldsymbol{x}=\boldsymbol{0}$.

$$8\boldsymbol{E}-\boldsymbol{A}=\begin{pmatrix}4&-2&-2\\-2&4&-2\\-2&-2&4\end{pmatrix}\to\begin{pmatrix}1&0&-1\\0&1&-1\\0&0&0\end{pmatrix},$$

$(8\boldsymbol{E}-\boldsymbol{A})\boldsymbol{x}=\boldsymbol{0}$ 的基础解系为 $\boldsymbol{\xi}_1=\begin{pmatrix}1\\1\\1\end{pmatrix}$. 将 $\boldsymbol{\xi}_1$ 单位化，$\boldsymbol{p}_1=\dfrac{1}{\|\boldsymbol{\xi}_1\|}\boldsymbol{\xi}_1=\begin{pmatrix}\frac{1}{\sqrt{3}}\\\frac{1}{\sqrt{3}}\\\frac{1}{\sqrt{3}}\end{pmatrix}$.

对于 $\lambda_2=\lambda_3=2$，解齐次线性方程组 $(2\boldsymbol{E}-\boldsymbol{A})\boldsymbol{x}=\boldsymbol{0}$.

$$2\boldsymbol{E}-\boldsymbol{A}=\begin{pmatrix}-2&-2&-2\\-2&-2&-2\\-2&-2&-2\end{pmatrix}\to\begin{pmatrix}1&1&1\\0&0&0\\0&0&0\end{pmatrix},$$

$(2\boldsymbol{E}-\boldsymbol{A})\boldsymbol{x}=\boldsymbol{0}$ 的基础解系为 $\boldsymbol{\xi}_2=\begin{pmatrix}-1\\1\\0\end{pmatrix}$，$\boldsymbol{\xi}_3=\begin{pmatrix}-1\\0\\1\end{pmatrix}$.

下面用施密特方法将 $\boldsymbol{\xi}_2$，$\boldsymbol{\xi}_3$ 正交规范化，取

$$\boldsymbol{\eta}_2=\boldsymbol{\xi}_2=\begin{pmatrix}-1\\1\\0\end{pmatrix},$$

$$\boldsymbol{\eta}_3=\boldsymbol{\xi}_3-\frac{[\boldsymbol{\xi}_3,\boldsymbol{\eta}_2]}{[\boldsymbol{\eta}_2,\boldsymbol{\eta}_2]}\boldsymbol{\eta}_2=\begin{pmatrix}-\frac{1}{2}\\-\frac{1}{2}\\1\end{pmatrix}.$$

再把 $\boldsymbol{\eta}_2$，$\boldsymbol{\eta}_3$ 单位化，取

$$\boldsymbol{p}_2=\frac{1}{\|\boldsymbol{\eta}_2\|}\boldsymbol{\eta}_2=\begin{pmatrix}-\frac{1}{\sqrt{2}}\\\frac{1}{\sqrt{2}}\\0\end{pmatrix},\quad \boldsymbol{p}_3=\frac{1}{\|\boldsymbol{\eta}_3\|}\boldsymbol{\eta}_3=\begin{pmatrix}-\frac{1}{\sqrt{6}}\\-\frac{1}{\sqrt{6}}\\\frac{2}{\sqrt{6}}\end{pmatrix}.$$

所以正交阵

$$P=(p_1,\ p_2,\ p_3)=\begin{pmatrix}\frac{1}{\sqrt{3}} & -\frac{1}{\sqrt{2}} & -\frac{1}{\sqrt{6}}\\ \frac{1}{\sqrt{3}} & \frac{1}{\sqrt{2}} & -\frac{1}{\sqrt{6}}\\ \frac{1}{\sqrt{3}} & 0 & \frac{2}{\sqrt{6}}\end{pmatrix},$$

故有

$$P^{-1}AP=\begin{pmatrix}8 & & \\ & 2 & \\ & & 2\end{pmatrix}=\Lambda.$$

习　题　3-4

1. 求一个正交的相似变换矩阵，将下列实对称阵化为对角阵：

(1) $\begin{pmatrix}2 & -2 & 0\\ -2 & 1 & -2\\ 0 & -2 & 0\end{pmatrix}$；　　(2) $\begin{pmatrix}17 & -8 & 4\\ -8 & 17 & -4\\ 4 & -4 & 11\end{pmatrix}$.

2. 设 A 为 n 阶实对称矩阵，若 A 的 n 个特征值为 λ_1，λ_2，…，λ_n，证明 $|A|=\lambda_1\lambda_2\cdots\lambda_n$.

3. 设 A 为二阶实对称矩阵，若 A 的一个特征值为 $\lambda_1=-4$，且 $|A|=8$，求 A 的另一个特征值.

第 5 节　二次型及其标准形

二次型的理论起源于解析几何中对二次曲线的研究. 二次型理论在工程技术的许多领域中都有应用.

一、二次型及其标准形

定义 3.5.1　含有 n 个变量 x_1，x_2，…，x_n 的二次齐次函数

$$\begin{aligned}f(x_1,x_2,\cdots,x_n)&=a_{11}x_1^2+2a_{12}x_1x_2+2a_{13}x_1x_3+\cdots+2a_{1n}x_1x_n\\&\quad+a_{22}x_2^2+2a_{23}x_2x_3+\cdots+2a_{2n}x_2x_n+\cdots+a_{nn}x_n^2\end{aligned}\tag{1}$$

称为 x_1，x_2，…，x_n 的一个 n 元二次型.

本书只讨论 a_{ij} 为实数的二次型.

取 $a_{ij}=a_{ji}$，则 $2a_{ij}x_ix_j=a_{ij}x_ix_j+a_{ji}x_jx_i$，于是(1)式可写成

$$\begin{aligned} f &= a_{11}x_1^2 + a_{12}x_1x_2 + \cdots + a_{1n}x_1x_n \\ &\quad + a_{21}x_2x_1 + a_{22}x_2^2 + \cdots + a_{2n}x_2x_n \\ &\quad + \cdots \\ &\quad + a_{n1}x_nx_1 + a_{n2}x_nx_2 + \cdots + a_{nn}x_n^2 \\ &= \sum_{i,\ j=1}^{n} a_{ij}x_ix_j. \end{aligned} \tag{2}$$

为了更有效地研究二次型，进一步可将(2)式用如下矩阵形式表示：

$$\begin{aligned} f &= x_1(a_{11}x_1 + a_{12}x_2 + \cdots + a_{1n}x_n) \\ &\quad + x_2(a_{21}x_1 + a_{22}x_2 + \cdots + a_{2n}x_n) \\ &\quad + \cdots \\ &\quad + x_n(a_{n1}x_1 + a_{n2}x_2 + \cdots + a_{nn}x_n) \\ &= (x_1,\ x_2, \cdots,\ x_n)\begin{pmatrix} a_{11}x_1 + a_{12}x_2 + \cdots + a_{1n}x_n \\ a_{21}x_1 + a_{22}x_2 + \cdots + a_{2n}x_n \\ \vdots \\ a_{n1}x_1 + a_{n2}x_2 + \cdots + a_{nn}x_n \end{pmatrix} \\ &= (x_1,\ x_2, \cdots,\ x_n)\begin{pmatrix} a_{11} & a_{12} & \cdots & a_{1n} \\ a_{21} & a_{22} & \cdots & a_{2n} \\ \vdots & \vdots & & \vdots \\ a_{n1} & a_{n2} & \cdots & a_{nn} \end{pmatrix}\begin{pmatrix} x_1 \\ x_2 \\ \vdots \\ x_n \end{pmatrix}. \end{aligned}$$

令

$$\boldsymbol{A} = \begin{pmatrix} a_{11} & a_{12} & \cdots & a_{1n} \\ a_{21} & a_{22} & \cdots & a_{2n} \\ \vdots & \vdots & & \vdots \\ a_{n1} & a_{n2} & \cdots & a_{nn} \end{pmatrix}, \quad \boldsymbol{x} = \begin{pmatrix} x_1 \\ x_2 \\ \vdots \\ x_n \end{pmatrix},$$

则二次型(2)式可写成

$$f = \boldsymbol{x}^{\mathrm{T}}\boldsymbol{A}\boldsymbol{x}\ , \tag{3}$$

称 $f = \boldsymbol{x}^{\mathrm{T}}\boldsymbol{A}\boldsymbol{x}$ **为二次型的矩阵表示式**，矩阵 $\boldsymbol{A}$ 称为**二次型 f 的矩阵**. 由 $a_{ij} = a_{ji}$ 知，$\boldsymbol{A}$ 为实对称矩阵，也称二次型 f 为**对称矩阵 $\boldsymbol{A}$ 的二次型**，并称 $r(\boldsymbol{A})$为**二次型 f 的秩**.

由上面的讨论可知，一个二次型和一个实对称矩阵是一一对应的. 任给一个二次型，可以写出它的矩阵(对称矩阵)；反之，任给一个实对称矩阵，可以写出它对应的二次型.

例 3.5.1　写出二次型

$$f(x_1,x_2,x_3)=2x_1^2+x_1x_2+x_2^2+4x_1x_3+3x_2x_3$$

的矩阵及矩阵表示式.

解　$f(x_1, x_2, x_3)$ 的矩阵为

$$A=\begin{pmatrix} 2 & \frac{1}{2} & 2 \\ \frac{1}{2} & 1 & \frac{3}{2} \\ 2 & \frac{3}{2} & 0 \end{pmatrix},$$

其矩阵表示式为

$$f(x_1, x_2, x_3)=(x_1, x_2, x_3)\begin{pmatrix} 2 & \frac{1}{2} & 2 \\ \frac{1}{2} & 1 & \frac{3}{2} \\ 2 & \frac{3}{2} & 0 \end{pmatrix}\begin{pmatrix} x_1 \\ x_2 \\ x_3 \end{pmatrix}.$$

例 3.5.2　写出实对称矩阵 $A=\begin{pmatrix} 0 & 2 & -1 \\ 2 & -3 & 4 \\ -1 & 4 & 0 \end{pmatrix}$ 对应的二次型 $f(x, y, z)$.

解　$f(x, y, z)=(x, y, z)\begin{pmatrix} 0 & 2 & -1 \\ 2 & -3 & 4 \\ -1 & 4 & 0 \end{pmatrix}\begin{pmatrix} x \\ y \\ z \end{pmatrix}=4xy-2xz-3y^2+8yz.$

定义 3.5.2　关系式

$$\begin{cases} x_1=c_{11}y_1+c_{12}y_2+\cdots+c_{1n}y_n, \\ x_2=c_{21}y_1+c_{22}y_2+\cdots+c_{2n}y_n, \\ \cdots\cdots \\ x_n=c_{n1}y_1+c_{n2}y_1+\cdots+c_{nn}y_n \end{cases} \tag{4}$$

称为由变量 x_1，x_2，…，x_n 到变量 y_1，y_2，…，y_n 的一个**线性变换**.

(4) 式也可写成矩阵形式

$$\boldsymbol{x}=\boldsymbol{Cy}, \tag{5}$$

其中

$$C=\begin{pmatrix} c_{11} & c_{12} & \cdots & c_{1n} \\ c_{21} & c_{22} & \cdots & c_{2n} \\ \vdots & \vdots & & \vdots \\ c_{n1} & c_{n2} & \cdots & c_{nn} \end{pmatrix},\quad x=\begin{pmatrix} x_1 \\ x_2 \\ \vdots \\ x_n \end{pmatrix},\quad y=\begin{pmatrix} y_1 \\ y_2 \\ \vdots \\ y_n \end{pmatrix}.$$

如果 C 可逆，(5) 式称为**可逆线性变换**，或**非退化的线性变换**.

对于二次型，我们讨论的主要问题是：寻求可逆线性变换 $X = Cy$(C 可逆)化二次型只含平方项，也就是用 $X= Cy$ 代入(1)式，能使

$$f=k_1y_1^2+k_2y_2^2+\cdots+k_ny_n^2,$$

这种只含平方项的二次型，称为二次型的**标准形**.

当(5)式为可逆线性变换时，将它代入(3)式，得

$$f=x^{\mathrm{T}}Ax=(Cy)^{\mathrm{T}}A(Cy)=y^{\mathrm{T}}(C^{\mathrm{T}}AC)y=y^{\mathrm{T}}By,$$

其中 $B=C^{\mathrm{T}}AC$. 因为 $B^{\mathrm{T}}=(C^{\mathrm{T}}AC)^{\mathrm{T}}=C^{\mathrm{T}}AC=B$，所以 $y^{\mathrm{T}}By$ 是以 B 即 $C^{\mathrm{T}}AC$ 为矩阵的 y 的 n 元二次型. 可以证明 $r(B)=r(C^{\mathrm{T}}AC)=r(A)$，也就是说，可逆线性变换不改变二次型的秩.

要使二次型 $f=x^{\mathrm{T}}Ax$ 经可逆线性变换 $x=Cy$ 化成标准形，也就是要使

$$y^{\mathrm{T}}(C^{\mathrm{T}}AC)y=(y_1,y_2,\cdots,y_n)\begin{pmatrix} k_1 & & & \\ & k_2 & & \\ & & \ddots & \\ & & & k_n \end{pmatrix}\begin{pmatrix} y_1 \\ y_2 \\ \vdots \\ y_n \end{pmatrix},$$

因此，把二次型化成标准形，关键在于找到可逆矩阵 C，使 $C^{\mathrm{T}}AC$ 成为对角阵

$$\begin{pmatrix} k_1 & & & \\ & k_2 & & \\ & & \ddots & \\ & & & k_n \end{pmatrix}.$$

定义 3.5.3　设 A，B 为 n 阶矩阵，若有 n 阶可逆矩阵 C，使得 $B=C^{\mathrm{T}}AC$，则矩阵 A 与 B 合同.

二、用正交变换化二次型为标准形

设 $f(x_1, x_2,\cdots, x_n)=x^{\mathrm{T}}Ax$ 为实二次型，则其对应的矩阵 A 是实对称矩阵. 由定理 3.4.1 可知，对于实对称矩阵 A，一定存在正交矩阵 P，使得

$$P^{-1}AP=\begin{pmatrix}\lambda_1 & & & \\ & \lambda_2 & & \\ & & \ddots & \\ & & & \lambda_n\end{pmatrix},$$

其中λ_1，λ_2，…，λ_n是$\boldsymbol{A}$的全部特征值.

因为$\boldsymbol{P}$是正交矩阵，所以$\boldsymbol{P}^{-1}=\boldsymbol{P}^{\mathrm{T}}$，于是由上式得

$$P^{\mathrm{T}}AP=\begin{pmatrix}\lambda_1 & & & \\ & \lambda_2 & & \\ & & \ddots & \\ & & & \lambda_n\end{pmatrix}.$$

作正交变换$\boldsymbol{x}=\boldsymbol{P}\boldsymbol{y}$，有

$$\begin{aligned}f(x_1,x_2,\cdots,x_n)&=\boldsymbol{x}^{\mathrm{T}}\boldsymbol{A}\boldsymbol{x}=(\boldsymbol{P}\boldsymbol{y})^{\mathrm{T}}\boldsymbol{A}(\boldsymbol{P}\boldsymbol{y})=\boldsymbol{y}^{\mathrm{T}}(\boldsymbol{P}^{\mathrm{T}}\boldsymbol{A}\boldsymbol{P})\boldsymbol{y}\\&=(y_1,y_2,\cdots,y_n)\begin{pmatrix}\lambda_1 & & & \\ & \lambda_2 & & \\ & & \ddots & \\ & & & \lambda_n\end{pmatrix}\begin{pmatrix}y_1\\y_2\\\vdots\\y_n\end{pmatrix}\\&=\lambda_1y_1^2+\lambda_2\lambda_2^2+\cdots+\lambda_ny_n^2\end{aligned}$$

为$f(x_1,x_2,\cdots,x_n)$的一个标准形. 于是，得到如下定理.

定理 3.5.1　任给二次型$f(x_1,x_2,\cdots,x_n)=\boldsymbol{x}^{\mathrm{T}}\boldsymbol{A}\boldsymbol{x}$，一定有正交变换$\boldsymbol{x}=\boldsymbol{P}\boldsymbol{y}$，使$f$化为标准形

$$f=\lambda_1y_1^2+\lambda_2y_2^2+\cdots+\lambda_ny_n^2,$$

其中$\lambda_1,\lambda_2,\cdots,\lambda_n$是$f$的矩阵$\boldsymbol{A}$的特征值.

例 3.5.3　求一个正交变换$\boldsymbol{x}=\boldsymbol{P}\boldsymbol{y}$，把二次型

$$f(x_1,\ x_2,\ x_3)=-x_1^2-x_2^2-7x_3^2-4x_1x_2+8x_1x_3+8x_2x_3$$

化为标准形.

解　二次型f的矩阵$\boldsymbol{A}=\begin{pmatrix}-1&-2&4\\-2&-1&4\\4&4&-7\end{pmatrix}$，$\boldsymbol{A}$的特征多项式为

$$|\lambda\boldsymbol{E}-\boldsymbol{A}|=\begin{vmatrix}\lambda+1&2&-4\\2&\lambda+1&-4\\-4&-4&\lambda+7\end{vmatrix}=(\lambda-1)^2(\lambda+11),$$

于是$\boldsymbol{A}$的特征值$\lambda_1=\lambda_2=1$，$\lambda_3=-11$.

对于二重特征值 1，解方程组$(1\cdot\boldsymbol{E}-\boldsymbol{A})\boldsymbol{x}=\boldsymbol{0}$.

$$E - A = \begin{pmatrix} 2 & 2 & -4 \\ 2 & 2 & -4 \\ -4 & -4 & 8 \end{pmatrix} \to \begin{pmatrix} 1 & 1 & -2 \\ 0 & 0 & 0 \\ 0 & 0 & 0 \end{pmatrix},$$

$(E - A)x = 0$ 的基础解系为

$$\xi_1 = \begin{pmatrix} -1 \\ 1 \\ 0 \end{pmatrix}, \quad \xi_2 = \begin{pmatrix} 2 \\ 0 \\ 1 \end{pmatrix}.$$

下面用施密特方法将 ξ_1，ξ_2 正交规范化，取

$$\eta_1 = \xi_1 = \begin{pmatrix} -1 \\ 1 \\ 0 \end{pmatrix},$$

$$\eta_2 = \xi_2 - \frac{[\xi_2, \ \eta_1]}{[\eta_1, \ \eta_1]}\eta_1 = \begin{pmatrix} 1 \\ 1 \\ 1 \end{pmatrix}.$$

再把 η_1，η_2 单位化，取

$$p_1 = \frac{1}{\|\eta_1\|}\eta_1 = \frac{1}{\sqrt{2}}\begin{pmatrix} -1 \\ 1 \\ 0 \end{pmatrix}, \quad p_2 = \frac{1}{\|\eta_2\|}\eta_2 = \frac{1}{\sqrt{3}}\begin{pmatrix} 1 \\ 1 \\ 1 \end{pmatrix}.$$

对于特征值−11，解方程组 $(-11E - A)x = 0$.

$$-11E - A = \begin{pmatrix} -10 & 2 & -4 \\ 2 & -10 & -4 \\ -4 & -4 & -4 \end{pmatrix} \to \begin{pmatrix} 1 & 0 & \frac{1}{2} \\ 0 & 1 & \frac{1}{2} \\ 0 & 0 & 0 \end{pmatrix},$$

$(-11E-A)x = 0$ 的基础解系为 $\begin{pmatrix} -\frac{1}{2} \\ -\frac{1}{2} \\ 1 \end{pmatrix}$，为避免分数计算，也可取基础解系为

$$\xi_3 = -2\begin{pmatrix} -\frac{1}{2} \\ -\frac{1}{2} \\ 1 \end{pmatrix} = \begin{pmatrix} 1 \\ 1 \\ -2 \end{pmatrix}.$$

将$\boldsymbol{\xi}_3$单位化，取

$$\boldsymbol{p}_3=\frac{1}{\|\boldsymbol{\xi}_3\|}\boldsymbol{\xi}_3=\frac{1}{\sqrt{6}}\begin{pmatrix}1\\1\\-2\end{pmatrix}.$$

令

$$\boldsymbol{P}=(\boldsymbol{p}_1,\ \boldsymbol{p}_2,\ \boldsymbol{p}_3)=\begin{pmatrix}-\frac{1}{\sqrt{2}} & \frac{1}{\sqrt{3}} & \frac{1}{\sqrt{6}}\\ \frac{1}{\sqrt{2}} & \frac{1}{\sqrt{3}} & \frac{1}{\sqrt{6}}\\ 0 & \frac{1}{\sqrt{3}} & -\frac{2}{\sqrt{6}}\end{pmatrix},$$

则$\boldsymbol{P}$是正交矩阵，并且有

$$\boldsymbol{P}^{\mathrm{T}}\boldsymbol{A}\boldsymbol{P}=\begin{pmatrix}1 & & \\ & 1 & \\ & & -11\end{pmatrix},$$

即正交变换$\boldsymbol{x}=\boldsymbol{P}\boldsymbol{y}$将$f$化为标准形$f=y_1^2+y_2^2-11y_3^2$.

三、用配方法化二次型为标准形

用正交变换化二次型成标准形，具有保持几何形状不变的优点. 如果不限于用正交变换，那么还可以有多种方法(对应多个可逆的线性变换)把二次型化成标准形. 下面以举例的形式来介绍配方法.

例 3.5.4　化二次型

$$f(x_1,x_2,x_3)=x_1^2+2x_2^2+2x_3^2-2x_1x_2+4x_1x_3-6x_2x_3$$

为标准形，并求出相应的线性变换.

解　由于f中含变量x_1的平方项，故把含x_1的项归并起来，配方可得

$$\begin{aligned}f(x_1,x_2,x_3)&=x_1^2-2x_1x_2+4x_1x_3+2x_2^2+2x_3^2-6x_2x_3\\&=(x_1-x_2+2x_3)^2-x_2^2-4x_3^2+4x_2x_3+2x_2^2+2x_3^2-6x_2x_3\\&=(x_1-x_2+2x_3)^2+x_2^2-2x_3^2-2x_2x_3.\end{aligned}$$

上式右端除第一项外已不再含x_1，在余下的项中再把含x_2的项归并起来，配方可得

$$f(x_1,x_2,x_3)=(x_1-x_2+2x_3)^2+(x_2-x_3)^2-3x_3^2.$$

令

$$\begin{cases} y_1 = x_1 - x_2 + 2x_3, \\ y_2 = \quad\quad x_2 - \ x_3, \\ y_3 = \quad\quad\quad\quad x_3, \end{cases} \text{即} \begin{cases} x_1 = y_1 + y_2 - y_3, \\ x_2 = \quad\quad y_2 + y_3, \\ x_3 = \quad\quad\quad\quad y_3, \end{cases}$$

于是就把f化成如下标准形

$$f(x_1, x_2, x_3) = y_1^2 + y_2^2 - 3y_3^2.$$

所用的可逆线性变换为

$$\begin{cases} x_1 = y_1 + y_2 - y_3, \\ x_2 = \quad\quad y_2 + y_3, \\ x_3 = \quad\quad\quad\quad y_3, \end{cases} \text{即}\boldsymbol{x} = \boldsymbol{C}\boldsymbol{y}, \quad \text{其中}\boldsymbol{C} = \begin{pmatrix} 1 & 1 & -1 \\ 0 & 1 & 1 \\ 0 & 0 & 1 \end{pmatrix}.$$

例 3.5.5　化二次型

$$f(x_1, x_2, x_3) = 2x_1x_2 + 6x_1x_3 - 2x_2x_3$$

为标准形，并求出相应的线性变换.

解　由于f中不含平方项，不能直接用例 3.5.4 的方法，但为了配方，我们构造平方项. 因为f含有x_1x_2项，令

$$\begin{cases} x_1 = y_1 + y_2, \\ x_2 = y_1 - y_2, \\ x_3 = y_3, \end{cases}$$

代入f中可得

$$f = 2y_1^2 - 2y_2^2 + 4y_1y_3 + 8y_2y_3.$$

再用例 3.5.4 的方法，配方可得

$$\begin{aligned} f &= 2(y_1^2 + 2y_1y_3 + y_3^2) - 2y_2^2 + 8y_2y_3 - 2y_3^2 \\ &= 2(y_1 + y_3)^2 - 2(y_2^2 - 4y_2y_3 + 4y_3^2) + 6y_3^2 \\ &= 2(y_1 + y_3)^2 - 2(y_2 - 2y_3)^2 + 6y_3^2. \end{aligned}$$

令

$$\begin{cases} z_1 = y_1 + y_3, \\ z_2 = y_2 - 2y_3, \\ z_3 = y_3, \end{cases} \text{即} \begin{cases} y_1 = z_1 - z_3, \\ y_2 = z_2 + 2z_3, \\ y_3 = z_3, \end{cases}$$

于是就把二次型化为标准形

$$f(x_1, x_2, x_3) = 2z_1^2 - 2z_2^2 + 6z_3^2.$$

因为

$$\begin{pmatrix} x_1 \\ x_2 \\ x_3 \end{pmatrix} = \begin{pmatrix} 1 & 1 & 0 \\ 1 & -1 & 0 \\ 0 & 0 & 1 \end{pmatrix} \begin{pmatrix} y_1 \\ y_2 \\ y_3 \end{pmatrix}, \quad \begin{pmatrix} y_1 \\ y_2 \\ y_3 \end{pmatrix} = \begin{pmatrix} 1 & 0 & -1 \\ 0 & 1 & 2 \\ 0 & 0 & 1 \end{pmatrix} \begin{pmatrix} z_1 \\ z_2 \\ z_3 \end{pmatrix},$$

所以

$$\begin{pmatrix} x_1 \\ x_2 \\ x_3 \end{pmatrix} = \begin{pmatrix} 1 & 1 & 0 \\ 1 & -1 & 0 \\ 0 & 0 & 1 \end{pmatrix} \begin{pmatrix} 1 & 0 & -1 \\ 0 & 1 & 2 \\ 0 & 0 & 1 \end{pmatrix} \begin{pmatrix} z_1 \\ z_2 \\ z_3 \end{pmatrix} = \begin{pmatrix} 1 & 1 & 1 \\ 1 & -1 & -3 \\ 0 & 0 & 1 \end{pmatrix} \begin{pmatrix} z_1 \\ z_2 \\ z_3 \end{pmatrix},$$

即所用的可逆线性变换为

$$\begin{cases} x_1 = z_1 + z_2 + z_3, \\ x_2 = z_1 - z_2 - 3z_3, \\ x_3 = z_3, \end{cases} \quad \text{亦即}\boldsymbol{x} = \boldsymbol{C}\boldsymbol{y}, \quad \text{其中}\boldsymbol{C} = \begin{pmatrix} 1 & 1 & 1 \\ 1 & -1 & -3 \\ 0 & 0 & 1 \end{pmatrix}.$$

一般地，任何二次型都可用上面两例的方法找到可逆线性变换，把二次型化成标准形.

四、二次型的规范形

用不同的可逆线性变换把同一个二次型化为标准形时，其结果可能不同，即二次型的标准形不唯一. 但可以证明同一个二次型的不同标准形中所含正平方项的个数是相同的，负平方项的个数也是相同的.

定义 3.5.4　如果 n 元实二次型 $f = \boldsymbol{x}^{\mathrm{T}}\boldsymbol{A}\boldsymbol{x}$ 可以通过可逆线性变换化为

$$y_1^2 + y_2^2 + \cdots + y_p^2 - y_{p+1}^2 - \cdots - y_r^2 \quad (0 \leqslant r \leqslant n), \tag{6}$$

则(6)式称为二次 $f = \boldsymbol{x}^{\mathrm{T}}\boldsymbol{A}\boldsymbol{x}$ 的规范形，其中 $r = r(\boldsymbol{A})$.

在二次型的规范形中，系数为正的平方项的个数 p 称为二次型的**正惯性指数**；系数为负的平方项的个数 $r-p$ 称为二次型的**负惯性指数**.

定理 3.5.2 (惯性定理)　任意一个二次型都可以通过可逆线性变换化为规范形，并且其规范形是唯一的.

显然，二次型标准形中正平方项的个数即为其正惯性指数，负平方项的个数即为其负惯性指数，正平方项和负平方项的总个数即为该二次型的秩，即 $r(\boldsymbol{A})$.

例如，如果要把例 3.5.4 中的二次 f 化成规范形，那么，只需按配方的结果

$$f(x_1, x_2, x_3) = (x_1 - x_2 + 2x_3)^2 + (x_2 - x_3)^2 - 3x_3^2$$

令

$$\begin{cases} z = x_1 - x_2 + 2x_3, \\ z_2 = x_2 - x_3, \\ z_3 = \sqrt{3}x_3, \end{cases} \quad \text{即} \begin{cases} x_1 = z + z_2 - \dfrac{1}{\sqrt{3}}z_3, \\ x_2 = z_2 - \dfrac{1}{\sqrt{3}}z_3, \\ x_3 = \dfrac{1}{\sqrt{3}}z_3, \end{cases}$$

就把二次型 $f(x_1, x_2, x_3)$ 化成规范形

$$f(x_1, x_2, x_3) = z_1^2 + z_2^2 - z_3^2.$$

其正惯性指数为 2，负惯性指数为 1，二次型 $f(x_1, x_2, x_3)$ 的秩为 3.

习　题　3-5

1. 写出下列二次型的矩阵形式：

(1) $f(x_1, x_2, x_3) = x_1^2 - 2x_1x_2 + 3x_1x_3 - 2x_2^2 + 8x_2x_3 + 3x_3^2$；

(2) $f(x_1, x_2, x_3, x_4) = x_1^2 + x_2^2 - 2x_1x_2 + 6x_2x_4$.

2. 写出下列矩阵对应的二次型：

(1) $\begin{pmatrix} 0 & -3 & 2 \\ -3 & 5 & -4 \\ 2 & -4 & 0 \end{pmatrix}$；　　(2) $\begin{pmatrix} -2 & 1 & 3 \\ 1 & 2 & -7 \\ 3 & -7 & 6 \end{pmatrix}$.

3. 求一个正交变换化下列二次型为标准形：

(1) $f(x_1, x_2, x_3) = 2x_1^2 + x_2^2 - 4x_1x_2 - 4x_2x_3$；

(2) $f(x_1, x_2, x_3) = 2x_1^2 + 2x_2^2 + 2x_3^2 - 6x_1x_2 - 6x_1x_3 - 6x_2x_3$；

(3) $f(x_1, x_2, x_3) = x_1^2 - 2x_2^2 - 2x_3^2 - 4x_1x_2 + 4x_1x_3 + 8x_2x_3$.

4. 用配方法化下列二次型为标准形，并写出相应的线性变换：

(1) $f(x_1, x_2, x_3) = x_1^2 - 3x_2^2 - 2x_1x_2 + 2x_1x_3 - 6x_2x_3$；

(2) $f(x_1, x_2, x_3) = -4x_1x_2 + 2x_1x_3 + 2x_2x_3$.

第 6 节　正定二次型与正定矩阵

在科学技术上用得较多的二次型是下面定义的正定二次型和负定二次型.

定义 3.6.1　设有 n 元实二次型 $f = \boldsymbol{x}^{\mathrm{T}}\boldsymbol{A}\boldsymbol{x}$ ，如果对任意一组不全为零的实数 $x_1, x_2, \cdots, x_n$ 都有

$$f(x_1, x_2, \cdots, x_n) > 0,$$

则称 f 为**正定二次型**，而其实对称矩阵 $\boldsymbol{A}$ 称为**正定矩阵**；反之，如果对任意一组

不全为零的实数$x_1, x_2, \cdots, x_n$，都有

$$f(x_1, x_2, \cdots, x_n) < 0,$$

则称f为**负定二次型**，其实对称矩阵$\boldsymbol{A}$称为**负定矩阵**.

由上面定义知，实二次型$f = \boldsymbol{x}^{\mathrm{T}}\boldsymbol{A}\boldsymbol{x}$是负定二次型的充分必要条件是$-f = -\boldsymbol{x}^{\mathrm{T}}\boldsymbol{A}\boldsymbol{x}$是正定二次型.

我们可以用定义来判断一个二次型是否正定，但一般说来这是比较麻烦的，下面介绍两个判断二次型是正定的定理.

定理 3.6.1　(1) n元实二次型$f = \boldsymbol{x}^{\mathrm{T}}\boldsymbol{A}\boldsymbol{x}$为正定的充分必要条件是$\boldsymbol{A}$的所有特征值都为正数；

(2) n元实二次型$f = \boldsymbol{x}^{\mathrm{T}}\boldsymbol{A}\boldsymbol{x}$为正定的充分必要条件是它的标准形的$n$个系数全为正，即它的正惯性指数等于$n$.

定理 3.6.2　n元实二次型$f = \boldsymbol{x}^{\mathrm{T}}\boldsymbol{A}\boldsymbol{x}$为正定的充分必要条件是$\boldsymbol{A}$的各阶顺序主子式都大于零，即

$$a_{11} > 0, \quad \begin{vmatrix} a_{11} & a_{12} \\ a_{21} & a_{22} \end{vmatrix} > 0, \quad \cdots, \quad \begin{pmatrix} a_{11} & a_{12} & \cdots & a_{1n} \\ a_{21} & a_{22} & \cdots & a_{2n} \\ \vdots & \vdots & & \vdots \\ a_{n1} & a_{n2} & \cdots & a_{nn} \end{pmatrix} > 0.$$

n元实二次型$f = \boldsymbol{x}^{\mathrm{T}}\boldsymbol{A}\boldsymbol{x}$为负定的充分必要条件是$\boldsymbol{A}$的奇数阶顺序主子式小于零，而偶数阶顺序主子式大于零，即

$$(-1)^r \begin{pmatrix} a_{11} & a_{12} & \cdots & a_{1r} \\ a_{21} & a_{22} & \cdots & a_{2r} \\ \vdots & \vdots & & \vdots \\ a_{r1} & a_{r2} & \cdots & a_{rr} \end{pmatrix} > 0 \quad (r = 1, 2, \cdots, n).$$

例 3.6.1　判定二次型$f(x_1, x_2, x_3) = x_1^2 + 2x_1x_2 + 2x_2^2 + 4x_2x_3 + 4x_3^2$是否为正定二次型.

解法 1　求二次型的矩阵$\boldsymbol{A} = \begin{pmatrix} 1 & 1 & 0 \\ 1 & 2 & 2 \\ 0 & 2 & 4 \end{pmatrix}$的各阶顺序主子式：

$$1 > 0, \quad \begin{vmatrix} 1 & 1 \\ 1 & 2 \end{vmatrix} = 1 > 0, \quad \begin{vmatrix} 1 & 1 & 0 \\ 1 & 2 & 2 \\ 0 & 2 & 4 \end{vmatrix} = 0.$$

由定理 3.6.2 知$f(x_1, x_2, x_3)$不是正定二次型.

解法 2 用配方法将二次型化为标准形：

$$f(x_1,x_2,x_3)=x_1^2+2x_1x_2+2x_2^2+4x_2x_3+4x_3^2$$
$$=(x_1+x_2)^2+(x_2+2x_3)^2.$$

令

$$\begin{cases}y_1=x_1+x_2,\\ y_2=x_2+2x_3,\\ y_3=x_3,\end{cases}$$

则 $f=y_1^2+y_2^2$. 由于 f 的正惯性指数是 2，不等于未知数的个数 3，所以，由定理 3.6.1 知 f 不是正定二次型.

解法 3 求二次型 f 的矩阵 $\boldsymbol{A}$ 的特征值.

$$|\lambda\boldsymbol{E}-\boldsymbol{A}|=\begin{vmatrix}\lambda-1 & -1 & 0\\ -1 & \lambda-2 & -2\\ 0 & -2 & \lambda-4\end{vmatrix}=\lambda(\lambda^2-7\lambda+9),$$

于是可得 $\boldsymbol{A}$ 的特征值 $\lambda_1=0$，$\lambda_2=\dfrac{7+\sqrt{13}}{2}>0$，$\lambda_3=\dfrac{7-\sqrt{13}}{2}>0$.

由于 f 的矩阵 $\boldsymbol{A}$ 的三个特征值不全为正，所以由定理 3.6.1 知 f 不是正定二次型.

例 3.6.2 已知对称矩阵 $\boldsymbol{A}=\begin{pmatrix}1 & \lambda & -1\\ \lambda & 4 & 2\\ -1 & 2 & 4\end{pmatrix}$，$\lambda$ 为何值时，$\boldsymbol{A}$ 是正定的?

解 要使 $\boldsymbol{A}$ 为正定矩阵，由定理 3.6.2 有

$$1>0,\quad \begin{vmatrix}1 & \lambda\\ \lambda & 4\end{vmatrix}=4-\lambda^2>0,\quad \begin{vmatrix}1 & \lambda & -1\\ \lambda & 4 & 2\\ -1 & 2 & 4\end{vmatrix}=-4(\lambda-1)(\lambda+2)>0,$$

即

$$\begin{cases}4-\lambda^2>0,\\ -4(\lambda-1)(\lambda+2)>0.\end{cases}$$

由此解得 $-2<\lambda<1$.

习 题 3-6

1. 判断下列二次型的正(负)定性：

(1) $f(x_1,x_2,x_3)=2x_1^2+5x_2^2+5_3^2+4x_1x_2-4x_1x_3-2x_2x_3$;

(2) $f(x,y,z)=-5x^2-6y^2-4z^2+4xy+4xz$;

(3) $f(x_1,x_2,x_3)=x_1^2+x_2^2+2x_3^2+2x_1x_3+2x_2x_3$.

2. 判断下列矩阵的正(负)定性：

(1) $\begin{pmatrix} 2 & 1 & 1 \\ 1 & -1 & 0 \\ 1 & 0 & -3 \end{pmatrix}$；　(2) $\begin{pmatrix} 2 & 0 & 2 \\ 0 & -1 & 1 \\ 2 & 1 & 3 \end{pmatrix}$；　(3) $\begin{pmatrix} 3 & 1 & 1 \\ 1 & 3 & -1 \\ 1 & -1 & 3 \end{pmatrix}$.

3. 设二次型 $f(x,y,z)=2x^2+ky^2+kz^2+4xy-4xz$ 正定，求 k 的取值范围.

第二部分　概率论与数理统计初步

概率论与数理统计是研究和揭示随机现象的规律的一门学科，是数学的一个重要分支. 在自然科学、社会科学、工程技术、经济、管理等诸多领域，概率论与数理统计都有广泛的应用. 本章主要介绍概率论与数理统计的一些基本概念和基本方法.

第四章　古典概型

第1节　随机事件与概率

一、随机事件

1. 随机现象

人们在实践活动中经常会遇到两类不同的现象：一类是必然现象或称确定现象；另一类是随机现象或称不确定现象.

必然现象是指在一定条件下，必然发生某一种结果或必然不发生某一种结果的现象. 例如：水在一个标准大气压下，加热到100℃就沸腾；太阳从东方升起；掷一枚骰子掷出点数小于7.

随机现象是指在同样条件下，多次进行同一试验，所得结果有多种可能，而且事先不能确定将会发生什么结果的现象. 例如：用大炮轰击某一目标，可能击中，也可能击不中；次品率为1%的产品，任取一个可能是正品，也可能是次品.

又如：在相同条件下抛掷一枚硬币，观察其出现正、反面的情况，其结果可能是正面向上，也可能是反面向上，究竟是哪一种结果出现，事先无法知道. 但若把一枚硬币重复抛掷多次，则出现正面和反面的次数大约各占一半. 再如：掷一枚骰子，观察其出现的点数；任取一只灯泡，测量其寿命等都是随机现象. 这些现象共有的特点是在个别试验(或观察)中呈现出不确定性，在大量重复的试验(或观察)中又具有某种规律性，我们称之为**统计规律性**.

2. 随机试验和随机事件

为了研究随机现象的统计规律性，我们把各种科学试验和观察都称为试验.

如果试验具有下述三个特点：

(1) 试验的所有可能结果事先已知，并且不止一个；

(2) 在每次试验之前，究竟哪一种结果会出现，事先无法确定；

(3) 试验可以在相同条件下重复进行，

则称这种试验为**随机试验**，简称**试验**. 通常用字母 E 表示随机试验. 下面是一些随机试验的例子.

例 4.1.1 E_1：一个盒子中有 10 个相同的球，其中 7 个白色的、3 个黑色的，从中任意摸取一球，其可能出现的结果是取得白球或取得黑球.

例 4.1.2 E_2：掷一枚骰子，观察出现的点数，其可能出现的点数是 1, 2, 3, 4, 5, 6.

例 4.1.3 E_3：记录电话交换台在 1 小时内收到的呼唤次数，其可能结果是 0, 1, 2, ⋯.

本章中以后提到的试验都是指随机试验.

随机试验的每一个可能的结果称为**随机事件**，简称**事件**. 例如，在试验 E_2 中，{出现 3 点}是一个随机事件，{出现偶数点}是一个随机事件，{出现小于 3 点}也是一个随机事件. 通常用大写字母 A，B，C 等表示随机事件.

事件又分为基本事件和复合事件. **基本事件**是指不能再分解的事件. 例如，在试验 E_2 中，{出现 1 点}、{出现 2 点}、⋯、{出现 6 点}都是基本事件. **复合事件**是指由若干基本事件组成的事件. 例如，在试验 E_2 中，{出现奇数点}、{出现偶数点}和{出现小于 3 点}等都是复合事件.

有两个特殊的事件必须提到：一个是在每次试验中必然发生的事件，称为**必然事件**，记作Ω；另一个是每次试验中都不可能发生的事件，称为**不可能事件**，记作$\varnothing$. 例如，在试验 E_2 中，{出现小于 7 点}的事件是一个必然事件；{出现 7 点}的事件是不可能事件. 必然事件和不可能事件是随机事件的极端情形.

一个随机试验 E 产生的所有基本事件构成的集合称为**样本空间**，记作Ω. 称其中的每一个基本事件为一个**样本点**，记作ω，即 $\Omega=\{\omega\}$.

例 4.1.4 给出上面例 4.1.1 至例 4.1.3 中的随机试验 E_1，E_2，E_3 的样本空间.

$\Omega_1=\{\omega_1,\omega_2\}$，其中 $\omega_1=$ {取得白球}，$\omega_2=$ {取得黑球}.

$\Omega_2=\{1,2,3,4,5,6\}$，其中 $i=$ {出现 i 点}，$i=1, 2, 3, 4, 5, 6$.

$\Omega_3=\{0,1,2,\cdots\}$，其中 $i=$ {收到的呼唤次数为 i}，$i=0, 1, 2,\cdots$.

由于任何一个事件或是基本事件，或是由基本事件组成的复合事件，所以试验 E 的任何一个事件 A 都是样本空间中的一个子集. 从而由样本空间的子集可描述随机试验中所对应的一切随机事件.

例 4.1.5 从有两个孩子的家庭中任取一家，观察其子女的性别情况，设样本空间为Ω，则

$$\Omega=\{(女,女),(女，男),(男，男),(男，女)\}.$$

用A_1表示事件{第一个孩子是女孩}，则

$$A_1=\{(女，女),(女，男)$$

用A_2表示事件{至少有一个男孩}，则

$$A_2=\{(女，男),(男，男),(男，女)\}$$

显然，事件A_1和A_2都是样本空间Ω的子集.

3. 事件间的关系和运算

事件是样本点的一个集合，因而事件间的关系与运算自然和集合论中集合间的关系与运算一致，只是使用的术语不同罢了. 下面给出这些关系和运算在概率论中的提法和含义.

1) 事件的包含与相等

如果事件A的发生必然导致事件B的发生，则称事件B**包含**事件A，或称事件A是事件B的**子事件**，记作$A\subset B$或$B\supset A$. 比如在例 4.1.2 中，设$A=\{2\}$，$B=\{2,4,6\}$，则$A\subset B$.

图 4-1 表示了事件A，B的包含关系：$A\subset B$.

如果有$A\subset B$且$B\subset A$，则称事件A与事件B**相等**，记作$A=B$. 易知，相等的两个事件A，B，总是同时发生或同时不发生，亦即$A=B$等价于它们是由相同的试验结果构成的(图 4-2).

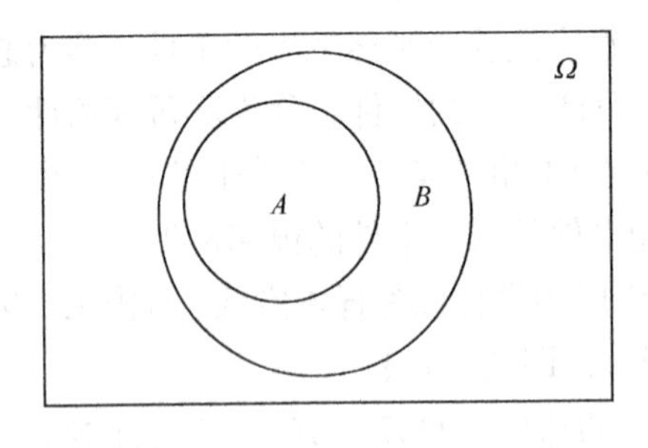

图 4-1

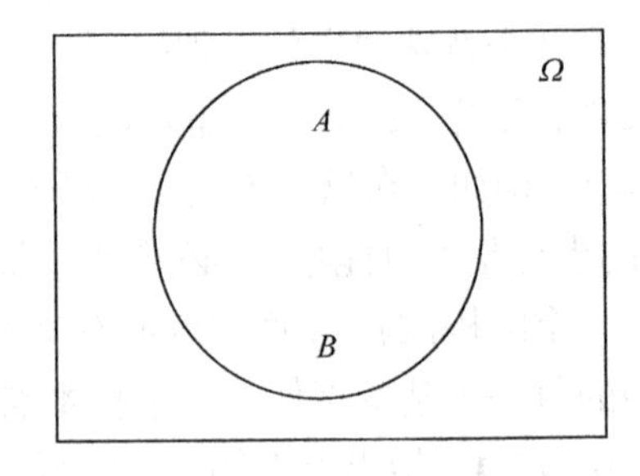

图 4-2

显然，对任一事件A，有$A\subset A$，$\varnothing\subset A\subset\Omega$.

2) 事件的和(或并)

“二事件A与B中至少有一个事件发生”，这样的一个事件称为事件A与B的**和**(或**并**)，记作$A\cup B$(或$A+B$). 如图 4-3 中的阴影部分.

$A\cup B$是由所有包含在A中的或包含在B中的试验结果构成的.

例如，在例 4.1.2 中，设 $A=\{2,4,6\}$，$B=\{1,2,3,4\}$，则

$$A\cup B=\{1,2,3,4,6\}.$$

事件的和可推广到 n 个事件的和的情形，即 n 个事件 A_1，$A_2,\cdots,A_n$ 至少发生一个的事件为

$$A_1\cup A_2\cup\cdots\cup A_n=\bigcup_{i=1}^{n}A_i.$$

显然，对任一事件 A 有：$A\cup A=A,\ A\cup\varnothing=A,\ A\cup\Omega=\Omega$.

3) 事件的积(或交)

“二事件 A 与 B 同时发生”这样的事件称为事件 A 与 B 的**积(或交)**，记作 $A\cap B$(或 AB). AB 是由既包含在 A 中又包含在 B 中的试验结果构成的. 如图 4-4 中的阴影部分.

例如，在例 4.1.2 中，设 $A=\{2,4,6\}$，$B=\{1,2,3,4\}$，则 $A\cap B=\{2,4\}$.

类似地，n 个事件 A_1，$A_2,\cdots,A_n$ 都发生的事件为

$$A_1\cap A_2\cap\cdots\cap A_n=\bigcap_{i=1}^{n}A_i.$$

显然，对任一事件 A 有：$AA=A$，$A\Omega=A$，$A\varnothing=\varnothing$.

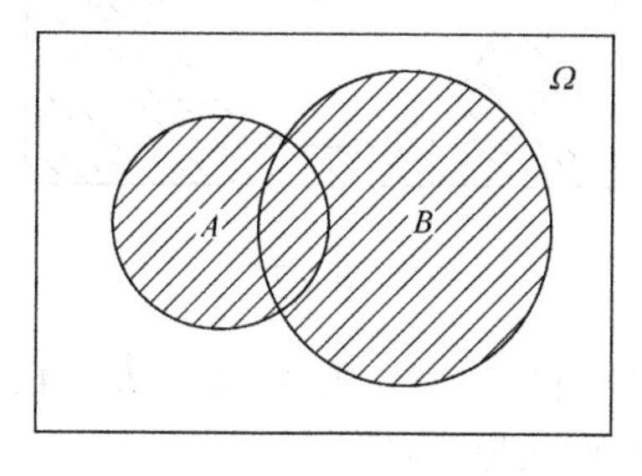

图 4-3

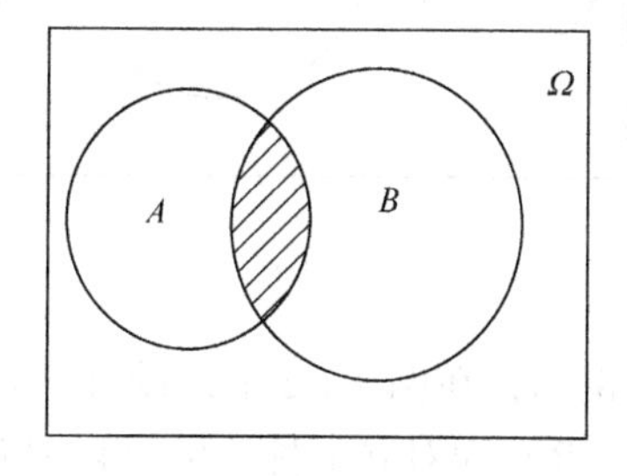

图 4-4

4) 事件的差

“事件 A 发生而事件 B 不发生”这样的事件称为事件 A 与 B 的**差**，记作 $A-B$. $A-B$ 是由所有包含在 A 中而不包含在 B 中的试验结果构成的，即 $A-B=A-AB$，如图 4-5 中的阴影部分.

例如，在例 4.1.2 中，设 $A=\{2,4,6\}$，$B=\{1,2,3,4\}$，则 $A-B=\{6\}$.

显然，对任一事件 A 有：$A-A=\varnothing$，$A-\varnothing=A$，$A-\Omega=\varnothing$.

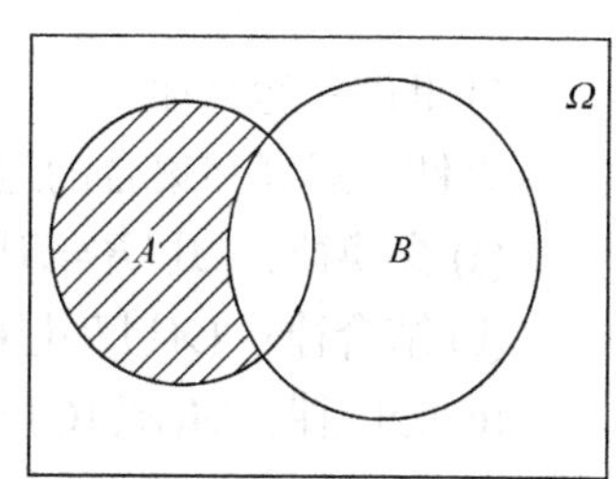

图 4-5

5) 事件的互不相容(或互斥)

如果事件 A 与事件 B 不能同时发生，即 $AB=\varnothing$，则称事件 A 与 B 互不相容(或互斥). 互不相容事件 A 与 B 没有公共的样本点，如图 4-6 所示.

如果 n 个事件 $A_1, A_2, \cdots, A_n$ 中，任意两个事件不可能同时发生，即

$$A_iA_j=\varnothing,\quad 1\leqslant i<j\leqslant n,$$

则称这 n 个事件 $A_1, A_2, \cdots, A_n$ 互不相容(或互斥). 在任意一个随机试验中基本事件都是互不相容的. 还容易看出，事件 A 与 $B-A$ 是互不相容的.

6) 事件的逆(或对立)

若 A 是一个事件，令 $\overline{A}=\Omega-A$，称 $\overline{A}$ 是 A 的**逆事件**(或**对立事件**). 这说明 A 与 $\overline{A}$ 中必然有一个发生，且仅有一个发生，即事件 A 与 $\overline{A}$ 满足条件：$A\overline{A}=\varnothing$，$A\cup\overline{A}=\Omega$.

$\overline{A}$ 由所有不包含在 A 中的试验结果构成，图 4-7 中的阴影部分表示 $\overline{A}$.

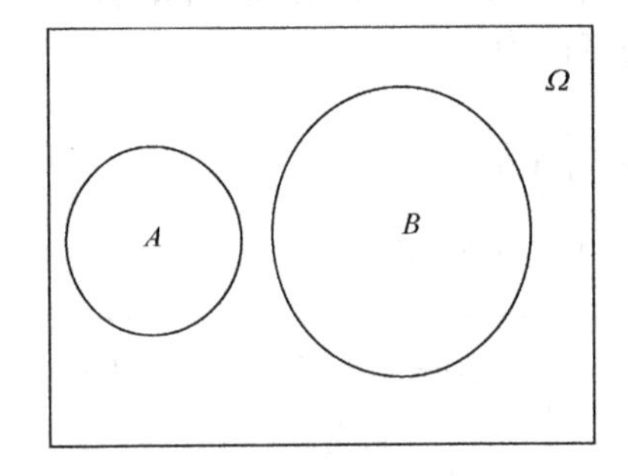

图 4-6

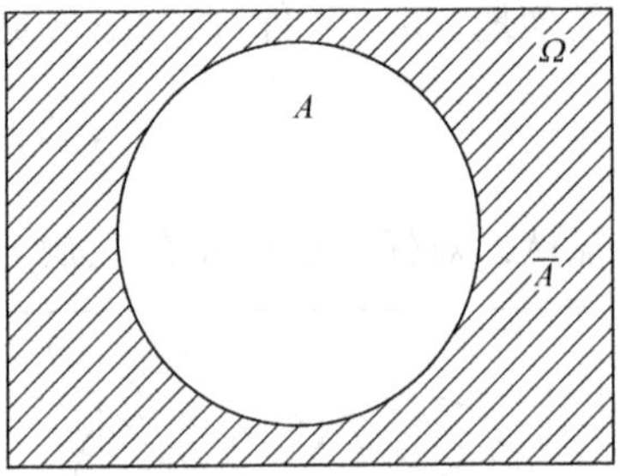

图 4-7

例如，在例 4.1.2 中，设 $A=\{2, 4, 6\}$，$B=\{1, 3, 5\}$，则 $\overline{A}=B$，$\overline{B}=A$，所以 A，B 互为对立事件. 必然事件与不可能事件也互为对立事件.

若 A，B 二事件互为对立事件，则 A，B 必互不相容，但反之不真.

由于 $A-B$ 表示“事件 A 发生而事件 B 不发生”，而 $\overline{B}$ 是 B 的对立事件，所以 $A\overline{B}$ 也表示事件 A 发生同时 B 不发生. 从而有等式

$$A-B=A\overline{B}.$$

7) 事件的运算律

事件的运算和集合的运算一样，也满足以下运算律：

(a) 交换律：$A\cup B=B\cup A,\ AB=BA$；

(b) 结合律：$(A\cup B)\cup C=A\cup(B\cup C),\ (AB)C=A(BC)$；

(c) 分配律：$A(B\cup C)=AB\cup AC,\ A\cup(BC)=(A\cup B)(A\cup C)$；

(d) 德 · 摩根(De Morgan)律：$\overline{A\cup B}=\overline{A}\,\overline{B},\ \overline{AB}=\overline{A}\cup\overline{B}$.

例 4.1.6　在射击比赛时，一选手连续向目标射击三次，若令

$$A_i=\{\text{第}i\text{次射击命中目标}\},\quad i=1,2,3,$$

试用这三个事件 A_1, A_2, A_3 表示下列各事件：

$B=\{\text{三次射击都命中目标}\}$，　$C=\{\text{三次射击至少有一次命中目标}\}$，

$D=\{\text{三次射击都未命中目标}\}$，　$E=\{\text{三次射击仅一次命中目标}\}$.

解　$B=A_1A_2A_3$，　$C=A_1\cup A_2\cup A_3$，

$D=\overline{A_1}\,\overline{A_2}\,\overline{A_3}$（或$\overline{A_1\cup A_2\cup A_3}$），　$E=A_1\overline{A_2}\,\overline{A_3}\cup\overline{A_1}A_2\overline{A_3}\cup\overline{A_1}\,\overline{A_2}A_3$.

二、随机事件的概率

1. 概率的统计定义

随机事件虽然在一次试验中可能发生，也可能不发生，但在多次重复试验中，随机事件的发生呈现出某种统计规律性. 我们先给出事件发生的频率的定义.

定义 4.1.1　在 n 次重复试验中，若事件 A 发生了 k 次，则称 $\frac{k}{n}$ 为事件 A 发生的频率，记作

$$f_n(A)=\frac{k}{n}.$$

以抛掷硬币的试验为例，法国生物学家蒲丰(Buffon)和英国统计学家皮尔逊(Pearson)等都做过抛掷硬币的试验，所得数据如表 4-1 所示.

表 4-1

实验者	实验次数	出现正面次数	出现正面频率
蒲丰	4 040	2 048	0.506 9
皮尔逊	12 000	6 019	0.501 6
皮尔逊	24 000	12 012	0.500 5

容易看出，抛掷次数越多，正面向上的频率越接近 0.5. 下面给出概率的统计定义.

定义 4.1.2　在确定的条件下，重复作 n 次试验，事件 A 发生的频率 $\frac{k}{n}$ 总稳定地在某一常数 p 附近摆动，且一般来说，n 越大，摆动幅度越小，称常数 p 为事件 A 发生的**概率**，记作 $P(A)$，即

$$P(A)=p.$$

2. 概率的古典定义

概率的统计定义虽然直观，但据此计算事件的概率是困难的，仅能以事件的频率作为其事件概率的近似值. 下面我们介绍一种在概率论发展史上最早研究的，也是最基本的随机试验的概率计算类型——**古典概型**，它具有以下特点：

(1) 有限性：试验的样本空间只有有限个基本事件(样本点)；

(2) 等可能性：试验中每个基本事件发生的可能性是相等的.

利用古典概型的两个特点我们可以直接来计算事件的概率.

定义 4.1.3 在古典概型试验中，若样本空间Ω中样本点的总数为 n，事件 A 所包含的样本点个数为 k，则事件 A 的概率为

$$P(A)=\frac{k}{n}. \tag{1}$$

这个定义只适用于古典概型，所以称为概率的**古典定义**. 定义本身给出了概率的求法，但 n 和 k 的计算要用到排列和组合的知识，因此请读者自己先复习排列和组合的知识.

例 4.1.7 袋内装有 5 个白球、2 个黑球.

(1) 从中任取 1 个球，求取到白球的概率；

(2) 从中任取 2 个球，求取出的 2 个球都是白球的概率.

解 显然此题属古典概型.

(1) 设事件 $A=\{$取到白球$\}$.

该试验的样本空间内，组成基本事件的总数 $n=5+2=7$. 既然是“任取”，那么七个球被取到的机会是相等的. 而白球 5 个，事件 A 包含的基本事件个数 $k=5$. 根据公式(1)，得

$$P(A)=\frac{k}{n}=\frac{5}{7}.$$

(2) 设事件 $B=\{$取出的 2 个球都是白球$\}$.

样本空间内基本事件的总数 $n=\mathrm{C}_7^2=21$，组成所求事件 B 的基本事件个数 $k=\mathrm{C}_5^2=10$. 根据公式(1)，得

$$P(B)=\frac{k}{n}=\frac{10}{21}.$$

例 4.1.8 将一枚均匀的骰子连掷两次，求

(1) 两次点数之和为 8 的概率；

(2) 两次点数中较大的一枚不超过 3 的概率.

解 该试验的样本空间总数 $n=\mathrm{C}_6^1\times\mathrm{C}_6^1=36$.

由于骰子是均匀的，故每个基本事件发生的可能性相等，属于古典概型.

(1) 设 $A=\{$两次点数之和为 8$\}$，则

$$A=\{(2,6),(3,5),(4,4),(5,3),(6,2)\}.$$

A 中共包含 5 个样本点，故

$$P(A)=\frac{5}{36}.$$

(2) 设 $B=\{$两次点数中较大的一个不超过 3$\}$，B 的样本点数 $k=\mathrm{C}_3^1\times\mathrm{C}_3^1=9$，则

$$P(B)=\frac{9}{36}=\frac{1}{4}.$$

例 4.1.9　从一批由 45 件正品、5 件次品组成的产品中任取 3 件，求其中恰有 1 件次品的概率.

解　设 $A=\{$恰有 1 件次品$\}$，基本事件的总数为 $n=\mathrm{C}_{50}^3$，事件 A 包含的基本事件数为 $k=\mathrm{C}_5^1\mathrm{C}_{45}^2$，所以

$$P(A)=\frac{\mathrm{C}_5^1\mathrm{C}_{45}^2}{\mathrm{C}_{50}^3}=\frac{99}{392}\approx 0.253.$$

例 4.1.10　设 10 把钥匙中只有 3 把能打开同一把锁，今任意取出两把钥匙，求能打开这把锁的概率.

解　设 $A=\{$能打开这把锁$\}$，则基本事件的总数为 C_{10}^2. 10 把钥匙中只有 3 把能打开锁，将{能打开这把锁}分解为{恰有 1 把钥匙能打开这把锁}、{恰有 2 把钥匙能打开这把锁}这两种情况，情况数分别为 $\mathrm{C}_3^1\mathrm{C}_7^1$ 和 C_3^2. 所以

$$P(A)=\frac{\mathrm{C}_3^1\mathrm{C}_7^1+\mathrm{C}_3^2}{\mathrm{C}_{10}^2}=\frac{8}{15}.$$

3. 概率的基本性质

从古典概型的定义，我们可知概率有下面三个基本性质：

(1) 任何事件 A 的概率都介于 0 和 1 之间，即 $0\leqslant P(A)\leqslant 1$；

(2) 必然事件的概率等于 1，即 $P(\Omega)=1$；

(3) 不可能事件的概率等于 0，即 $P(\varnothing)=0$.

习　题　4-1

1. 写出下列随机试验的样本空间：

(1) 箱中有 3 件相同的产品，分别标有 1，2，3 号，从箱中一次取出 2 件，观察其标号；

(2) 袋中有 n 个红球和 m 个白球，从袋中任取 1 个球，观察其颜色；

(3) 在交叉路口，计数每小时通过的机动车辆数；

(4) 在单位圆内任取两点，观察这两点之间的距离.

2. 指出下列事件中哪些是随机事件？哪些是不可能事件？哪些是必然事件？

(1) A = {明天下雨}；

(2) B = {没有氧气，人能存活}；

(3) 从 1 至 10 这十个自然数中，任取一个数.

① C = {取出的数是奇数}；② D = {取出的数大于 6 小于 9}；

③ E = {取出的数大于 10}；④ F = {取出的数能被 2 整除}；

⑤ G = {取出的数大于零}.

3. 袋中有 10 个球，分别标有 1 至 10 的号码，从中任取一球，设 A = {取得球的号码是偶数}，B = {取得球的号码是奇数}，C = {取得球的号码小于 5}. 问下列运算分别表示什么事件？

(1) $A\cup B$；　(2) AB；　(3) AC；　(4) $\overline{A}\,\overline{C}$；　(5) $\overline{B\cup C}$.

4. 在计算机系的学生中任选一名，设事件 A = {被选学生是女生}，事件 B = {被选学生是一年级学生}，事件 C = {被选学生是运动员}.

(1) 叙述事件 $AB\overline{C}$ 的意义；　　(2) 什么时候 $ABC=C$？

5. 对立事件和互不相容事件有什么区别？试举例说明.

6. 从 10 名同学中任意派两名同学去郊游，甲、乙两人同时被选取的概率是多少？甲被选取而乙未被选取的概率是多少？

7. 在书架上任意放上 20 本不同的书，求其中指定的两本书放在首末的概率.

8. 5 张数字卡片上分别写着 1，2，3，4，5，从中任取 3 张，排成 3 位数，求下列事件的概率：

(1) 3 位数大于 300；　　(2) 3 位数是偶数；　　(3) 3 位数是 5 的倍数.

9. 设有 10 件产品，其中 6 件是正品、4 件是次品，从中任选 3 件，求下列事件的概率：

(1)没有次品；　　(2) 只有 1 件次品；　　(3) 最多 1 件次品.

第 2 节　概率的基本公式

一、概率的加法公式

定理 4.2.1　如果事件 A 与 B 互不相容，那么它们的和事件的概率等于这两个事件的概率之和，即 $AB=\varnothing$ 时，有

$$P(A\cup B)=P(A)+P(B). \tag{1}$$

推论 1　若 A_1，A_2，…，A_n 互不相容，则

$$P(A_1\cup A_2\cup\cdots\cup A_n)=P(A_1)+P(A_2)+\cdots+P(A_n).$$

推论 2　$P(\overline{A})=1-P(A)$.

推论 3　若 $A\subset B$，则 $P(B-A)=P(B)-P(A)$.

推论 4　$P(B-A)=P(B)-P(AB)$.

例 4.2.1　设有 10 个零件，其中 7 个一等品、3 个二等品，今从中任取 3 个，求至少有一个是一等品的概率.

解　设事件 $A=\{$至少有一个是一等品$\}$，$A_i=\{3$个中恰有i个是一等品$\}$，$i=1$，2，3，则 A_1，A_2，A_3 互不相容. 所以

$$\begin{aligned}P(A)&=P(A_1\cup A_2\cup A_3)=P(A_1)+P(A_2)+P(A_3)\\&=\frac{C_7^1C_3^2}{C_{10}^3}+\frac{C_7^2C_3^1}{C_{10}^3}+\frac{C_7^3}{C_{10}^3}=\frac{21}{120}+\frac{63}{120}+\frac{35}{120}=\frac{119}{120}\approx 0.9917.\end{aligned}$$

此题利用推论 2 来求解，计算量较小，有

$$P(A)=1-P(\overline{A})=1-\frac{C_3^3}{C_{10}^3}=1-\frac{1}{120}\approx 0.9917.$$

定理 4.2.2　设 A，B 为任意两个事件，则

$$P(A\cup B)=P(A)+P(B)-P(AB). \tag{2}$$

定理 4.2.2 说明，无论事件 A 与 B 是否互不相容，其和的概率等于 A 的概率加上 B 的概率，再减去 A 与 B 之积的概率. 当 A 与 B 互不相容时，$P(AB)=P(\varnothing)=0$，任意事件的概率的加法公式就变为互不相容事件的概率的加法公式，由此可见，定理 4.2.1 是定理 4.2.2 的特殊情况.

例 4.2.2　已知 $P(A)=0.2$，$P(B)=0.5$，$P(AB)=0.1$，求：

$$P(\overline{A}), P(A\cup B), P(\overline{A}B), P(\overline{A}\,\overline{B}).$$

解　$P(\overline{A})=1-P(A)=1-0.2=0.8$，

$P(A\cup B)=P(A)+P(B)-P(AB)=0.2+0.5-0.1=0.6$，

$P(\overline{A}B)=P(B-A)=P(B-AB)=P(B)-P(AB)=0.5-0.1=0.4$，

$P(\overline{A}\,\overline{B})=P(\overline{A\cup B})=1-P(A\cup B)=1-0.6=0.4$.

二、条件概率与乘法公式

1. 条件概率

在实际问题中，除了研究事件 A 的概率 $P(A)$外，还需研究在事件 B 已发生的条件下，事件 A 发生的概率. 一般地说，后者的概率与前者的概率未必相同.

让我们先看一个例子.

例 4.2.3　某班有 30 名学生，其中 20 名男生、10 名女生，身高 1.70m 以上的有 15 名，其中 12 名男生、3 名女生.

(1) 任选一名学生，问该学生的身高在 1.70m 以上的概率是多少?

(2) 任选一名学生，选出来后发现是个男生，问该学生的身高在 1.70m 以上的概率是多少?

答案是很容易求出的：(1) 的答案是 $\frac{15}{30}=0.5$；(2) 的答案是 $\frac{12}{20}=0.6$.

但是，这两个问题的提法是有区别的，第二个问题是一种新的提法. {选出的是男生}本身也是一个随机事件，记作 B，在事件 B 发生(即发现是男生)的条件下，事件 A(身高 1.70m 以上)发生的概率是多少? 我们把这种概率称为在事件 B 发生的条件下事件 A 发生的条件概率，记作 $P(A|B)$.

注意到 $P(B)=\frac{20}{30}$，$P(AB)=\frac{12}{30}$，从而有

$$P(A|B)=\frac{12}{20}=\frac{12/30}{20/30}=\frac{P(AB)}{P(B)}.$$

一般地，我们将上述关系式作为条件概率的定义.

定义 4.2.1　设 A，B 是两个事件，且 $P(B)>0$，称

$$P(A|B)=\frac{P(AB)}{P(B)}$$

为在事件 B 发生的条件下事件 A 发生的**条件概率**.

例 4.2.4　人寿保险公司常常需要知道存活到一个年龄段的人在下一年仍然存活的概率. 根据统计资料可知，某城市的人由出生活到 50 岁的概率为 0.907 18，活到 51 岁的概率为 0.901 35. 问现在已经 50 岁的人，能够活到 51 岁的概率是多少?

解　设 A = {活到 50 岁}，B = {活到 51 岁}. 显然 $B\subset A$，因此，$AB=B$. 下面要求 $P(B|A)$.

因为 $P(A)=0.907\ 18$，$P(B)=0.901\ 35$，$P(AB)=P(B)=0.901\ 35$，从而

$$P(B|A)=\frac{P(AB)}{P(A)}=\frac{0.901\,35}{0.907\,18}\approx 0.993\,57.$$

由此可知，该城市的人在 50 岁到 51 岁之间死亡的概率为 0.006 43. 在平均意义下，该年龄段中每 1 000 个人中约有 6.43 人死亡.

条件概率满足概率的基本性质及其他所有性质. 比如:

$$P(\varnothing|B)=0;$$

$$P(A|B)=1-P(\overline{A}|B);$$

$$P((A_1\cup A_2)|B)=P(A_1|B)+P(A_2|B)-P((A_1A_2)|B).$$

2. 乘法公式

由条件概率的定义，我们得到下述定理.

定理 4.2.3　对于任意事件 A，B，若 $P(B)>0$，则有

$$P(AB)=P(B)P(A|B).$$

同样，若 $P(A)>0$，则有

$$P(AB)=P(A)P(B|A).$$

上面两个公式都称为概率的**乘法公式**.

乘法公式可以推广到多个事件的情形.

例如，当 $n=3$ 时，对于三个事件 A，B，C，若 $P(AB)>0$，则有

$$P(ABC)=P(A)P(B|A)P(C|AB).$$

例 4.2.5　设 100 件产品中有 10 件不合格品，用下列方法抽取 2 件，求 2 件都是合格品的概率：(1) 不放回抽取；(2) 有放回抽取.

解　设 $A_i=\{第i次取到合格品\}$，$i=1$，2.

(1) 因为是不放回抽取，所以 $P(A_1)=\dfrac{90}{100}=\dfrac{9}{10}$，$P(A_2|A_1)=\dfrac{89}{99}$，由乘法公式得

$$P(A_1A_2)=P(A_1)P(A_2|A_1)=\frac{9}{10}\times\frac{89}{99}\approx 0.809.$$

(2) 因为是有放回抽取，所以 $P(A_1)=\dfrac{90}{100}=\dfrac{9}{10}$，$P(A_2|A_1)=\dfrac{90}{100}=\dfrac{9}{10}$，由乘法公式得

$$P(A_1A_2)=P(A_1)P(A_2|A_1)=\frac{9}{10}\times\frac{9}{10}=0.81.$$

例 4.2.6　一个盒子装有 7 个橙红色乒乓球和 5 个白色乒乓球，每次从中任取一球，取后不放回，连续取三次，求三次都取到橙红色球的概率.

解　设 $A_i=\{第i次取到橙红色乒乓球\}$，$i=1$，2，3，则

$$P(A_1)=\frac{7}{12},\quad P(A_2|A_1)=\frac{6}{11},\quad P(A_3|A_1A_2)=\frac{5}{10},$$

由乘法公式得

$$P(A_1A_2A_3)=P(A_1)P(A_2|A_1)P(A_3|A_1A_2)=\frac{7}{12}\times\frac{6}{11}\times\frac{5}{10}\approx 0.159.$$

三、全概率公式和贝叶斯公式

1. 全概率公式

为了学习全概率公式和贝叶斯公式，我们引进完备事件组的概念.

定义 4.2.2　设Ω为随机试验E的样本空间，A_1，A_2，…，A_n为E的一组事件，若满足，

(1) 互不相容性：$A_iA_j=\varnothing$，$i\neq j$，i，$j=1$，2，…，n；

(2) 完全性：$A_1\cup A_2\cup\cdots\cup A_n=\Omega$，

则称A_1，A_2，…，A_n为样本空间Ω的一个**划分**.

若事件组A_1，A_2，…，A_n是Ω的一个划分，且$P(A_i)>0$，$i=1$，2，…，n，则事件组A_1，A_2，…，A_n称为样本空间Ω的一个**完备事件组**.

例如：抛一枚匀称的骰子，{出现 1 点}、{出现 2 点}、…、{出现 6 点}这六个事件构成完备事件组；{出现奇数点}、{出现偶数点}这两个事件也构成完备事件组；但{出现奇数点}、{出现 2 点}、{出现 4 点}这三个事件，不满足完全性，不构成完备事件组；{出现奇数点}、{出现偶数点}、{出现 6 点}这三个事件，不满足互不相容性，也不构成完备事件组.

容易知道，任何一个事件A与它的对立事件$\overline{A}$都构成样本空间的一个完备事件组.

有了完备事件组的概念后，应用加法公式和乘法公式，就可以得出全概率公式.

定理 4.2.4　设试验E的样本空间为Ω，A_1，A_2，…，A_n为Ω的一个完备事件组. 则对E的任一事件B，有

$$\begin{aligned}P(B)&=P(A_1)P(B|A_1)+P(A_2)P(B|A_1)+\cdots+P(A_n)P(B|A_n)\\&=\sum_{i=1}^{n}P(A_i)P(B|A_i).\end{aligned}$$

上式称为**全概率公式**.

例 4.2.7　某厂有甲、乙、丙三台机床进行生产，各自的次品率分别为 5%，4%，2%，它们各自的产品分别占总产量的 25%，35%，40%. 今将它们的产品混在一起，并随机抽取一件，问它是次品的概率是多少？

解　注意到总产品由各机床产品组成，总次品也来自各机床.

设A_1，A_2，A_3分别是甲、乙、丙三台机床的产品，B表示次品. 此时，全部产品构成样本空间Ω，A_1，A_2，A_3为Ω的一个完备事件组. 根据题意得

$$P(A_1)=0.25,\quad P(A_2)=0.35,\quad P(A_3)=0.40,$$
$$P(B|A_1)=0.05,\quad P(B|A_2)=0.04,\quad P(B|A_3)=0.02.$$

故依全概率公式得

$$\begin{aligned}P(B)&=P(A_1)P(B|A_1)+P(A_2)P(B|A_2)+P(A_3)P(B|A_3)\\&=0.25\times0.05+0.35\times0.04+0.40\times0.02=0.0345.\end{aligned}$$

全概率公式是计算概率的一个很有用的公式，它是把复杂的事件转化为一组简单事件之和去求概率，能否转化的关键是找到Ω的一个合理的完备事件组.

利用条件概率的定义和全概率公式可以得到另一个重要公式，就是如下的贝叶斯公式.

2*. 贝叶斯公式

定理 4.2.5　设$A_1, A_2, \cdots, A_n$为Ω的一个完备事件组，则对E的任一事件B，有

$$P(A_i|B)=\frac{P(A_i)P(B|A_i)}{\sum_{j=1}^{n}P(A_j)P(B|A_j)},\quad i=1,2,\cdots,n,$$

上式称为**贝叶斯(Bayes)公式**，也称为**逆概率公式**.

证明　由条件概率、乘法公式及全概率公式，得

$$P(A_i|B)=\frac{P(A_iB)}{P(B)}=\frac{P(A_i)P(B|A_i)}{\sum_{j=1}^{n}P(A_j)P(B|A_j)},\quad i=1,2,\cdots,n.$$

例 4.2.8　继续讨论例 4.2.7，若已知抽取的一件产品为次品，问：它由甲、乙、丙机床生产的概率各为多少？该次品是哪个机床生产的可能性最大？

解　由例 4.2.7 知 $P(B)=0.034\,5$. 故由贝叶斯公式得

$$P(A_1|B)=\frac{P(A_1)P(B|A_1)}{\sum_{j=1}^{3}P(A_j)P(B|A_j)}=\frac{P(A_1)P(B|A_1)}{P(B)}$$

$$=\frac{0.25\times0.05}{0.034\,5}=0.362\,3.$$

同理可得

$$P(A_2|B)=\frac{0.35\times0.04}{0.034\,5}=0.405\,8,\quad P(A_3|B)=\frac{0.40\times0.02}{0.034\,5}=0.231\,9.$$

比较以上三个概率，知次品由乙机床生产的可能性最大.

四、事件的独立性

1. 事件的独立性

通过前面的学习，我们知道了条件概率 $P(A\mid B)$的概念，一般来说$P(A|B)\neq P(A)$，但若B的发生与否，对A的发生没有影响，应有$P(A\mid B)=P(A)$. 此时，由概率乘法公式有

$$P(AB)=P(B)P(A|B)=P(A)P(B).$$

由此，我们给出如下定义.

定义 4.2.3 对事件 A，B，若

$$P(AB)=P(A)P(B),$$

则称事件 A，B **相互独立**，简称 A，B **独立**.

定理 4.2.6 (1) 必然事件 Ω 和不可能事件 $\varnothing$ 与任何事件相互独立.

(2) 当 $P(A)>0$，$P(B)>0$ 时，下面四个结论是等价的：

① 事件 A 与 B 相互独立； ② $P(AB)=P(A)P(B)$；

③ $P(A)=P(A\mid B)$； ④ $P(B)=P(B\mid A)$.

(3) 若事件 A 与 B 相互独立，则事件 A 与 $\overline{B}$，$\overline{A}$ 与 B，$\overline{A}$ 与 $\overline{B}$ 也相互独立.

例 4.2.9 甲、乙两射手在同样条件下进行射击，他们击中目标的概率分别是 0.9 和 0.8. 如果两个射手同时发射，求：

(1) 目标被击中的概率是多少？

(2) 现已知目标被击中，求目标被甲击中的概率？

解 设 $A=\{$甲击中目标$\}$，$B=\{$乙击中目标$\}$，$C=\{$击中目标$\}$.

(1) 显然，$C=A\cup B$，且 A，B 相互独立，故

$$\begin{aligned}P(C)&=P(A\cup B)=P(A)+P(B)-P(AB)\\&=P(A)+P(B)-P(A)P(B)\\&=0.9+0.8-0.9\times0.8=0.98.\end{aligned}$$

(2) $P(A|C)=\dfrac{P(AC)}{P(C)}=\dfrac{P(A)}{P(C)}=\dfrac{0.9}{0.98}\approx0.92$.

事件的独立性概念，可以推广到三个和三个以上的事件的情况.

定义 4.2.4 设 A_1，$A_2,\cdots,A_n$ 是 $n\ (n\geqslant2)$ 个事件，如果对于任意的 $1\leqslant i<j\leqslant n$ 有

$$P(A_iA_j)=P(A_i)P(A_j),$$

则称事件 A_1，$A_2,\cdots,A_n$ **两两相互独立**.

定义 4.2.5 设 A_1，$A_2,\cdots,A_n$ 是 $n\ (n\geqslant2)$ 个事件，如果对其中任意 k 个事件 A_{i_1}，$A_{i_2},\cdots,A_{i_k}$ 都满足

$$P(A_{i_1}A_{i_2}\cdots A_{i_k})=P(A_{i_1})P(A_{i_2})\cdots P(A_{i_k}),$$
$$k=2,3,\cdots,\ n;\quad 1\leqslant i_1<i_2<\cdots<i_k\leqslant n,$$

则称事件 A_1，$A_2,\cdots,A_n$ 相互独立.

显然，若 n 个事件相互独立，必蕴含这 n 个事件两两相互独立，但反之不真.

2. 伯努利概型

将试验在相同的条件下重复 n 次，如果每次试验的结果都不影响其他各次试验结果出现的概率，即各次试验结果相互独立，那么称这 n 次重复试验为 **n 次独立重复试验**.

如果在这 n 次独立重复试验中，每次试验的结果只有两个：A 和 $\overline{A}$，且

$$P(A)=p,\quad P(\overline{A})=1-p=q,\quad 0<p<1,$$

那么称这样的 n 次独立重复试验为 **n 重伯努利试验**，简称**伯努利**(Bernoulli)**概型**.

在 n 重伯努利试验中，常常需要计算事件 A 恰好发生 k 次的概率 $P_n(k)$.

定理 4.2.7 (伯努利定理)　设每次试验中事件 A 发生的概率为 $p\ (0<p<1)$，则在 n 重伯努利试验中，事件 A 恰好发生 k 次的概率为

$$P_n(k)=\mathrm{C}_n^k p^k q^{n-k},\quad k=0,1,2,\cdots,n,$$

其中 $P(\overline{A})=q=1-p$，且 $\sum\limits_{k=0}^{n}P_n(k)=(p+q)^n=1$.

例 4.2.10　箱中装有手机 100 部，其中华为牌 80 部、苹果牌 20 部，每次抽取 1 部，有放回地抽取 5 次. 求恰有 4 次抽到华为牌手机的概率.

解　设 $A=\{$抽到华为牌手机$\}$，$\overline{A}=\{$抽到苹果牌手机$\}$.

由题意知 $P(A)=\dfrac{4}{5}$，$P(\overline{A})=\dfrac{1}{5}$. 因为是有放回抽取，每次抽到华为牌手机的概率都是 $\dfrac{4}{5}$，所以，本例属 5 重伯努利概型. 故

$$P_5(4)=\mathrm{C}_5^4\left(\frac{4}{5}\right)^4\times\left(\frac{1}{5}\right)^1=0.409\,6.$$

例 4.2.11　某人打靶的命中率为 0.9，现打靶 6 次，求：

(1) 至少命中 4 次的概率；

(2) 至多命中 2 次的概率；

(3) 至少命中 1 次的概率.

解　本例属 6 重伯努利概型，且 $p=0.9$，则

(1) $P_6(k\geqslant 4)=P_6(4)+P_6(5)+P_6(6)$

$$=\mathrm{C}_6^4 0.9^4\times 0.1^2+\mathrm{C}_6^5 0.9^5\times 0.1^1+\mathrm{C}_6^6 0.9^6\approx 0.984\,1.$$

(2) $P_6(k\leqslant 2)=P_6(0)+P_6(1)+P_6(2)$

$$=\mathrm{C}_6^0 0.9^0\times 0.1^6+\mathrm{C}_6^1 0.9^1\times 0.1^5+\mathrm{C}_6^2 0.9^2\times 0.1^4\approx 0.001\,3.$$

(3) $P_6(k\geqslant 1)=P_6(1)+P_6(2)+P_6(3)+P_6(4)+P_6(5)+P_6(6)$

$$=1-P_6(0)=1-\mathrm{C}_6^0 0.9^0\times 0.1^6\approx 0.999\,9.$$

习 题 4-2

1. 按由小到大的次序排列下列四个数(用“≤”连接):

$$P(A), P(A\cup B), P(AB), P(A)+P(B).$$

2. 某商品房住宅小区调查资料表明，在总住户中，购置国产汽车的住户占 90%，购置进口汽车的住户占 80%，购置两种汽车的住户占 78%. 现从中任意调查一住户，求该住户购置汽车的概率.

3. 设事件 A 与事件 B 发生的概率分别为 $P(A)=\dfrac{1}{3}$，$P(B)=\dfrac{1}{2}$. 试在下列三种情况下分别求 $P(B\overline{A})$：

(1) 事件 A 与 B 互斥；　(2) $A\subset B$；　(3) $P(AB)=\dfrac{1}{8}$.

4. 设 A 与 B 为两个随机事件，已知 A 与 B 至少有一个发生的概率为 $\dfrac{1}{3}$，A 发生且 B 不发生的概率为 $\dfrac{1}{9}$，求 B 发生的概率.

5. 某人有一笔资金，他投入基金的概率为 0.58，购买股票的概率为 0.28，两项同时都投入的概率为 0.19.

(1) 已知他已投入基金，再购买股票的概率是多少?

(2) 已知他已购买股票，再投入基金的概率是多少?

6. 设有 100 个圆柱形零件，其中 95 个长度合格、92 个直径合格、87 个长度、直径都合格. 现从中任取一个该零件，求：

(1) 该零件是合格品的概率；

(2) 若已知该零件直径合格，求该零件是合格品的概率；

(3) 若已知该零件长度合格，求该零件是合格品的概率.

7. 通过调查中央电视台 6 频道的电视节目的收视率知：已婚男士和女士看该节目的概率分别为 0.5 和 0.6. 在某女士看该节目的情况下，她丈夫看该节目的概率为 0.8. 求：

(1) 夫妻二人均看该节目的概率；

(2) 在男士看该节目时，他妻子看该节目的概率；

(3) 夫妻二人至少有一人看该节目的概率.

8. 某人从广州去北京，他乘火车、船、汽车、飞机的概率分别是 0.3，0.2，0.1 和 0.4. 已知他乘火车、船、汽车而迟到的概率分别是 0.25，0.3，0.1，而乘飞机不会迟到. 问这个人迟到的可能性有多大?

9. 某产品主要由三个厂家供货，甲、乙、丙三个厂家的产品分别占总数的 15%，80%，5%，其次品率分别为 0.02，0.01，0.03. 试计算：

(1) 从这批产品中任取一件是次品的概率；

(2)* 已知从这批产品中随机地取出的一件是次品，问这件次品由哪个厂家生产的可能性最大？

10. 设 $P(A)=0.7$，$P(B)=0.8$，$P(B\mid A)=0.8$，问事件 A 与 B 是否相互独立？

11. 已知 $P(A)=a$，$P(B)=0.3$，$P(\overline{A}\cup B)=0.7$.

(1) 若事件 A 与 B 互不相容，求 a；　　(2) 若事件 A 与 B 相互独立，求 a.

12. 一门火炮向某一目标射击，每发炮弹命中目标的概率为 0.8，求连续射 3 发都命中的概率和至少有一发命中的概率.

13. 一个工人看管两台机器，一小时内，两台机器要工人看管的概率分别是 0.1，0.2，求一小时内

(1) 没有一台机器要看管的概率；　　(2) 至少有一台机器不要看管的概率.

14. 在 100 件产品中有 10 件次品，现在进行 5 次放回抽样检查，每次随机地抽取 1 件产品，求下列事件的概率：

(1) 抽到 2 件次品；　　(2) 至少抽到 1 件次品.

第五章　随机变量及其数字特征

第 1 节　随机变量及其分布

一、随机变量及其分布函数

1. 随机变量的概念

在前面，我们讨论了随机事件及其概率，并且知道，随机事件是指随机现象的各种结果. 为了更深入地讨论随机现象，需要把它的结果数量化，常用变量来描述随机现象. 为此，我们引入随机变量的概念.

例 5.1.1　袋中装有 6 个球，其中 3 个红球、2 个黑球、1 个白球. 从袋中任取一球，设事件：$A=\{$取出红球$\}$，$B=\{$取出黑球$\}$，$C=\{$取出白球$\}$. 根据古典概型，可知

$$P(A)=\frac{1}{2},\quad P(B)=\frac{1}{3},\quad P(C)=\frac{1}{6}.$$

随机事件 A，B，C 分别表示取出球的颜色：红、黑、白. 本来颜色与数量没有关系，为了便于讨论，把事件加以数量化，可以人为地规定：

$X=1$ 表示事件 A 发生，即 $P(X=1)=\dfrac{1}{2}$；

$X=2$ 表示事件 B 发生，即 $P(X=2)=\dfrac{1}{3}$；

$X=3$ 表示事件 C 发生，即 $P(X=3)=\dfrac{1}{6}$.

这里 X 取 1，2，3 中的哪一个是不能预先知道的，它取决于试验的结果，但 $X=i\ (i=1,2,3)$ 都有一定的概率. 而且 X 的取值既然是人为规定的，当然就不是唯一的，也可取 $X=-1,0,1$，等等.

例 5.1.2　掷一颗均匀的骰子，可能出现的点数记作 N，则 $N=1,2,3,4,5,6$.

例 5.1.3　某电话总机在一天内接到呼叫次数用 ξ 表示，则 ξ 的可能值为 0, 1, 2,⋯.

定义 5.1.1　对随机试验 E，若其试验结果可以用具有以下特性的变量描述：

(1) 随机性——它随试验结果的不同而取不同的值，因而在试验之前只知道

它可能取值的范围，而不能预先肯定它将取哪个值；

(2) 统计规律性——在大量重复试验时，它在各个数值上反映出一定的统计规律性，即试验结果的出现具有一定的概率.

具备这两个特性的变量称为**随机变量**. 常用大写字母 $X, Y, Z,\cdots$, 或希腊字母 $\xi,\eta,\zeta,\cdots$, 表示，其值可以用小写字母 $x, y, z,\cdots$, 表示.

显然，例 5.1.1 中的 X、例 5.1.2 中的 N、例 5.1.3 中的 ξ 都是随机变量.

由定义 5.1.1 可知，虽然随机变量是随试验结果而变的量，但它取某个值所对应事件的概率是确定的. 对一个随机变量 X，不仅要了解它可能的取值，而且还需了解它取各个值或在某一范围内取值的概率，即它的取值规律. 随机变量的取值规律通常用分布函数来描述.

2. 随机变量的分布函数

定义 5.1.2　设 X 是一个随机变量，称函数

$$F(x)=P(X\leqslant x),\quad -\infty<x<+\infty$$

为随机变量 X 的**分布函数**.

由定义 5.1.2 可知，分布函数是一个普通函数，其定义域是整个实数轴，在几何上，它表示随机变量 X 落在实数 x 左边的概率(图 5-1).

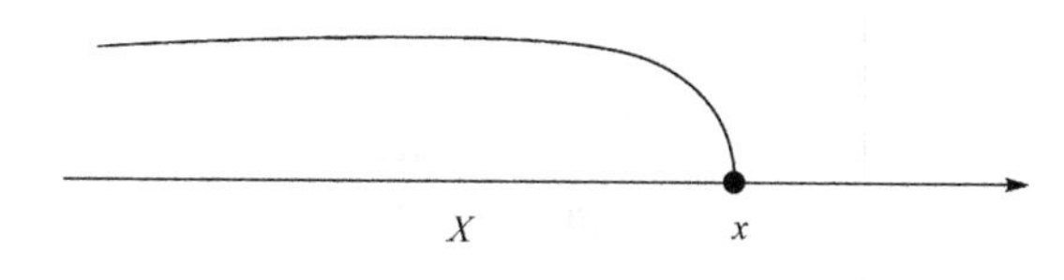

图 5-1

当我们已知一个随机变量 X 的分布函数 $F(x)$ 时，就能知道 X 落在任一区间上的概率，如

$$P(X\leqslant a)=F(a),$$
$$P(a<X\leqslant b)=F(b)-F(a),$$
$$P(X>b)=1-F(b).$$

可见，分布函数完整地描述了随机变量的全部统计规律性.

分布函数 $F(x)$ 具有如下性质：

(1) $0\leqslant F(x)\leqslant 1, -\infty<x<+\infty$；

(2) 若 $a<b$，总有 $F(a)\leqslant F(b)$ (单调非减性)；

(3) $F(-\infty)=\lim\limits_{x\to-\infty}F(x)=0$, $F(+\infty)=\lim\limits_{x\to+\infty}F(x)=1$.

例 5.1.4　求例 5.1.1 中的分布函数，并画出分布函数的图形.

解　因为 $F(x)=P(X\leqslant x)$，$X=1,2,3$，

当 $x<1$ 时，$\{X\leqslant x\}$是不可能事件，所以 $F(x)=P(X\leqslant x)=P(\varnothing)=0$；

当 $1\leqslant x<2$ 时，$F(x)=P(X\leqslant x)=P(X=1)=\dfrac{1}{2}$；

当 $2\leqslant x<3$ 时，$F(x)=P(X\leqslant x)=P(X=1)+P(X=2)=\dfrac{1}{2}+\dfrac{1}{3}=\dfrac{5}{6}$；

当 $x\geqslant 3$ 时，$F(x)=P(X\leqslant x)=P(\Omega)=1$.

故随机变量 X 的分布函数为

$$F(x)=\begin{cases}0, & x<1,\\ \dfrac{1}{2}, & 1\leqslant x<2,\\ \dfrac{5}{6}, & 2\leqslant x<3,\\ 1, & x\geqslant 3.\end{cases}$$

$F(x)$的图形如图 5-2 所示.

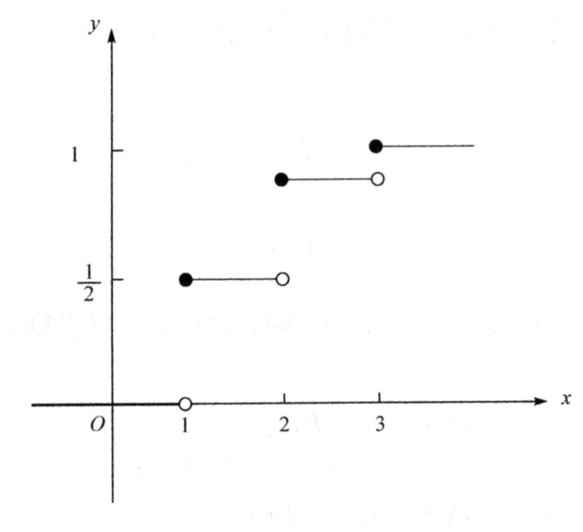

图 5-2

下面我们讨论两种常见的随机变量——离散型随机变量和连续型随机变量.

二、离散型随机变量

1. 离散型随机变量及其概率分布

定义 5.1.3　如果一个随机变量 X 所有可能取到的不相同的值是有限个或无限可数个，并且以确定的概率取这些不同的值，则称 X 为离散型随机变量.

设 X 为离散型随机变量，其全部可能的取值为 x_1，$x_2,\cdots$，$x_k,\cdots$，且 X 取以上各值的概率分别为 p_1，$p_2,\cdots$，$p_k,\cdots$，即

$$P(X=x_k)=p_k,\quad k=1,2,\cdots,$$

则称上式为离散型随机变量 X 的**概率分布**(或**分布律**).

离散型随机变量的概率分布有时也用表格直观地给出，如下表所示.

X	x_1	x_2	$\cdots$	x_k	$\cdots$
P	p_1	p_2	$\cdots$	p_k	$\cdots$

概率分布反映了离散型随机变量的统计规律性.

由随机变量的定义可知，事件“$X=x_1$”“$X=x_2$”…“$X=x_k$”…的全体对应着随机试验的样本空间Ω，构成了完备事件组，因此，随机变量的分布律满足以下性质：

(1) $p_k\geqslant 0, k=1,2,\cdots$；

(2) $\sum\limits_{k=1}^{\infty}p_k=1$.

一般地，设离散型随机变量 X 的分布律为

$$P(X=x_k)=p_k,\quad k=1,2,\cdots,n.$$

设 $x_1<x_2<\cdots<x_n$，则 X 的分布函数为

$$F(x)=P(X\leqslant x)=\sum_{x_k\leqslant x}P(X=x_k)$$

$$=\sum_{x_k\leqslant x}p_k=\begin{cases}0, & x<x_1,\\ p_1, & x_1\leqslant x<x_2,\\ p_1+p_2, & x_2\leqslant x<x_3,\\ \cdots & \cdots\\ p_1+p_2+\cdots+p_{n-1}, & x_{n-1}\leqslant x<x_n,\\ 1, & x\geqslant x_n.\end{cases}$$

反之，若已知 $F(x)$，显然它为分段函数，则 X 的所有可能取值为 $F(x)$的分段点 x_1，x_2，$\cdots$，x_n，X 的分布律为

$$P(X=x_1)=p_1=F(x_1),$$
$$P(X=x_k)=F(x_k)-F(x_{k-1}),\quad k=2,3,\cdots,n.$$

例 5.1.5　已知随机变量 X 的分布律为

X	0	1	2
P	0.1	c	0.3

求：(1) c；(2) $P(0\leqslant X\leqslant 1.5)$，$P(1\leqslant X<1.5)$，$P(X\neq 1)$.

解 (1) 由分布律的性质有 $0.1+c+0.3=1$，故 $c=0.6$.

(2) $P(0\leqslant X\leqslant 1.5)=P(X=0)+P(X=1)=0.1+0.6=0.7$，

$P(1\leqslant X<1.5)=P(X=1)=0.6$，

$P(X\neq 1)=P(X=0)+P(X=2)=0.1+0.3=0.4$.

例 5.1.6 设某篮球运动员投中篮圈的概率是 0.9，求他两次独立投篮投中次数 X 的分布律和分布函数.

解 X 可取 0，1，2 为值，且这属二重伯努利概型，故

$P(X=0)=C_2^0 0.9^0\times 0.1^2=0.01$，$P(X=1)=C_2^1 0.9\times 0.1=0.18$，

$P(X=2)=C_2^2 0.9^2\times 0.1^0=0.81$.

所以，X 的分布律为

X	0	1	2
P	0.01	0.18	0.81

有了分布律，就能一目了然地看出随机变量 X 取哪些值及取这些值的概率. 下面求 X 的分布函数.

当 $x<0$ 时，$F(x)=0$；

当 $0\leqslant x<1$ 时，$F(x)=0.01$；

当 $1\leqslant x<2$ 时，$F(x)=0.01+0.18=0.19$；

当 $x\geqslant 2$ 时，$F(x)=0.01+0.18+0.81=1$.

所以 X 的分布函数为

$$F(x)=\begin{cases}0, & x<0,\\ 0.01, & 0\leqslant x<1,\\ 0.19, & 1\leqslant x<2,\\ 1, & x\geqslant 2.\end{cases}$$

例 5.1.7 设随机变量 X 的分布函数为

$$F(x)=\begin{cases}0, & x<1,\\ \dfrac{1}{3}, & 1\leqslant x<2,\\ \dfrac{1}{2}, & 2\leqslant x<3,\\ 1, & x\geqslant 3.\end{cases}$$

求：

(1) $P(X \leqslant 1.5)$；　　(2) $P(0.7 < X \leqslant 2.6)$；

(3) $P(X > 2.8)$；　　(4) X的分布律.

解　(1) $P(X \leqslant 1.5) = F(1.5) = \frac{1}{3}$.

(2) $P(0.7 < X \leqslant 2.6) = F(2.6) - F(0.7) = \frac{1}{2} - 0 = \frac{1}{2}$.

(3) $P(X > 2.8) = 1 - P(X \leqslant 2.8) = 1 - F(2.8) = 1 - \frac{1}{2} = \frac{1}{2}$.

(4) $P(X = 1) = p_1 = F(1) = \frac{1}{3}$，$P(X = 2) = F(2) - F(1) = \frac{1}{2} - \frac{1}{3} = \frac{1}{6}$，

$P(X = 3) = F(3) - F(2) = 1 - \frac{1}{2} = \frac{1}{2}$.

所以，X的分布律为

X	1	2	3
P	$\frac{1}{3}$	$\frac{1}{6}$	$\frac{1}{2}$

2. 常见的离散型随机变量的概率分布

1) 两点分布

定义 5.1.4　若随机变量X只可能取 0 或 1 两个值，它的分布律是

$$P(X=1) = p,\quad P(X=0) = 1-p,\quad 0<p<1,$$

即

$$P(X=k) = p^k(1-p)^{1-k},\quad k=0,1,$$

则称 X 服从**两点分布** (或 **0-1 分布**). 它适用于一次试验仅有两个结果的随机现象. 两点分布的概率分布也可写成

x	0	1
P	$1-p$	p

例 5.1.8　一射手对某一目标进行射击，一次命中的概率为 0.9.

(1) 求一次射击的分布律；

(2) 求击中目标为止所需射击次数的分布律.

解　(1) 一次射击是随机现象，只有“击中”与“未击中”两种结果，所以服从两点分布.

设$\{X=1\}$表示“击中目标”，$\{X=0\}$表示“未击中目标”，则

$$P(X=0)=0.1,\quad P(X=1)=0.9.$$

故分布律为

X	0	1
P	0.1	0.9

(2) 设击中目标为止所需的射击次数为 Y，则 Y 的取值范围是{1，2，…，k，…}，则

$$P(Y=1)=0.9,$$
$$P(Y=2)=0.1\times 0.9,$$
$$\cdots\cdots$$
$$P(Y=k)=0.1^{k-1}\times 0.9,$$
$$\cdots\cdots.$$

所以，所求的分布律为

Y	1	2	…	k	…
P	0. 9	0. 1 × 0. 9	…	$0.1^{k-1}\times 0.9$	…

2) 二项分布

定义 5.1.5 设随机变量 X 所有可能的取值为 $0,1,2,\cdots,n$，且取各值的概率为

$$P(X=k)=\mathrm{C}_n^k p^k q^{n-k},\quad k=0,1,2,\cdots,n,$$

其中 $q=1-p$，$0<p<1$，则称随机变量 X 服从参数为 n,p 的二项分布，记作

$$X\sim B(n,p).$$

容易验证二项分布满足：

(1) $p_k\geqslant 0, k=0,1,2,\cdots,n$；

(2) $\sum\limits_{k=0}^{n}p_k=\sum\limits_{k=0}^{n}\mathrm{C}_n^k p^k q^{n-k}=(p+q)^n=1$.

二项分布是离散型概率分布中最重要的分布之一，随机变量 X 服从这个分布有三个重要条件：一是各次试验的条件是稳定的，这保证了事件 A 的概率在各次试验中保持不变；二是各次试验的独立性；三是每次试验只有两种可能的结果. 因此它可以描述 n 重伯努利试验中事件 A 可能出现的次数. 若以 X 表示 n 重伯努利试验中事件 A 发生的次数，则 $X\sim B(n，p)$，其中 $p=P(A)$.

特别当 $n=1$ 时，则 $P(X=1)=p$，$P(X=0)=1-p$，即为 0-1 分布.

例 5.1.9 某彩色电视机的技术规定：其平均无故障工作时间超过 5000h 为

优级品. 已知在一大批该彩色电视机中的优级品率为 80%，现从中任抽取 5 台，试写出其中优级品数的概率分布和至少有 3 台优级品的概率.

解 由于产品数量很大，因此任抽取 5 台，虽然是取后不放回，仍可近似地看作取后放回. 从而抽取 5 台可看作 5 次独立重复试验，且每次抽取只有两种可能结果，即设 $A=\{$取到优级品$\}$，$\overline{A}=\{$取到非优级品$\}$. 由题意知

$$P(A)=0.8,\quad P(\overline{A})=0.2.$$

设 5 台彩色电视机中的优级品数为随机变量 X，则 X 服从 $n=5$，$p=0.8$ 的二项分布，即 $X \sim B(5, 0.8)$，其分布律为

$$P(X=k)=\mathrm{C}_5^k 0.8^k \times 0.2^{5-k},\quad k=0,1,2,\cdots,5$$

或

X	0	1	2	3	4	5
P	0.000 3	0.006 4	0.051 2	0.204 8	0.409 6	0.327 7

在抽取到的 5 台彩色电视机中至少有 3 台优级品的概率为

$$\begin{aligned}P(X \geqslant 3)&=P(X=3)+P(X=4)+P(X=5)\\&=0.204\,8+0.409\,6+0.327\,7=0.942\,1.\end{aligned}$$

3) 泊松分布

定义 5.1.6 设随机变量 X 所有可能的取值为 $0, 1, 2,\cdots$，且取各值的概率为

$$P(X=k)=\frac{\lambda^k}{k!}\mathrm{e}^{-\lambda},\quad k=0,1,2,\cdots,$$

其中 $\lambda>0$，则称随机变量 X 服从参数为 λ 的泊松(Poisson)分布，记作 $X \sim P(\lambda)$.

可以验证，泊松分布满足概率分布的两个性质.

泊松分布广泛地应用于所谓的稠密型问题中. 例如，一段时间内某电话交换台接到的呼唤次数；公共汽车站候车的乘客人数；图书的某一页(或几页)上的印刷错误的个数；放射性物质分裂后落到某区域的质点数；某地区一段时间间隔内发生的交通事故的次数等都服从泊松分布.

若随机变量 $X \sim P(\lambda)$，X 取各可能值的概率可以查泊松分布表(参见附表 1).

例 5.1.10 某城市每天发生火灾的次数服从参数为 0.2 的泊松分布. 求：

(1) 每天恰发生 3 次火灾的概率；

(2) 每天发生 2 次以上火灾的概率.

解 设该城市每天发生火灾的次数为随机变量 X，则由题意知 $X \sim P(0.2)$，即

$$P(X=k)=\frac{0.2^k}{k!}\mathrm{e}^{-0.2},\quad k=0,1,2,\cdots,$$

从而有

(1) $P(X=3)=\dfrac{0.2^3}{3!}\mathrm{e}^{-0.2}$. 查泊松分布表($\lambda=0.2$)可得，$P(X=3)=0.001\,1$.

(2) $P(X\geqslant 2)=1-P(X<2)=1-P(X=0)-P(X=1)$. 查泊松分布表($\lambda=0.2$)可得，$P(X=0)=0.818\,7$，$P(X=1)=0.163\,7$，从而

$$P(X\geqslant 2)=1-0.818\,7-0.163\,7=0.017\,6.$$

在讨论服从二项分布的随机变量时，常需要求形如$\mathrm{C}_n^k p^k q^{n-k}(q=1-p)$的一些数值. 当 n 较大，p 较小时，实际计算是很困难的，此时，可用泊松分布作为二项分布的近似分布来应用.

定理 5.1.1 设 $X\sim B(n,\ p)$，记$\lambda=np$. 当 n 充分大，p 充分小，且 np 大小适中时，有

$$\mathrm{C}_n^k p^k(1-p)^{n-k}\approx\frac{\lambda^k}{k!}\mathrm{e}^{-\lambda}.$$

在实际计算中，当 $n\geqslant 20$，$p\leqslant 0.1$ 时，即可使用上述公式，这简化了二项分布的计算.

例 5.1.11 已知某一类种子发芽的概率为 0.96，现播种 100 粒，求不发芽的种子数不少于 4 粒的概率.

解 设X表示不发芽的种子数，则 $X\sim B(100,\ 0.04)$，从而有

$$\begin{aligned}P(X\geqslant 4)&=1-P(X<4)=1-\sum_{k=0}^{3}\mathrm{C}_{100}^k\times 0.04^k\times 0.96^{100-k}\\&=1-(0.016\,9+0.070\,3+0.145\,0+0.197\,3)\\&=1-0.429\,5=0.570\,5.\end{aligned}$$

因为 $n=100$ 较大，且 $p=0.04$ 较小，所以可按定理 5.1.1 作近似计算，其中 $\lambda=np=4$，即

$$P(X=k)=\frac{4^k}{k!}\mathrm{e}^{-4},\quad k=0,1,2,\cdots,100.$$

$P(X\geqslant 4)=1-P(X<4)=1-P(X=0)-P(X=1)-P(X=2)-P(X=3)$，查泊松分布表($\lambda=4$)可得，$P(X=0)=0.018\,3$，$P(X=1)=0.073\,3$，$P(X=2)=0.146\,5$，$P(X=3)=0.195\,4$，从而可得

$$P(X\geqslant 4)=0.566\,5.$$

可以看出，两种计算结果的误差小于 0.004，这种近似的精度是很高的.

三、连续型随机变量

1. 连续型随机变量及其密度函数

客观实际中，我们经常遇到取值充满一个区间或整个数轴的情形. 例如，河

水的水位、地区的气温、测量误差、产品的寿命等. 由于这类随机变量的取值不可一一列举，因此不能用给出分布律的方法来表示其概率分布规律. 下面给出连续型随机变量的概念.

定义 5.1.7　对于随机变量 X，如果在实数集上存在非负可积函数 $f(x)$，使 X 落在任一区间 $[a, b]$ 上的概率为

$$P(a \leqslant X \leqslant b) = \int_a^b f(x)\mathrm{d}x,$$

则称 X 为**连续型随机变量**，称 $f(x)$ 为随机变量 X 的**概率密度函数**，简称**概率密度**或**密度函数**，记作 $X \sim f(x)$.

概率密度 $f(x)$ 具有以下性质：

(1) $f(x) \geqslant 0$；

(2) $\int_{-\infty}^{+\infty} f(x)\mathrm{d}x = 1$.

概率密度 $f(x)$ 的几何意义是：

(1) 概率密度曲线不在 x 轴的下方；

(2) 概率密度曲线与 x 轴之间的图形面积为 1.

根据定积分的几何意义，概率 $P(a \leqslant X \leqslant b)$ 就是 $[a, b]$ 区间上概率密度曲线下曲边梯形的面积(图 5-3 中阴影部分).

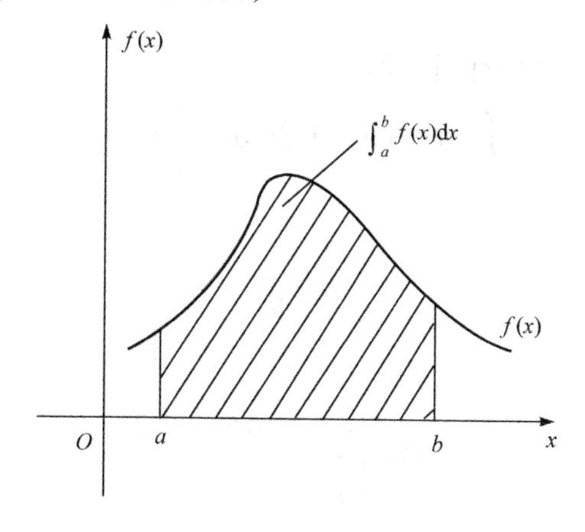

图 5-3

显然由定积分的性质可知，连续型随机变量 X 取个别值的概率等于 0，即

$$P(X = c) = 0,$$

其中 c 为任意实数. 因此，计算连续型随机变量 X 在某个区间上取值的概率时，可不考虑该区间是开区间还是闭区间，即有

$$P(a < X < b) = P(a < X \leqslant b) = P(a \leqslant X < b) = P(a \leqslant X \leqslant b).$$

若随机变量 X 的概率密度为 $f(x)$，则 X 的分布函数为

$$F(x) = P(X \leqslant x) = \int_{-\infty}^{x} f(t)\mathrm{d}t, \tag{1}$$

即 $F(x)$是 $f(x)$的积分变上限函数.

由积分知识可得到以下结论：

(1) 在密度函数 $f(x)$的连续点处，有

$$F'(x) = f(x); \tag{2}$$

(2) $P(a < X \leqslant b) = \int_{a}^{b} f(x)\mathrm{d}x = F(b) - F(a).$ (3)

(1)式、(2)式和(3)式表明了连续型随机变量的分布函数与概率密度之间的关系，它们之中已知一个可求得另一个，二者都是描述随机变量 X 的工具.

例 5.1.12 设连续型随机变量 X 的概率密度为

$$f(x) = \begin{cases} kx^2, & 0 \leqslant x \leqslant 2, \\ 0, & \text{其他}. \end{cases}$$

求：(1) 常数 k；

(2) $P(-1 \leqslant X < 1)$，$P(X = \sqrt{3})$，$P(X \geqslant 0.5)$；

(3) X 的分布函数.

解 (1) 由概率密度的性质，得

$$\int_{-\infty}^{+\infty} f(x)\mathrm{d}x = \int_{0}^{2} kx^2\mathrm{d}x = \frac{8}{3}k = 1,$$

所以

$$k = \frac{3}{8}.$$

(2) 由(1)知

$$f(x) = \begin{cases} \dfrac{3}{8}x^2, & 0 \leqslant x \leqslant 2, \\ 0, & \text{其他}. \end{cases}$$

所以

$$P(-1 \leqslant X < 1) = \int_{-1}^{1} f(x)\mathrm{d}x = \int_{0}^{1} \frac{3}{8}x^2\mathrm{d}x = \frac{1}{8},$$

$$P(X = \sqrt{3}) = 0,$$

$$P(X \geqslant 0.5) = \int_{0.5}^{+\infty} f(x)\mathrm{d}x = \int_{0.5}^{2} \frac{3}{8}x^2\mathrm{d}x = \frac{63}{64}.$$

(3) 当 $x<0$ 时,

$$F(x)=\int_{-\infty}^{x} f(t)\mathrm{d}t=\int_{-\infty}^{x} 0\mathrm{d}t=0;$$

当 $0\leqslant x<2$ 时,

$$F(x)=\int_{-\infty}^{x} f(t)\mathrm{d}t=\int_{-\infty}^{0} 0\mathrm{d}t+\int_{0}^{x}\frac{3}{8}t^2\mathrm{d}t=\frac{x^3}{8};$$

当 $x\geqslant 2$ 时,

$$F(x)=\int_{-\infty}^{x} f(t)\mathrm{d}t=\int_{-\infty}^{0} 0\mathrm{d}t+\int_{0}^{2}\frac{3}{8}t^2\mathrm{d}t+\int_{2}^{x} 0\mathrm{d}t=1.$$

于是所求的分布函数为

$$F(x)=\begin{cases}0, & x<0,\\ \dfrac{x^3}{8}, & 0\leqslant x<2,\\ 1, & x\geqslant 2.\end{cases}$$

例 5.1.13　设连续型随机变量 X 的分布函数为

$$F(x)=a+b\arctan x,\quad -\infty<x<+\infty.$$

求：(1) 常数 a，b 的值；

(2) X 的密度函数；

(3) $P(-1\leqslant X\leqslant 1)$，$P(X^2>1)$.

解　(1) 根据分布函数的性质，有

$$F(+\infty)=\lim_{x\to+\infty}(a+b\arctan x)=a+b\cdot\frac{\pi}{2}=1,$$

$$F(-\infty)=\lim_{x\to-\infty}(a+b\arctan x)=a-b\cdot\frac{\pi}{2}=0,$$

联立解得 $a=\dfrac{1}{2}$，$b=\dfrac{1}{\pi}$.

(2) 由(1)知

$$F(x)=\frac{1}{2}+\frac{1}{\pi}\arctan x,\quad -\infty<x<+\infty,$$

故由密度函数 $f(x)=F'(x)$，得

$$f(x)=\frac{1}{\pi(1+x^2)},\quad -\infty<x<+\infty.$$

(3) $P(-1\leqslant X\leqslant 1)=F(1)-F(-1)$

$$=\left(\frac{1}{2}+\frac{1}{\pi}\arctan 1\right)-\left[\frac{1}{2}+\frac{1}{\pi}\arctan(-1)\right]=\frac{1}{4}+\frac{1}{4}=\frac{1}{2}.$$

$$P(X^2>1)=1-P(X^2\leqslant 1)=1-P(-1\leqslant X\leqslant 1)=1-\frac{1}{2}=\frac{1}{2}.$$

2. 常见的连续型随机变量的概率分布

1) 均匀分布

定义 5.1.8 若连续型随机变量的密度函数为

$$f(x)=\begin{cases}\dfrac{1}{b-a}, & a\leqslant x\leqslant b,\\ 0, & \text{其他},\end{cases}$$

其中 $a<b$，则称 X 在区间 $[a, b]$ 上服从均匀分布，记作 $X\sim U[a, b]$.

容易验证 X 的分布函数为

$$F(x)=\begin{cases}0, & x<a,\\ \dfrac{x-a}{b-a}, & a\leqslant x<b,\\ 1, & x\geqslant b.\end{cases}$$

若 $X\sim U[a, b]$，$[x_1, x_2]$ 为 $[a, b]$ 中的任一子区间，则

$$P(x_1\leqslant X\leqslant x_2)=\int_{x_1}^{x_2}f(x)\mathrm{d}x=\int_{x_1}^{x_2}\frac{1}{b-a}\mathrm{d}x=\frac{1}{b-a}(x_2-x_1).$$

这说明 X 落在子区间 $[x_1, x_2]$ 上的概率只与子区间的长度有关，与子区间的位置无关. 当任何子区间长度一样时，X 落在这些子区间上的概率就完全相等. 这就是均匀分布的含意，即“等可能性”.

均匀分布在实际问题中较为常见，如乘客的候车时间，一个随机数 (任取的一实数)取整后产生的误差等都服从均匀分布.

例 5.1.14 设某条公交线路每隔 5 分钟发一班车，某人来到起点站之前并不知道发车的时刻表. 求他等待时间不超过 2 分钟的概率.

解 设随机变量 X 为此人到达起点站后的等待时间，则 $X\sim U[0, 5]$，于是其概率密度为

$$f(x)=\begin{cases}\dfrac{1}{5}, & 0\leqslant x\leqslant 5,\\ 0, & \text{其他}.\end{cases}$$

所以

$$P(X \leqslant 2)=\int_0^2 \frac{1}{5}\mathrm{d}x=0.4.$$

2) 指数分布

定义 5.1.9　若连续型随机变量的密度函数为

$$f(x)=\begin{cases}\lambda \mathrm{e}^{-\lambda x}, & x>0,\\ 0, & x\leqslant 0,\end{cases}$$

其中λ为大于零的常数，则称X服从参数为λ的指数分布，记作$X\sim E(\lambda)$.

由概率密度易得指数分布的分布函数为

$$f(x)=\begin{cases}1-\mathrm{e}^{-\lambda x}, & x>0,\\ 0, & x\leqslant 0.\end{cases}$$

例 5.1.15　设某电子元件使用寿命 X(单位：h)服从参数$\lambda=\dfrac{1}{1000}$的指数分布. 求：

(1) 该电子元件使用 1000h 而不坏的概率；

(2) 在使用 500h 没坏的条件下，再使用 1000h 而不坏的概率.

解　由题意知随机变量X的密度函数为

$$f(x)=\begin{cases}\dfrac{1}{1000}\mathrm{e}^{-\frac{1}{1000}x}, & x>0,\\ 0, & x\leqslant 0.\end{cases}$$

(1) 该电子元件使用 1000h 而不坏的概率为

$$P(X>1000)=\int_{1000}^{+\infty}\frac{1}{1000}\mathrm{e}^{-\frac{1}{1000}x}\mathrm{d}x=\mathrm{e}^{-1}.$$

(2) 该问题对应的是一个条件概率问题，所求为

$$\begin{aligned}P(X>1500|X>500)&=\frac{P(X>1500\cap X>500)}{P(X>500)}\\&=\frac{P(X>1500)}{P(X>500)}=\frac{\mathrm{e}^{-1.5}}{\mathrm{e}^{-0.5}}=\mathrm{e}^{-1}\quad(=P(X>1000)).\end{aligned}$$

3) 正态分布

正态分布是所有概率分布中最重要的分布，一方面正态分布是许多分布的近似；另一方面通过正态分布可导出其他一些分布. 因此正态分布在应用及理论研究中都占有非常重要的地位.

定义 5.1.10　若连续型随机变量X的密度函数为

$$f(x)=\frac{1}{\sqrt{2\pi\sigma}}\mathrm{e}^{-\frac{(x-\mu)^2}{2\sigma^2}},\quad -\infty<x+\infty,$$

其中 μ，$\sigma(\sigma>0)$ 都是常数，则称 X 服从参数为 μ，σ 的正态分布，记作 $X\sim N(\mu,\sigma^2)$.

正态分布的概率密度函数 $f(x)$ 具有如下特点：

(1) 当 σ 固定、μ 变动时，$f(x)$ 的图形如图 5-4 所示，即 σ 不变，μ 的改变使曲线左右移动而形状相同.

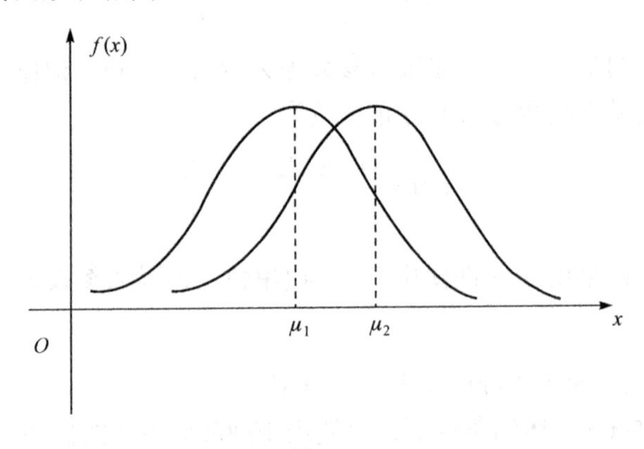

图 5-4

(2) 当 μ 固定，σ 变动时，$f(x)$ 的图形如图 5-5 所示，由此可知：

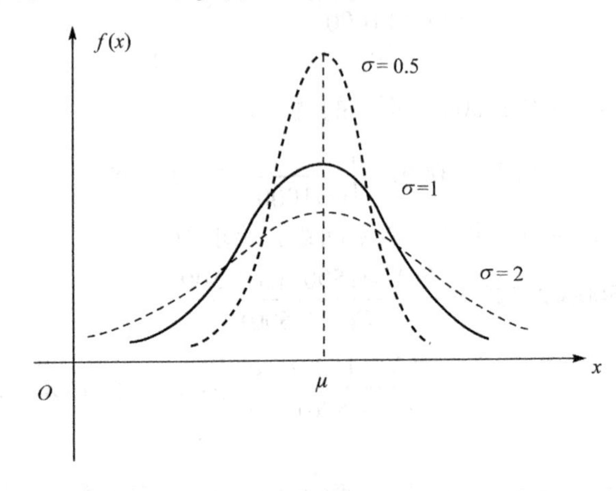

图 5-5

(a) $f(x)$ 的曲线以 $x=\mu$ 为对称轴，向左右对称地无限延伸，并且以 x 轴为渐近线；

(b) $f(x)$ 在 $x=\mu$ 处取得最大值 $\dfrac{1}{\sqrt{2\pi}\sigma}$；

(c) $f(x)$ 在 $(-\infty,\ \mu)$ 内单调增加，在 $(\mu,+\infty)$ 内单调减少；

(d) σ 越大时，$f(x)$的曲线越平坦(即分布越分散)；σ 越小时，$f(x)$的曲线越陡峭(即分布越集中于 μ 的附近).

显然，服从正态分布的随机变量 X 的分布函数为

$$F(x)=\frac{1}{\sqrt{2\pi}\sigma}\int_{-\infty}^{x}\mathrm{e}^{-\frac{(t-\mu)^2}{2\sigma^2}}\mathrm{d}t,\quad -\infty<x<+\infty.$$

特别地，当 $\mu=0$，$\sigma=1$ 时，称随机变量 X 服从标准正态分布，记作 $X\sim N(0,1)$. 这时用 $\varphi(x)$，$\Phi(x)$ 分别表示其密度函数和分布函数，即

$$\varphi(x)=\frac{1}{\sqrt{2\pi}}\mathrm{e}^{-\frac{x^2}{2}},\quad \Phi(x)=\frac{1}{\sqrt{2\pi}}\int_{-\infty}^{x}\mathrm{e}^{-\frac{t^2}{2}}\mathrm{d}t.$$

下面讨论正态分布的概率计算.

若 $X\sim N(0,1)$，由于概率密度 $\varphi(x)$ 是偶函数，其图形关于 y 轴对称，所以有

$$\Phi(-x)=1-\Phi(x).$$

人们编制了 $\Phi(x)$ 的函数值表(附表 2)，可以从这个表中查出服从 $N(0,1)$的随机变量 X，当给定值 $x>0$ 时，$P(X\leqslant x)=\Phi(x)$；而当 $x<0$ 时，可利用 $\Phi(x)=1-\Phi(-x)$，并通过查表得 $\Phi(-x)$，从而计算出 $\Phi(x)$.

例 5.1.16　设 $X\sim N(0.1)$，求下列各值：

(1) $P(X\leqslant 1)$；　(2) $P(X\leqslant -1)$；　(3) $P(|X|\leqslant 1)$；　(4) $P(X<3.9)$.

解　查表可知，

(1) $P(X\leqslant 1)=\Phi(1)=0.8413$.

(2) $P(x\leqslant -1)=\Phi(-1)=1-\Phi(1)=1-0.8413=0.1587$.

(3) $P(|X|\leqslant 1)=P(-1\leqslant X\leqslant 1)=\Phi(1)-\Phi(-1)=2\Phi(1)-1$

$$=2\times 0.8413-1=0.6826.$$

(4) $P(X<3.9)=\Phi(3.9)\approx 1$.

一般正态分布与标准正态分布之间有如下定理.

定理 5.1.2　如果 $X\sim N(\mu,\ \sigma^2)$，则 $Y=\dfrac{X-\mu}{\sigma}\sim N(0,1)$.

由定理 5.1.2，若 $X\sim N(\mu,\ \sigma^2)$，则

$$P(a<X\leqslant b)=P\left(\frac{a-\mu}{\sigma}<\frac{X-\mu}{\sigma}\leqslant\frac{b-\mu}{\sigma}\right)$$

$$=\Phi\left(\frac{b-\mu}{\sigma}\right)-\Phi\left(\frac{a-\mu}{\sigma}\right).$$

例 5.1.17　设 $X\sim N(1,\ 4)$，求：

(1) $P(X<5.3)$；　(2) $P(0\leqslant X<1.6)$；　(3) $P(|X|>1)$.

解 由定理 5.1.2 及附表 2 得

(1) $P(X<5.3)=\Phi\left(\dfrac{5.3-1}{2}\right)=\Phi(2.15)=0.9842$.

(2) $P(0\leqslant X<1.6)=\Phi\left(\dfrac{1.6-1}{2}\right)-\Phi\left(\dfrac{0-1}{2}\right)$

$$=\Phi(0.3)-\Phi(-0.5)=\Phi(0.3)-[1-\Phi(0.5)]=0.3094.$$

(3) $P(|X|>1)=1-P(|X|\leqslant 1)=1-P(-1\leqslant X\leqslant 1)$

$$=1-\left[\Phi\left(\frac{1-1}{2}\right)-\Phi\left(\frac{-1-1}{2}\right)\right]$$

$$=1-\Phi(0)+\Phi(-1)=0.6535.$$

例 5.1.18 设随机变量 $X\sim N(\mu,\ \sigma^2)$，求 $P(|X-\mu|<k\sigma)$，$k=1$，2，3.

解 以 $k=3$ 为例，有

$$P(|X-\mu|<3\sigma)=P(\mu-3\sigma<X<\mu+3\sigma)$$

$$=\Phi\left(\frac{\mu+3\sigma-\mu}{\sigma}\right)-\Phi\left(\frac{\mu-3\sigma-\mu}{\sigma}\right)$$

$$=\Phi(3)-\Phi(-3)=99.7\%.$$

同理，$k=2$，1 时分别有

$$P(|X-\mu|<2\sigma)=95.4\%,\quad P(|X-\mu|<\sigma)=68.3\%.$$

由上例可知，服从正态分布的随机变量 X 落在区间 $[\mu-3\sigma,\mu+3\sigma]$ 内的概率为 99.7%，一般在实际应用中，往往认为 X 的实际取值落在 $[\mu-3\sigma,\mu+3\sigma]$ 之外的情况是极少的，也就是说基本上可以把区间 $[\mu-3\sigma,\mu+3\sigma]$ 看成是 X 实际可能的取值区间. 这就是所谓的“3σ”原则.

例 5.1.19 由历史记录，某地区年总降雨量 $X\sim N(600,150^2)$ (单位：mm)，求：

(1) 明年年降雨量在 400mm～700mm 的概率为多少？

(2) 明年年降雨量至少为 300mm 的概率为多少？

(3) 明年年降雨量小于何值时概率为 0.1？

解 (1) $P(400<X<700)=F(700)-F(400)$

$$=\Phi\left(\frac{700-600}{150}\right)-\Phi\left(\frac{400-600}{150}\right)$$

$$=\Phi(0.67)-\Phi(-1.33)=0.6568.$$

(2) $P(X\geqslant 300)=1-P(X<300)=1-\Phi\left(\dfrac{300-600}{150}\right)$

$$=1-\Phi(-2)=1-[1-\Phi(2)]=\Phi(2)=0.9772.$$

(3) 设该值为 a，则有

$$P(X < a) = 0.1,$$

即

$$P(X < a) = F(a) = \Phi\left(\frac{a-600}{150}\right) = 0.1.$$

查附表 2 得 $\dfrac{a-600}{150} \approx -1.28$，从而 $a \approx 408\text{mm}$.

习　题　5-1

1. 下列函数是否是某个随机变量的分布函数？

(1) $F(x)=\begin{cases}0, & x<-2,\\ \dfrac{1}{2}, & -2\leqslant x<0,\\ 1, & x\geqslant 0;\end{cases}$　(2) $F(x)=\dfrac{1}{1+x^2}, -\infty<x<+\infty.$

2. 下面列出的表格是否是某个随机变量的分布列？为什么？

(1)

X	1	2	3	4
P	0.4	0.1	0.3	0.2

(2)

X	1	2	3	4	5
P	0.12	0.26	0.31	0.1	0.2

3. 同时抛掷 3 枚硬币，以 X 表示出现正面的次数，写出 X 的分布律.

4. 13 件产品中有 10 件正品，3 件次品. 现从中随机地一件一件取出，以 X 表示直到取得正品为止所需的次数，分别求下列情况下 X 的分布律：

(1) 每次取出产品检验后不放回；

(2) 每次取出产品检验后放回.

5. 已知随机变量 X 只能取$-1, 0, 1, 2$ 这四个值，相应概率依次为 $\dfrac{1}{2c}$，$\dfrac{3}{4c}$，$\dfrac{5}{8c}$，$\dfrac{2}{16c}$，求：

(1) 常数 c；

(2) $P(X\geqslant 0)$，$P(-0.5<X\leqslant 1.5)$，$P(X<1 \mid X\neq 0)$；

(3) 分布函数.

6. 设随机变量 X 的概率密度为

$$f(x)=\begin{cases}a\cos x, & -\dfrac{\pi}{2}\leqslant x\leqslant\dfrac{\pi}{2},\\ 0, & \text{其他}.\end{cases}$$

(1) 求常数 a；

(2) 求 X 的分布函数 $F(x)$;

(3) 利用密度函数 $f(x)$ 求 $P\left(0\leqslant X\leqslant\frac{\pi}{4}\right)$;

(4) 利用分布函数 $F(x)$ 求 $P\left(0\leqslant X<\frac{\pi}{4}\right)$.

7. 设随机变量 X 的分布函数为

$$F(x)=\begin{cases}\frac{1}{2}e^{x}, & x<0,\\ \frac{1}{2}+\frac{x}{4}, & 0\leqslant x<2,\\ 1, & x\geqslant 2.\end{cases}$$

求：(1) X 的密度函数；

(2) $P(-1\leqslant X\leqslant 1)$，$P(1<X\leqslant 3)$.

8. 已知 X 的密度函数为

$$f(x)=\begin{cases}e^{-x}, & x>0,\\ 0, & x\leqslant 0.\end{cases}$$

求：(1) $P(X<0)$； (2)$P(-1\leqslant X<3)$； (3)$P(X\geqslant 1)$.

9. 每发炮弹命中飞机的概率为 0.01，求连续射击 100 发，有 5 发命中的概率.

10. 设某城市在一周内发生交通事故的次数服从参数为 0.3 的泊松分布，求：

(1) 在一周内恰好发生 2 次交通事故的概率；

(2) 在一周内至少发生 1 次交通事故的概率.

11. 设 $X\sim N(0,1)$，

(1) 求 $P(0.5<X\leqslant 1.5)$，$P(X<-1.5)$，$P(|X|\leqslant 1.5)$，$P(|X|>0.5)$；

(2) 若 $P(X<a)=0.9726$，求 a 的值.

12. 设 $X\sim N(3,2^2)$，

(1) 求 $P(2<X\leqslant 5)$，$P(|X|>2)$，$P(X>3)$；

(2) 确定 c，使得 $P(X>c)=P(X\leqslant c)$.

13. 已知某批建筑材料的强度 X 服从正态分布 $N(200,18^2)$，现从中任取 1 件，求：

(1) 取到的建筑材料强度不低于 180 的概率；

(2) 如果工程要求所用建筑材料以 99%的概率保证强度不低于 150，问这批建筑材料是否符合要求？

14. 某地抽样调查结果表明，考生的外语成绩(百分制)分布近似于正态分布 $N(72,\sigma^2)$，96 分以上的占考生总数的 2.3%，试求考生的外语成绩在 60～84 分的概率.

15. 设某河每年的最高洪水水位 X(单位：m)具有概率密度

$$f(x)=\begin{cases}\frac{2}{x^3}, & x\geqslant 1,\\ 0, & \text{其他}.\end{cases}$$

计划修建的河堤要能防御百年一遇的洪水(即遇到洪水而被破堤的概率不大于 0.01). 试问河堤至少需要修多高？

16. 设电池寿命 X(单位：h)服从正态分布 $N(300, 35^2)$.

(1) 求这种电池寿命在 250h 以上的概率；

(2) 求一个最小的正整数 x，使电池寿命 X 在区间$(300 - x，300 + x)$内取值的概率不小于 0.901.

第 2 节　随机变量的数字特征

随机变量的概率分布比较完整地描述了随机变量的统计规律. 但在实际问题中，确定一个随机变量的概率分布往往不是一件容易的事，况且许多问题并不需要考察随机变量的全面情况，只需求出它的某些反映随机变量统计的特征的数值，这些数值，我们称之为随机变量的数字特征. 本节介绍两种最重要和常用的随机变量的数字特征——数学期望和方差.

一、数学期望

1. 数学期望的概念

先看下面一个例子.

某学生 10 次考试的成绩(五分制)记录为：1 次 2 分、2 次 3 分、3 次 4 分、4 次 5 分. 在计算这个学生的平均成绩时，应考虑到他获得各种分数的次数各不相同的特点. 即他的平均成绩(记作 $\bar{x}$)应按以下方法计算：

$$\begin{aligned}\bar{x} &= \frac{2\times1+3\times2+4\times3+5\times4}{10}\\ &= 2\times\frac{1}{10}+3\times\frac{2}{10}+4\times\frac{3}{10}+5\times\frac{4}{10}=4.\end{aligned}$$

如果以 X 表示这个学生的考试成绩，则 2，3，4，5 表示 X 的可能取值，$\frac{1}{10}$，$\frac{2}{10}$，$\frac{3}{10}$，$\frac{4}{10}$ 可视为 X 取相应值的概率，在此含义下，上述平均成绩的计算意味着

$$\bar{x}=2\times P(X=2)+3\times P(X=3)+4\times P(X=4)+5\times P(X=5).$$

由上面方法所求的平均值称为**加权平均值**，一般地我们有下述定义.

定义 5.2.1　设离散型随机变量 X 的分布律为 $P(X=x_k)=p_k$，$k = 1，2，\cdots$，若级数 $\sum\limits_{k=1}^{\infty}|x_k|p_k$ 收敛，则称级数 $\sum\limits_{k=1}^{\infty}x_k p_k$ 的和为离散型随机变量 X 的**数学期望**(或**均值**)，记作 $E(X)$，即

$$E(X)=\sum_{k=1}^{\infty}x_k p_k.$$

设连续型随机变量 X 的概率密度为 $f(x)$，如果广义积分 $\int_{-\infty}^{+\infty}|x|f(x)\mathrm{d}x$ 收敛，则称广义积分 $\int_{-\infty}^{+\infty}xf(x)\mathrm{d}x$ 的值为连续型随机变量 X 的**数学期望(或均值)**，记作 $E(X)$，即

$$E(X)=\int_{-\infty}^{+\infty}xf(x)\mathrm{d}x.$$

由数学期望的定义可知，数学期望是描述随机变量取值的平均状态的数字特征.

例 5.2.1　甲、乙两工人一月中所出废品件数的概率分布分别如下表所示. 设两人月产量相等，试问谁的技术较高？

甲工人

X	0	1	2	3
P	0.6	0.1	0.1	0.2

乙工人

Y	0	1	2	3
P	0.5	0.3	0.1	0.1

解　技术高低可以用废品件数 X 和 Y 的数学期望来比较. 由数学期望的定义有

$$E(X)=0\times 0.6+1\times 0.1+2\times 0.1+3\times 0.2=0.9,$$

$$E(Y)=0\times 0.5+1\times 0.3+2\times 0.1+3\times 0.1=0.8.$$

因为 $E(Y)<E(X)$，即每月乙工人出的平均废品数小于甲工人出的平均废品数，故乙工人的技术比甲工人好.

例 5.2.2　设连续型随机变量 X 的密度函数为

$$f(x)=\begin{cases}2x, & 0\leqslant x\leqslant 1,\\ 0, & \text{其他},\end{cases}$$

求 $E(X)$.

解　$E(X)=\int_{-\infty}^{+\infty}xf(x)\mathrm{d}x=\int_0^1 x\cdot 2x\mathrm{d}x=\frac{2}{3}x^3\Big|_0^1=\frac{2}{3}.$

例 5.2.3　已知某种电子元件的使用寿命(单位：h)分布的密度函数为

$$f(x)=\begin{cases}\dfrac{1}{1000}\mathrm{e}^{-\frac{x}{1000}}, & x>0,\\ 0, & x\leqslant 0,\end{cases}$$

求该种电子元件的平均使用寿命.

解　设该种电子元件的使用寿命为随机变量 X，则

$$E(X)=\int_{-\infty}^{-\infty}xf(x)\mathrm{d}x=\int_{0}^{+\infty}x\cdot\frac{1}{1000}\mathrm{e}^{-\frac{x}{1000}}\mathrm{d}x=-\int_{0}^{+\infty}x\mathrm{d}\left(\mathrm{e}^{-\frac{x}{1000}}\right)$$

$$=-\left(x\mathrm{e}^{-\frac{x}{1000}}+1000\mathrm{e}^{-\frac{x}{1000}}\right)\Bigg|_{0}^{+\infty}=1000\mathrm{h},$$

即该种电子元件的平均使用寿命为 1000h.

2. 随机变量函数的数学期望

定义 5.2.2　如果随机变量 X 取值 x，随机变量 Y 取函数 $y=g(x)$的值，则称随机变量 Y 为随机变量 X 的函数，记作 $Y=g(X)$.

怎样由随机变量 X 的概率分布求随机变量函数 $Y=g(X)$的数学期望呢?

定理 5.2.1　(1) 若 X 是离散型随机变量，其分布律为 $P(X=x_k)=p_k$，$k=1,2,\cdots$，则当 $\sum_{k=1}^{\infty}|g(x_k)|p_k$ 收敛时，随机变量 $Y=g(X)$的数学期望为

$$E(Y)=E[g(X)]=\sum_{k=1}^{\infty}g(x_k)p_k. \tag{1}$$

(2) 若 X 是连续型随机变量，其概率密度为 $f(x)$，则当 $\int_{-\infty}^{+\infty}|g(x)|f(x)\mathrm{d}x$ 收敛时，随机变量 $Y=g(X)$的数学期望为

$$E(Y)=E[g(X)]=\int_{-\infty}^{+\infty}g(x)f(x)\mathrm{d}x. \tag{2}$$

例 5.2.4　设随机变量 X 的分布律如下表所示. 求随机变量 $Y=X^2$ 的数学期望.

X	−1	0	1	2
P	0.1	0.3	0.4	0.2

解　由(1)式得

$$E(Y)=E(X^2)=(-1)^2\times 0.1+0^2\times 0.3+1^2\times 0.4+2^2\times 0.2=1.3.$$

例 5.2.5　设 $X\sim U\left[0,\dfrac{\pi}{2}\right]$，求 $E(2X+1)$，$E(\cos X)$.

解　由已知，有 X 的密度函数为

$$f(x)=\begin{cases}\dfrac{2}{\pi}, & 0\leqslant x\leqslant\dfrac{\pi}{2},\\ 0, & \text{其他},\end{cases}$$

所以，由(2)式得

$$E(2X+1)=\int_{-\infty}^{+\infty}(2x+1)f(x)\mathrm{d}x=\int_0^{\frac{\pi}{2}}\frac{2}{\pi}(2x+1)\mathrm{d}x=\frac{2}{\pi}(x^2+x)\Big|_0^{\frac{\pi}{2}}=\frac{\pi}{2}+1,$$

$$E(\cos X)=\int_{-\infty}^{+\infty}\cos xf(x)\mathrm{d}x=\int_0^{\frac{\pi}{2}}\frac{2}{\pi}\cos x\mathrm{d}x=\frac{2}{\pi}\sin x\Big|_0^{\frac{\pi}{2}}=\frac{2}{\pi}.$$

3. 数学期望的性质

性质 5.2.1　设 C 为常数，则 $E(C)=C$.

性质 5.2.2　设 X 为一个随机变量，k 为常数，则 $E(kX)=kE(X)$.

性质 5.2.3　设 X，Y 为两个随机变量，则 $E(X+Y)=E(X)+E(Y)$.

一般地，对任意常数 k_1，k_2，…，k_n 和 n 个随机变量 X_1，X_2，…，X_n，有

$$E(k_1X_1+k_2X_2+\cdots+k_nX_n)=k_1E(X_1)+k_2E(X_2)+\cdots+k_nE(X_n).$$

性质 5.2.4　设 X，Y 为相互独立的随机变量，则 $E(XY)=E(X)E(Y)$.

例 5.2.6　已知 $E(X)=2$，$E(Y)=3$，求 $E(3X+2)$，$E(4X-3Y)$.

解　$E(3X+2)=E(3X)+E(2)=3E(X)+2=3\times 2+2=8$.

$$E(4X-3Y)=4E(X)-3E(Y)=4\times 2-3\times 3=-1.$$

二、方差

1. 方差的概念

数学期望反映了随机变量取值的平均状况，为了能对随机变量的变化情况作出更全面、准确的描述，人们还希望知道随机变量的可能取值与其均值(数学期望)的偏离情况. 先看下面的例题.

例 5.2.7　甲、乙两射手进行射击比赛，设他们射击的得分分别是随机变量 X 和 Y，已知它们的分布律为

X	0	1	2
P	0.2	0.1	0.7

Y	0	1	2
P	0.1	0.3	0.6

试评定甲、乙的射击水平.

由计算可知 $E(X)=E(Y)=1.5$，因此，两射手平均得分相同，从均值来看，

无法分辨谁优谁劣. 但从分布律可以看出，X 有 80% 集中在均值 1.5 附近，Y 有 90% 集中在均值 1.5 附近，显然乙射手水平较甲射手稳定.

上例说明，对一随机变量，除考虑它的均值外，还要考虑它的取值与均值的偏离程度.

定义 5.2.3　设 X 是一个随机变量，若 $E\left\{\left[X-E(X)\right]^2\right\}$ 存在，则称 $E\left\{\left[X-E(X)\right]^2\right\}$ 为随机变量 X 的方差，记作 $D(X)$，即

$$D(X)=E\left\{\left[X-E(X)\right]^2\right\}.$$

称 $\sqrt{D(X)}$ 为随机变量 X 的标准差(或均方差).

方差或标准差是描述随机变量取值集中程度的一个数字特征，方差越小，X 的取值相对于 $E(X)$ 越集中；方差越大，X 的取值相对于 $E(X)$ 越分散.

由方差的定义可知，计算方差实质上是求随机变量 X 的函数 $\left[X-E(X)\right]^2$ 的数学期望，故有下面计算公式：

若 X 是离散型随机变量，且 $P(X=x_k)=p_k$，$k=1,2,\cdots$，则

$$D(X)=E\left\{\left[X-E(X)\right]^2\right\}=\sum_{k=1}^{\infty}\left[x_k-E(X)\right]^2 p_k. \tag{3}$$

若 X 是连续型随机变量，且概率密度为 $f(x)$，则

$$D(X)=E\left\{\left[X-E(X)\right]^2\right\}=\int_{-\infty}^{+\infty}\left[x-E(X)\right]^2 f(x)\mathrm{d}x. \tag{4}$$

方差还有以下常用的计算方式：

$$D(X)=E(X^2)-\left[E(X)\right]^2. \tag{5}$$

事实上，由 $E(X)$ 为常数，得 $E[E(X)]=E(X)$，有

$$\begin{aligned}D(X)&=E\left\{\left[X-E(X)\right]^2\right\}=E\left\{X^2-2XE(X)+\left[E(X)\right]^2\right\}\\&=E(X^2)-2E(X)E(X)+\left[E(X)\right]^2\\&=E(X^2)-\left[E(X)\right]^2.\end{aligned}$$

例 5.2.8　求例 5.2.7 中随机变量 X 和 Y 的方差 $D(X)$ 和 $D(Y)$.

解　先求 $D(X)$.

方法 1　由例 5.2.7 知 $E(X)=1.5$，又由(3)式得

$$D(X)=(0-1.5)^2\times 0.2+(1-1.5)^2\times 0.1+(2-1.5)^2\times 0.7=0.65.$$

方法 2　由(5)式得

$$D(X)=E(X^2)-\left[E(X)\right]^2=(0^2\times 0.2+1^2\times 0.1+2^2\times 0.7)-1.5^2=0.65.$$

同理可得 $D(Y)=0.45$. $D(Y)<D(X)$，所以 Y 的取值较 X 的取值集中，这说明

乙射手水平较甲射手稳定.

例 5.2.9 设 $X \sim U[a, b]$，求 $D(X)$.

解 X的密度函数为

$$f(x)=\begin{cases}\dfrac{1}{b-a}, & a \leqslant x \leqslant b,\\ 0, & \text{其他},\end{cases}$$

于是有

$$E(X)=\int_{-\infty}^{+\infty} xf(x)\mathrm{d}x=\int_a^b \frac{x}{b-a}\mathrm{d}x=\frac{a+b}{2},$$

$$E(X^2)=\int_{-\infty}^{+\infty} x^2 f(x)\mathrm{d}x=\int_a^b \frac{x^2}{b-a}\mathrm{d}x=\frac{1}{3}(a^2+ab+b^2),$$

所以方差为

$$\begin{aligned}D(X)&=E(X^2)-[E(X)]^2\\&=\frac{1}{3}(a^2+ab+b^2)-\left(\frac{a+b}{2}\right)^2=\frac{(b-a)^2}{12}.\end{aligned}$$

例 5.2.10 设 $X \sim E(\lambda)$，$\lambda>0$，求 $D(X)$.

解 X的密度函数为

$$f(x)=\begin{cases}\lambda \mathrm{e}^{-\lambda x}, & x>0,\\ 0, & x \leqslant 0,\end{cases}$$

于是有

$$\begin{aligned}E(X)&=\int_{-\infty}^{+\infty} xf(x)\mathrm{d}x=\int_0^{+\infty} x\cdot\lambda \mathrm{e}^{-\lambda x}\mathrm{d}x=-\int_0^{+\infty} x\mathrm{d}\mathrm{e}^{-\lambda x}\\&=-x\mathrm{e}^{\lambda x}\Big|_0^{+\infty}+\int_0^{+\infty}\mathrm{e}^{-\lambda x}\mathrm{d}x\\&=-\frac{1}{\lambda}\mathrm{e}^{-\lambda x}\Big|_0^{+\infty}=\frac{1}{\lambda},\end{aligned}$$

$$\begin{aligned}E(X^2)&=\int_{-\infty}^{+\infty} x^2 f(x)\mathrm{d}x=\int_0^{+\infty} x^2\cdot\lambda \mathrm{e}^{-\lambda x}\mathrm{d}x=-\int_0^{+\infty} x^2\mathrm{d}\mathrm{e}^{-\lambda x}\\&=-x^2\mathrm{e}^{-\lambda x}\Big|_0^{+\infty}+2\int_0^{+\infty} x\mathrm{e}^{-\lambda x}\mathrm{d}x\\&=\frac{2}{\lambda}\int_0^{+\infty} x\lambda \mathrm{e}^{-\lambda x}\mathrm{d}x=\frac{2}{\lambda^2},\end{aligned}$$

所以

$$D(X)=E(X^2)-[E(X)]^2=\frac{1}{\lambda^2}-\frac{1}{\lambda^2}=\frac{1}{\lambda^2}.$$

类似可得，当 $X\sim N(\mu,\ \sigma^2)$ 时，有

$$E(X)=\mu,\quad D(X)=\sigma^2.$$

2. 方差的性质

性质 5.2.5　设 C 为常数，则 $D(C)=0$.

性质 5.2.6　设 X 为一个随机变量，k 为常数，则 $D(kX)=k^2D(X)$.

性质 5.2.7　设 X，Y 为两个相互独立的随机变量，则 $D(X+Y)=D(X)+D(Y)$.

例 5.2.11　已知 $X\sim N(\mu,\sigma^2)$，求 $E\left(\frac{X-\mu}{\sigma}\right)$，$D\left(\frac{X-\mu}{\sigma}\right)$.

解　由 $X\sim N(\mu,\sigma^2)$ 知 $E(X)=\mu$，$D(X)=\sigma^2$. 从而

$$E\left(\frac{X-\mu}{\sigma}\right)=\frac{1}{\sigma}[E(X)-E(\mu)]=\frac{1}{\sigma}(\mu-\mu)=0,$$

$$D\left(\frac{X-\mu}{\sigma}\right)=\frac{1}{\sigma^2}[D(X)+D(\mu)]=\frac{1}{\sigma^2}(\sigma^2+0)=1.$$

例 5.2.11 说明 $Y=\frac{X-\mu}{\sigma}\sim N(0,1)$. 一般地，若随机变量 X 的数学期望 $E(X)$ 和方差 $D(X)$ 都存在，且 $D(X)>0$，则对 $Y=\frac{X-E(X)}{\sqrt{D(X)}}$，易验证 $E(Y)=0$，$D(Y)=1$，我们称 $Y=\frac{X-E(X)}{\sqrt{D(X)}}$ 为 X 的**标准化随机变量**.

数学期望和方差在概率统计中经常要用到，为了便于应用，将常用分布的数学期望和方差列表如表 5-1 所示.

表 5-1　常用分布的数字特征

名称	分布表达式	参数范围	数学期望	方差
两点分布	$P(X=k)=p^kq^{1-k}$，$k=0,1$	$0<p<1$，$q=1-p$	p	pq
二项分布	$P(X=k)=C_n^kp^kq^{n-k}$，$k=0,1,\cdots,n$	$0<p<1$，$q=1-p$ $n\in\mathbf{N}$	np	npq
泊松分布	$P(X=k)=\frac{\lambda^k}{k!}e^{-\lambda}$，$k=0,1,2,\cdots$	$\lambda>0$	λ	λ
均匀分布	$f(x)=\begin{cases}\frac{1}{b-a}, & a\leqslant x\leqslant b,\\ 0, & 其他\end{cases}$	$b>a$	$\frac{b+a}{2}$	$\frac{(b-a)^2}{12}$

续表

名称	分布表达式	参数范围	数学期望	方差
指数分布	$f(x)=\begin{cases}\lambda e^{-\lambda x}, & x>0,\\ 0, & x\leqslant 0\end{cases}$	$\lambda>0$	$\frac{1}{\lambda}$	$\frac{1}{\lambda^2}$
正态分布	$f(x)=\frac{1}{\sqrt{2\pi}\sigma}e^{-\frac{(x-\mu)^2}{2\sigma 2}}$	$-\infty<\mu<+\infty$ $\sigma>0$	μ	σ^2
标准正态分布	$f(x)=\frac{1}{\sqrt{2\pi}}e^{-\frac{x^2}{2}}$		0	1

习　题　5-2

1. 设随机变量 X 的分布律如下表所示：

X	-2	0	2
P	0.4	0.3	0.3

求 $E(X)$，$E(3X^2+5)$，$D(X)$，$D(2X)$，$D(-3X-2)$.

2. 在 7 名男同学 3 名女同学中选 2 名代表，求选出的 2 名代表中女同学人数的数学期望和方差.

3. 设随机变量 X 的密度函数为

$$f(x)=\begin{cases}\dfrac{1}{\pi\sqrt{1-x^2}}, & -1<x<1,\\ 0, & \text{其他},\end{cases}$$

求 $E(X)$，$D(X)$.

4. 设 $X\sim U[0,\ 1]$，求 $E(e^X)$，$E\left(\ln\dfrac{1}{X}\right)$.

5. 设随机变量 X 的密度函数为

$$f(x)=\begin{cases}1+x, & -1\leqslant x\leqslant 0,\\ 1-x, & 0<x\leqslant 1,\\ 0, & \text{其他},\end{cases}$$

求 $E(X)$，$D(X)$，$E(2X-1)$，$D(2X-1)$，$D(1-3X)$.

6. 设 $X\sim B(n,\ p)$，$E(X)=2.4$，$D(X)=1.44$，求 n 和 p.

7. 设 $X\sim N(1,\ 2)$，$Y\sim N(2,\ 1)$，且 X，Y 相互独立，求 $E(3X-Y+4)$，$D(X-Y)$.

8. 某工厂生产的一种设备的使用寿命 X(以年计)的密度函数为

$$f(x)=\begin{cases}0.25e^{-0.25x}, & x>0,\\ 0, & x\leqslant 0.\end{cases}$$

(1) 求该设备的平均使用寿命；

(2) 工厂规定，出售的该设备若在一年内损坏可以调换. 若出售一台该设备可赢利 100 元，调换一台该设备厂方需花费 300 元，试求厂方出售一台该设备净赢利的数学期望.

第六章　数理统计初步

第1节　总体与样本、抽样分布

在前面两章，我们讨论了概率论的基本内容，本章学习数理统计方面的知识. 在概率论中研究随机变量时，总是假定随机变量的概率分布或某些数字特征为已知，但在实际问题中，这些随机变量的概率分布或某些数字特征往往是不知道的或知之甚少. 怎样才能知道这些随机变量的概率分布或某些数字特征呢？这就是数理统计所要解决的问题. 数理统计就是在实际中进行观察试验，收集统计数据，分析其规律性，对所考察的问题作出估计与推断. 数理统计在实际中应用非常广泛.

一、总体与样本

在数理统计中，将所研究对象的全体称为**总体**(或**母体**)，而把组成总体的每一个研究对象称为**个体**. 总体中所包含的个体的个数称为总体的**容量**. 容量为有限的称为有限总体，容量为无限的称为无限总体.

例如，要研究某大学学生的学习情况，则该校的全体学生构成所研究问题的总体，每一个学生就是该总体中的一个个体. 在实际问题中，我们所关心的往往并不是研究对象本身，而是反映它们某种性质的数量指标，如学生的学习成绩就是我们关心的一个数量指标，显然它是一个随机变量. 而学生的身高则是另一个数量指标. 对于同一组学生，随着研究的侧面不同，可以组成多个总体. 所以今后所提到的总体通常是指这个总体的某一指标.

假设表示总体的随机变量 X 的分布函数为 $F(x)$，则称总体 X 的分布为 $F(x)$，记作 $X\sim F(x)$. 今后凡是提到总体，就是指一个随机变量. 说总体的分布就是指随机变量的分布. 总体常用大写字母 X，Y，Z，…表示.

为了研究总体的某一特性，不是一一研究总体所包含的全部个体，而是只研究其中的一部分，通过这部分个体的研究，推断总体的性质.

从总体中抽取出来的个体称为**样品**，若干个样品组成的集合称为**样本**，一个样本中所含有样品的个数称为**样本容量**. 例如，要研究 10 000 个零件的重量是否达到标准，总体是由这 10 000 个零件的重量组成，个体是每个零件的重量，从这 10 000 个零件中任取 20 个零件的重量可组成一个样本，其样本容量为 $n=20$。

从总体中抽取一个样本进行测试后，就得到一组观测值 x_1，x_2，…，x_n，称其为**样本观测值**(或**样本值**). 样本容量为 n 的样本用 X_1，X_2，…，X_n 表示，用 x_1，x_2，…，x_n 表示样本观测值.

我们要根据观测到的样本值 x_1，x_2，…，x_n 对总体的某些特性进行估计、推断，这就要求所抽取的样本具有充分的代表性，也就要求每个样品 X_i $(i=1,2,\cdots,n)$ 必须与总体具有相同的概率分布，同时要求样本 X_1，X_2，…，X_n 是相互独立的随机变量. 因此，为了使样本能很好地反映总体特性，在抽取样本时，必须满足以下两个要求.

(1) 代表性：样本中每一个样品 $X_i(i=1,2,\cdots,n)$ 和总体 X 具有相同的概率分布；

(2) 独立性：样本中每一个样品 $X_i(i=1,2,\cdots,n)$ 是相互独立的随机变量.

按以上两个条件进行的抽样称为**简单随机抽样**，由简单随机抽样得到的样本称为**简单随机样本**，简称**样本**. 今后所指样本都是简单随机样本.

二、统计量

样本是总体的代表与反映，是对总体进行分析、推断的依据. 当获得了总体的样本后，为了在利用样本推断总体时能有较高的精度与可靠度，我们必须把样本所含的信息进行数学上的加工，即针对具体问题构造出一个样本的函数，这种函数称为统计量.

定义 6.1.1 设 X_1，X_2，…，X_n 为来自总体 X 的一个样本，$f(X_1, X_2, \cdots, X_n)$ 为一个 n 元连续函数，且不含未知参数，则称 $f(X_1, X_2,\cdots, X_n)$ 为一个**统计量**.

因为 X_1，X_2，…，X_n 都是随机变量，而统计量 $f(X_1, X_2,\cdots, X_n)$ 是随机变量的函数，因此统计量是一个随机变量. 若 x_1，x_2，…，x_n 为相应于样本 X_1，X_2，…，X_n 的观测值，则称 $f(x_1, x_2,\cdots, x_n)$ 为 $f(X_1, X_2,\cdots, X_n)$ 的一个观测值

下面给出几个常用的统计量.

设 X_1，X_2，…，X_n 是来自总体 X 的一个样本，x_1，x_2，…，x_n 是这一样本的一组观测值.

(1) 样本均值：$\overline{X}=\frac{1}{n}\sum_{i=1}^{n}X_i$，其观测值为 $\overline{x}=\frac{1}{n}\sum_{i=1}^{n}x_i$.

(2) 样本方差：$S^2=\frac{1}{n-1}\sum_{i=1}^{n}(X_i-\overline{X})^2$，其观测值为 $s^2=\frac{1}{n-1}\sum_{i=1}^{n}(x_i-\overline{x})^2$.

(3) 样本标准差(或均方差)：$S=\sqrt{S^2}=\sqrt{\frac{1}{n-1}\sum_{i=1}^{n}(X_i-\overline{X})^2}$，其观测值为

$$s = \sqrt{\frac{1}{n-1}\sum_{i=1}^{n}(x_i - \overline{x})^2}.$$

与总体均值 $E(X)$和方差 $D(X)$一样，样本均值刻画了样本观测值的平均取值，样本方差刻画了样本观测值对样本均值的偏离程度.

例 6.1.1　从总体 X 中抽取容量为 10 的样本，其观测值分别为

$$54，67，68，78，70，66，67，70，65，69.$$

求样本均值 $\overline{X}$ 和样本方差 S^2 的观测值 $\overline{x}$ 和 s^2 .

解　$\overline{x} = \frac{1}{10}(54+67+68+78+70+66+67+70+65+69) = 67.4$,

$$\begin{aligned} s^2 = \frac{1}{10-1}\Big[&(54-67.4)^2 + (67-67.4)^2 + (68-67.4)^2 \\ &+ (78-67.4)^2 + (70-67.4)^2 + (66-67.4)^2 + (67-67.4)^2 + (70-67.4)^2 \\ &+ (65-67.4)^2 + (69-67.4)^2\Big] = 35.2. \end{aligned}$$

例 6.1.2　设总体 X 的数学期望 $E(X)=\mu$ 及方差 $D(X)=\sigma^2$ 存在，试计算样本均值 $\overline{X}$ 的数学期望 $E(\overline{X})$ 和方差 $D(\overline{X})$.

解　$E(\overline{X}) = E\left(\frac{1}{n}\sum_{i=1}^{n}X_i\right) = \frac{1}{n}\sum_{i=1}^{n}E(X_i) = \frac{1}{n}\cdot n\cdot\mu = \mu.$

$$D(\overline{X}) = D\left(\frac{1}{n}\sum_{i=1}^{n}X_i\right) = \frac{1}{n^2}\sum_{i=1}^{n}D(X_i) = \frac{1}{n^2}\cdot n\cdot\sigma^2 = \frac{\sigma^2}{n}.$$

一般地，总体 X 和样本均值 $\overline{X}$ 的数学期望及方差有如下关系：

$$E(\overline{X}) = E(X), \quad D(\overline{X}) = \frac{1}{n}D(X).$$

三、抽样分布

统计量为样本的函数，它是一个随机变量，统计量的分布称为**抽样分布**. 当总体的分布函数已知时，抽样分布是确定的，然而要求出统计量的精确分布，一般来说是困难的. 而许多随机现象都服从或近似服从正态分布，故这里仅就正态总体与常用的统计量讨论抽样分布问题.

1. χ^2 分布

定义 6.1.2　设 X_1，X_2，…，X_n 是来自总体 $N(0，1)$的样本，则称统计量

$$\chi^2 = X_1^2 + X_2^2 + \cdots + X_n^2 \tag{1}$$

服从自由度为 n 的 $\boldsymbol{\chi^2}$ **分布**，记作 $\chi^2 \sim \chi^2(n)$. 此处，自由度指(1)式右端包含的独

立变量的个数.

χ^2分布的密度函数$f(x)$的图像与自由度n有关(图 6-1). 可以证明当自由度n很大时，χ^2分布近似于正态分布.

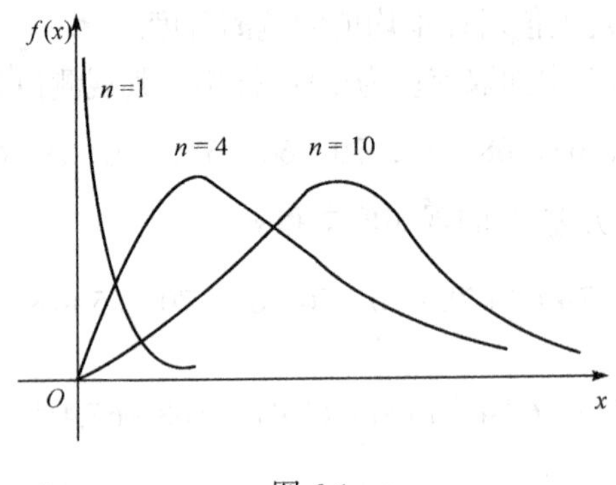

图 6-1

定理 6.1.1　设$X_1, X_2, \cdots, X_n$是来自总体$N(\mu, \sigma^2)$的一个样本，样本均值和样本方差分别为$\overline{X}$和S^2，则

(1) $\overline{X} \sim N\left(\mu, \dfrac{\sigma^2}{n}\right)$；

(2) $\dfrac{(n-1)S^2}{\sigma^2} \sim \chi^2(n-1)$；

(3) $\overline{X}$与S^2相互独立.

定理 6.1.1 表明，当总体X服从正态分布时，则样本均值也服从正态分布，且$\overline{X} \sim N\left(\mu, \dfrac{\sigma^2}{n}\right)$，将其标准化后得统计量

$$\frac{\overline{X}-\mu}{\sigma/\sqrt{n}} \sim N(0,1). \tag{2}$$

记$U = \dfrac{\overline{X}-\mu}{\sigma/\sqrt{n}}$. 称统计量$U = \dfrac{\overline{X}-\mu}{\sigma/\sqrt{n}}$为 ***U*统计量**.

定义 6.1.3　设$\chi^2 \sim \chi^2(n)$，$f(x)$为其密度函数，对于给定的正数$\alpha(0<\alpha<1)$，称满足条件

$$P(\chi^2 > \chi^2_\alpha(n)) = \int_{\chi^2_\alpha(n)}^{+\infty} f(x)\mathrm{d}x = \alpha$$

的点$\chi^2_\alpha(n)$为χ^2分布的**上α分位点**(**或临界值**)，记$\lambda = \chi^2_\alpha(n)$.

$\lambda = \chi^2_\alpha(n)$就是使得图 6-2 中阴影部分的面积为$\alpha$时，在$x$轴上所确定出来

的点. 分位点λ既与α有关，又与自由度n有关，对于不同的α，n，χ^2分布的分位点已制成表格，可以查用(参见附表4).

例 6.1.3　(1) 查χ^2分布表，写出$\chi^2_{0.05}(8)$的值；

(2) 设$P(\chi^2(25)<\lambda)=0.75$，求$\lambda$的值.

解　(1) 自由度$n=8$，$\alpha=0.05$，查χ^2分布表，得

$$\chi^2_{0.05}(8)=15.507.$$

(2) 因为$P(\chi^2(25)<\lambda)=0.75$，所以$P(\chi^2(25)>\lambda)=1-0.75=0.25$.

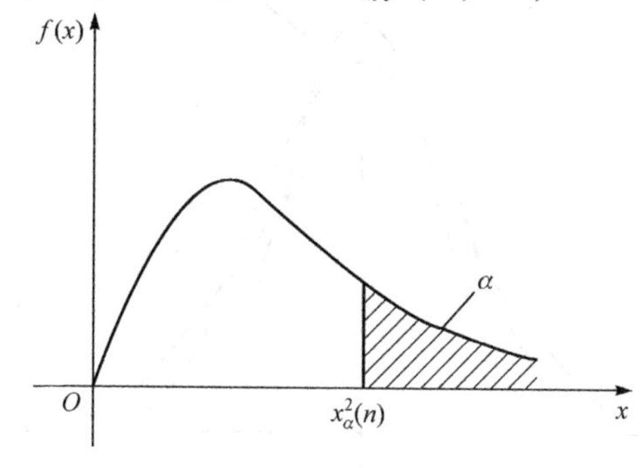

图 6-2

自由度$n=25$，$\alpha=0.25$，查χ^2分布表，得

$$\lambda=29.339.$$

例 6.1.4　在正态总体$X\sim N(80,9)$中，随机抽取一个样本容量为 36 的样本，求：

(1) 样本均值$\overline{X}$的分布；

(2) $\overline{X}$落在区间[79，80.5]内的概率.

解　(1) 因为$X\sim N(80,9)$，$\mu=80$，$\sigma^2=9=3^2$，$n=36$，所以由定理 6.1.1 得

$$\overline{X}\sim N\left(80,\frac{9}{36}\right),$$

即$\overline{X}$服从正态分布$N(80,0.5^2)$.

(2) 因为$\overline{X}\sim N(80,0.5^2)$，所以

$$\begin{aligned}P(79\leqslant\overline{X}\leqslant80.5)&=\Phi\left(\frac{80.5-80}{0.5}\right)-\Phi\left(\frac{79-80}{0.5}\right)\\&=\Phi(1)-\Phi(-2)\\&=\Phi(1)-1+\Phi(2)=0.8185.\end{aligned}$$

2. *t*分布

定义 6.1.4　设$X\sim N(0,1)$，$Y\sim\chi^2(n)$，且X，Y相互独立，则称随机变量

$$t = \frac{X}{\sqrt{Y/n}}$$

服从自由度为 n 的 ***t* 分布**，记作 $t \sim t(n)$.

t 分布的密度函数 $f(x)$ 的图形(图 6-3)关于直线 $x = 0$ 对称，其形状与标准正态分布的密度函数的图形类似. 一般来说，当 $n > 45$ 时，t 分布就很接近于标准正态分布，但当 n 较小时，t 分布与标准正态分布的差别是显著的.

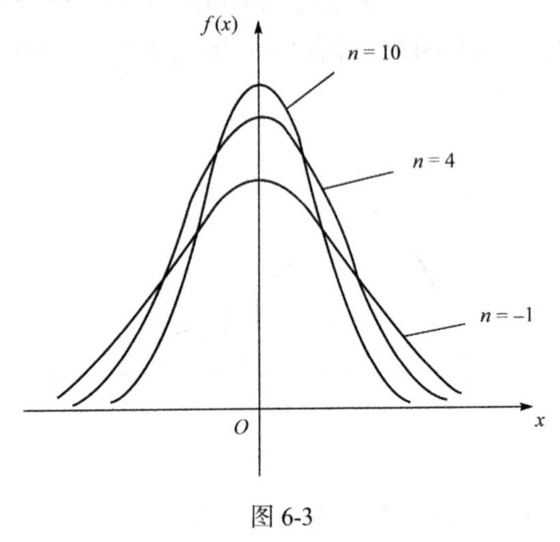

图 6-3

定义 6.1.5　设 $t \sim t(n)$，$f(x)$ 为其密度函数，对于给定的 $\alpha(0 < \alpha < 1)$，称满足条件

$$P(t > t_\alpha(n)) = \int_{t_\alpha(n)}^{+\infty} f(x)\mathrm{d}x = \alpha$$

的点 $t_\alpha(n)$ 为 t 分布的**上 $\boldsymbol{\alpha}$ 分位点**(或**上侧临界值**，也称**单侧临界值**)；称满足条件

$$P\left(|t| > t_{\frac{\alpha}{2}}(n)\right) = \int_{|x| > t_{\frac{\alpha}{2}}(n)} f(x)\mathrm{d}x = \alpha$$

的点 $t_{\frac{\alpha}{2}}(n)$ 为 t 分布的**双侧分位点**(或**双侧临界值**).

上 α 分位点、双侧分位点的几何意义分别如图 6-4、图 6-5 所示.

由 t 分布的上 α 分位点的定义及其密度函数的图形的对称性可知

$$t_{1-\alpha}(n) = -t_\alpha(n).$$

t 分布的临界值可查阅 t 分布的单侧或双侧临界值表(附表 3).

例 6.1.5　设随机变量 $t \sim t(10)$，$\alpha = 0.05$，查表求单侧临界值 $t_\alpha(10)$ 和双侧临界值 $t_{\frac{\alpha}{2}}(10)$.

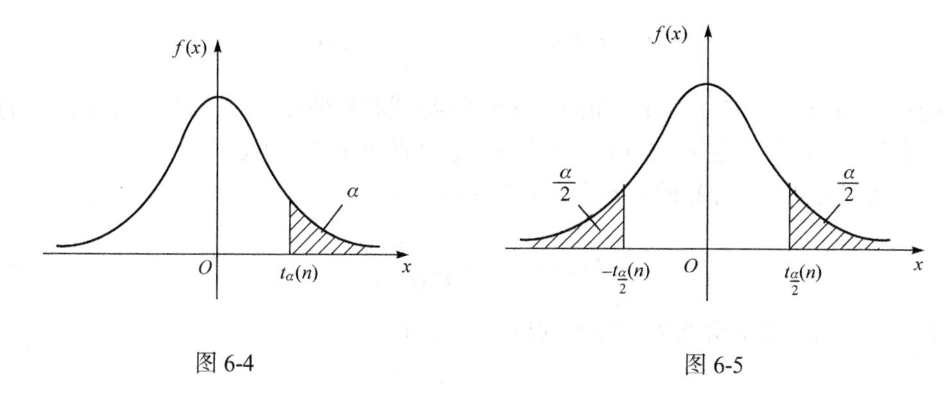

图 6-4　　　　图 6-5

解　$n=10$，$\alpha=0.05$，查 t 分布表(附表 3)得单侧临界值 $t_{\alpha}(10)=1.82$，双侧临界值 $t_{\frac{\alpha}{2}}(10)=2.228$.

显然，$t_{\frac{\alpha}{2}}(10)$ 也可以由单侧临界值求得：$P(t(10)>t_{0.025}(10))=0.025$.

定理 6.1.2　设 X_1，$X_2,\cdots$，$X_n(n\geqslant 2)$ 是来自总体 $N(\mu,\sigma^2)$ 的一个样本，样本均值和样本方差分别为 $\overline{X}$ 和 S^2，则统计量

$$T=\frac{\overline{X}-\mu}{S/\sqrt{n}}\sim t(n-1),$$

其中 $T=\dfrac{\overline{X}-\mu}{S/\sqrt{n}}$ 称为自由度为 $n-1$ 的 ***T*统计量**.

3. *F*分布

定义 6.1.6　设 $X\sim\chi^2(n_1)$，$Y\sim\chi^2(n_2)$，且 X，Y 相互独立，则称随机变量

$$F=\frac{X/n_1}{Y/n_2}$$

服从自由度为 n 的 F 分布，记作 $F\sim F(n_1,n_2)$.

F 分布的密度函数 $f(x)$的图形如图 6-6 所示. 图中曲线随 n_1，n_2 取值不同而变化.

由 F 分布的定义可得，若 $F\sim F(n_1,n_2)$，则

$$\frac{1}{F}\sim F(n_2,n_1).$$

定义 6.1.7　设 $F\sim F(n_1,n_2)$，$f(x)$为其密度函数，对于给定的 $\alpha(0<\alpha<1)$，称满足条件

$$P(F > F_\alpha(n_1, n_2)) = \int_{F_\alpha(n_1,n_2)}^{+\infty} f(x)\mathrm{d}x = \alpha$$

的点 $F_\alpha(n_1,n_2)$ 为 $F(n_1,n_2)$ 分布的**上 $\boldsymbol{\alpha}$ 分位点**(或**临界值**)，记 $\lambda = F_\alpha(n_1,n_2)$ (图 6-7). F 分布的上 α 分位点 $\lambda = F_\alpha(n_1,n_2)$ 的值可通过查相应的分布表得到.

可以证明，F 分布的上 α 分位点有如下性质：

$$F_{1-\alpha}(n_1,n_2) = \frac{1}{F_\alpha(n_2,n_1)}. \tag{3}$$

利用上式可以求 F 分布表中没有列出的某些值.

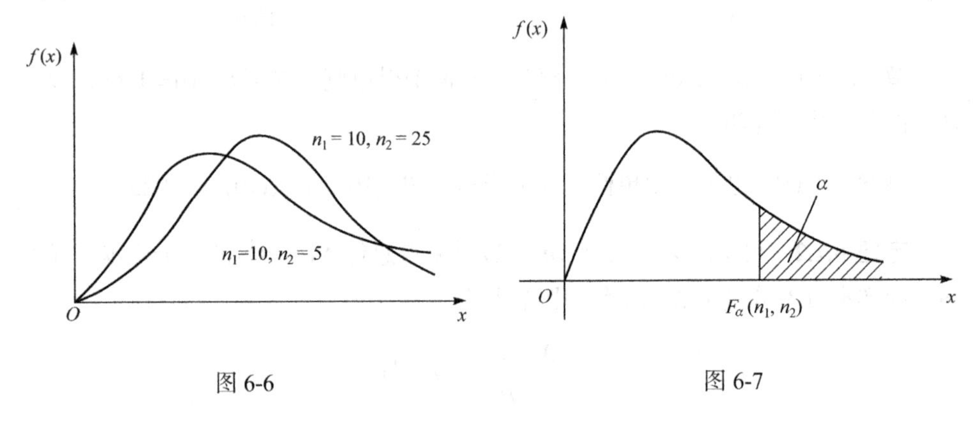

图 6-6　　图 6-7

例 6.1.6　查 F 分布表，求下列各式中的 F 分布的上 α 分位点.

(1) $F_{0.1}(10,15)$；　　(2) $P(F(3,8) > \lambda) = 0.95$.

解　(1) 自由度为(10, 15)，$\alpha = 0.1$，查附表中的 F 分布表，得

$$F_{0.1}(10,15) = 2.06.$$

(2) 查附表中的 F 分布表，得

$$F_{0.05}(8,3) = 8.85.$$

由(3)式得

$$\lambda = F_{0.95}(3,8) = \frac{1}{F_{0.05}(8,3)} = \frac{1}{8.85} = 0.113.$$

定理 6.1.3　设 X_1，X_2，…，X_{n_1} 和 Y_1，Y_2，…，Y_{n_2} 是分别来自正态总体 $X \sim N(\mu_1,\sigma_1^2)$ 和 $Y \sim N(\mu_2,\sigma_2^2)$ 的两个相互独立样本，S_1^2 为总体 X 的样本方差，S_2^2 为总体 Y 的样本方差，则

$$F = \frac{S_1^2/\sigma_1^2}{S_2^2/\sigma_2^2} \sim F(n_1-1, n_2-1).$$

习 题 6-1

1. 已知总体 $X \sim N(\mu, \sigma^2)$，其中 μ 已知，σ^2 未知. 设 X_1，X_2，X_3 是来自总体 X 的一个样本，试问下列各式哪些是统计量，哪些不是统计量?

(1) $2X_1 - 3X_2 + X_3$； (2) $X_1 + X_2 - \mu$；

(3) $\dfrac{1}{\sigma^2}(X_1^2 + X_2^2 + X_3^2)$； (4) $\max\{X_1, X_2, X_3\}$.

2. 从某工人生产的铆钉中随机抽取 5 个，测得其直径分别为(单位：mm)：

$$13.7,\ 13.08,\ 13.11,\ 13.11,\ 13.13.$$

(1) 写出总体、样本、样本值、样本容量；

(2) 求样本观测值的均值和方差.

3. 若 $X \sim P(\lambda)$，X_1，X_2，…，X_n 是来自总体 X 的一个样本，$\overline{X}$ 为样本均值，求 $E(\overline{X})$ 和 $D(\overline{X})$.

4. 设总体 $X \sim N(40, 5^2)$，X_1，X_2，…，X_n 是来自总体 X 的一个样本，$\overline{X}$ 为样本均值.

(1) 当样本容量 $n = 36$ 时，求 $\overline{X}$ 的分布和 $P(38 \leqslant \overline{X} \leqslant 43)$；

(2) 当样本容量 $n = 64$ 时，求 $P\left(\left|\overline{X} - 40\right| < 1\right)$.

5. 查表求 $\chi^2_{0.99}(12)$，$\chi^2_{0.01}(12)$，$t_{0.99}(12)$，$t_{0.01}(12)$，$F_{0.05}(24,28)$，$F_{0.95}(12,9)$.

6. 查表求下列各式中 λ 的值：

(1) $P(\chi^2(24) > \lambda) = 0.10$； (2) $P(\chi^2(40) < \lambda) = 0.95$；

(3) $P(t(6) > \lambda) = 0.05$； (4) $P(t(10) > \lambda) = 0.95$；

(5) $P(E(10,10) > \lambda) = 0.05$.

第2节 参数估计

在数理统计中，如何根据样本对总体的特征作出判断，这是数理统计的一个核心部分即统计推断. 统计推断问题可分为两大类：① 统计估计问题；② 统计假设检验问题. 本节先介绍参数估计. 参数估计一般也分为两类：点估计和区间估计. 最常估计的参数是总体 X 的数学期望 $E(X)$ 和方差 $D(X)$.

一、参数的点估计

设已知总体的分布，但其中的一个或几个参数是未知的，怎样根据抽取的样本估计未知参数的值，就是参数的点估计问题.

设总体 X 的分布中含有未知参数 θ，θ 是待估计的参数. 从总体 X 中抽取样本 $X_1, X_2, \cdots, X_n$，相应的样本值是 $x_1, x_2, \cdots, x_n$. 点估计问题就是要构造出适当

的统计量 $\hat{\theta}(X_1, X_2,\cdots, X_n)$，用它的观测值 $\hat{\theta}(x_1, x_2,\cdots, x_n)$ 来估计未知参数 θ. 我们称 $\hat{\theta}(X_1, X_2,\cdots, X_n)$ 为 θ 的**点估计量**，称 $\hat{\theta}(x_1, x_2,\cdots, x_n)$ 为 θ 的**点估计值**.

当总体中有 r 个未知参数 θ_1，θ_2，$\cdots$，θ_r 时，要构造出 r 个统计量 $\hat{\theta}_1=\hat{\theta}_1(X_1, X_2,\cdots, X_n)$，$\hat{\theta}_2=\hat{\theta}_2(X_1, X_2,\cdots, X_n)$，$\cdots$，$\hat{\theta}_r=\hat{\theta}_r(X_1, X_2,\cdots, X_n)$ 分别作为 θ_1，θ_2，$\cdots$，θ_r 的点估计量.

求解点估计问题，方法很多. 我们下面只介绍简单且常用的数字特征法.

1. 数字特征法

由于总体均值表示随机变量取值的平均状况，因此人们自然想到用样本均值 $\overline{X}$ 来估计总体均值 $E(X)$，同样可用样本方差 S^2 来估计总体方差 $D(X)$. 因此，对于总体 X 的一个样本 X_1，X_2，$\cdots$，X_n，常用样本均值 $\overline{X}=\frac{1}{n}\sum_{i=1}^{n}X_i$ 来作为总体均值 $E(X)=\mu$ 的点估计量，即

$$\hat{\mu}=\overline{X}=\frac{1}{n}\sum_{i=1}^{n}X_i,$$

从而

$$\hat{\mu}=\overline{x}=\frac{1}{n}\sum_{i=1}^{n}x_i$$

为 μ 的点估计值.

用样本方差 $S^2=\frac{1}{n-1}\sum_{i=1}^{n}(X_i-\overline{X})^2$ 作为总体方差 $D(X)=\sigma^2$ 的点估计量，即

$$\widehat{\sigma^2}=S^2=\frac{1}{n-1}\sum_{i=1}^{n}(X_i-\overline{X})^2.$$

从而

$$\widehat{\sigma^2}=s^2=\frac{1}{n-1}\sum_{i=1}^{n}(x_i-\overline{x})^2$$

为 σ^2 的点估计值.

这是一种常用的点估计，这种估计方法称为**数字特征法**. 该方法不需要知道总体的分布形式.

例 6.2.1　在一批某种零件中，随机地取 8 个，测得它们的重量(单位：g)为

801，804，799，794，802，800，803，805.

试用数字特征法估计总体均值 μ 和方差 σ^2.

解　$\hat{\mu}=\overline{x}=\frac{1}{8}\sum_{i=1}^{8}x_i=\frac{1}{8}(801+804+799+794+802+800+803+805)=801.$

$$\widehat{\sigma^2}=s^2=\frac{1}{8-1}\sum_{i=1}^{8}(x_i-\overline{x})^2=\frac{1}{7}\Big[(801-801)^2+(804-801)^2+(799-801)^2$$
$$+(794-801)^2+(802-801)^2+(800-801)^2+(803-801)^2+(805-801)^2\Big]$$
$$=12.$$

例 6.2.2 已知乘客在某公交汽车站等车的时间 X(单位：min)服从 $[0,\ \theta]$ 上的均匀分布，现随机抽测了 10 位乘客的等车时间，数据如下：

2，4，5，8，3，6，5，6，10，1.

试用数字特征法估计 θ 的值，并求乘客等车时间不超过 5min 的概率.

解 设 X_1，X_2，⋯，X_n 是抽得的样本，由于 $X\sim U[0,\ \theta]$，所以其密度函数为

$$f(x)=\begin{cases}\dfrac{1}{\theta}, & 0\leqslant x\leqslant \theta,\\ 0, & \text{其他}.\end{cases}$$

总体的均值为

$$E(X)=\int_0^{\theta}xf(x)\mathrm{d}x=\int_0^{\theta}\frac{x}{\theta}\mathrm{d}x=\frac{\theta}{2}.$$

由数字特征法有

$$\frac{\hat{\theta}}{2}=\frac{1}{n}\sum_{i=1}^{n}X_i.$$

因此

$$\hat{\theta}=\frac{2}{n}\sum_{i=1}^{n}X_i.$$

将本例数据代入得

$$\hat{\theta}=\frac{2}{10}\sum_{i=1}^{10}x_i=10.$$

从而等车时间不超过 5min 的概率为

$$P(X\leqslant 5)=\int_0^{5}f(x)\mathrm{d}x=\int_0^{5}\frac{1}{10}\mathrm{d}x=0.5.$$

2. 估计量的评价标准

当对一个总体的未知参数进行估计时，由于所采用的方法不同，可能得到不尽相同的估计量. 但不论如何估计，我们希望在未知参数的众多估计量中找出与参数真值最“接近”的，因此我们需要评价估计量的优劣的标准. 下面只介绍两种最常用的评价标准.

(1) **无偏性.**

设 $\hat{\theta}$ 是参数 θ 的估计量，若 $E(\hat{\theta})=\theta$，则称 $\hat{\theta}$ 是 θ 的**无偏估计量**.

(2) **有效性.**

设 $\hat{\theta}_1$ 和 $\hat{\theta}_2$ 都是参数 θ 的无偏估计量，如果 $D(\hat{\theta}_1)\leqslant D(\hat{\theta}_2)$，则称 $\hat{\theta}_1$ 比 $\hat{\theta}_2$ **更有效**.

θ 的所有估计量中，方差最小的估计量 $\hat{\theta}$ 称为 θ 的**有效估计量**. 有效估计量 $\hat{\theta}$ 偏离 θ 的真值的程度最小.

例 6.2.3　证明样本均值 $\overline{X}=\frac{1}{n}\sum_{i=1}^{n}X_i$ 为总体 X 的均值 μ 的无偏估计.

证明　因为随机变量 $X_i(i=1,2,\cdots,n)$ 与总体 X 同分布，故

$$E(X_i)=\mu,\quad i=1,2,\cdots,n.$$

$$E(\overline{X})=E\left(\frac{1}{n}\sum_{i=1}^{n}X_i\right)=\frac{1}{n}\sum_{i=1}^{n}E(X_i)=\frac{1}{n}\times n\mu=\mu.$$

所以，$\overline{X}$ 为总体 X 的均值 μ 的无偏估计.

可以证明，统计量 $B=\frac{1}{n}\sum_{i=1}^{n}(X_i-\overline{X})^2$ 不是总体方差 σ^2 的无偏估计，而样本方差 $S^2=\frac{1}{n-1}\sum_{i=1}^{n}(X_i-\overline{X})^2$ 是总体方差 σ^2 的无偏估计. 因此，我们常用样本方差 S^2 来作为总体方差的估计量.

例 6.2.4　设 X_1，X_2，X_3 是来自总体 X 的样本，且 $E(X)=\mu$，$D(X)=\sigma^2$. 试验证估计量

$$\hat{\theta}_1=\frac{1}{2}(X_1+X_2),$$

$$\hat{\theta}_2=\frac{1}{6}X_1+\frac{1}{3}X_2+\frac{1}{2}X_3$$

都是 μ 的无偏估计量，并比较哪一个更有效.

解　因为

$$E(\hat{\theta}_1)=E\left[\frac{1}{2}(X_1+X_2)\right]=\frac{1}{2}\left[E(X_1)+E(X_2)\right]=\frac{1}{2}(\mu+\mu)=\mu,$$

$$E(\hat{\theta}_2)=E\left(\frac{1}{6}X_1+\frac{1}{3}X_2+\frac{1}{2}X_3\right)=\frac{1}{6}E(X_1)+\frac{1}{3}E(X_2)+\frac{1}{2}E(X_3)$$

$$=\frac{1}{6}\mu+\frac{1}{3}\mu+\frac{1}{2}\mu=\mu,$$

所以$\hat{\theta}_1$和$\hat{\theta}_2$都是μ的无偏估计量.

由于

$$D(\hat{\theta}_1)=D\left[\frac{1}{2}(X_1+X_2)\right]=\frac{1}{4}[D(X_1)+D(X_2)]=\frac{1}{4}(\sigma^2+\sigma^2)=\frac{1}{2}\sigma^2,$$

$$D(\hat{\theta}_2)=D\left(\frac{1}{6}X_1+\frac{1}{3}X_2+\frac{1}{2}X_3\right)=\frac{1}{36}D(X_1)+\frac{1}{9}D(X_2)+\frac{1}{4}D(X_3)$$
$$=\frac{1}{36}\sigma^2+\frac{1}{9}\sigma^2+\frac{1}{4}\sigma^2=\frac{14}{36}\sigma^2,$$

因此

$$D(\hat{\theta}_2)<D(\hat{\theta}_1).$$

所以，$\hat{\theta}_2$比$\hat{\theta}_1$更有效.

二、参数的区间估计

用点估计来估计总体参数，即使是无偏有效的估计量，也只是一个近似值，且它没有提供估计结果的可靠性和精确度. 因此，对于未知参数θ，除了求出它的点估计$\hat{\theta}$外，我们还希望估计出一个范围，并希望知道这个范围包含参数θ的真值的可信程度(即概率)是多少，这样的范围通常以区间的形式给出，这种估计参数的方法称为**区间估计**.

定义 6.2.1　设θ是总体X的一个未知参数，对于给定值$\alpha(0<\alpha<1)$，若由来自X的样本X_1，X_2，…，X_n确定的两个统计量$\theta_1=\theta_1(X_1,X_2,\cdots,X_n)$和$\theta_2=\theta_2(X_1,X_2,\cdots,X_n)(\theta_1<\theta_2)$，使得

$$P(\theta_1<\theta<\theta_2)=1-\alpha$$

成立，则称$1-\alpha$为**置信水平(或置信度)**，称随机区间$(\theta_1,\ \theta_2)$是参数θ的置信水平为$1-\alpha$的**置信区间**，θ_1和θ_2分别称为**置信下限**和**置信上限**.

从定义看出，区间(θ_1,θ_2)包含未知参数θ的真值的概率为$1-\alpha$. 置信区间的长度$\theta_2-\theta_1$反映了精度要求，区间越短越精确；置信水平反映了区间估计的可靠性要求，α越小越可靠. 一般α取 0.01，0.05，0.10 等. 例如，当$\alpha=0.05$时，$1-\alpha=0.95$, 我们就有 95%把握说θ的真值落在区间(θ_1,θ_2)内.

本节只讨论正态总体$X\sim N(\mu,\sigma^2)$的均值μ和方差σ^2的置信区间的计算方法.

1. 均值μ的区间估计

对正态总体均值μ作区间估计，分总体方差σ^2已知和未知两种情况.

1) 方差σ^2已知

设$X_1, X_2, \cdots, X_n$是来自总体$X \sim N(\mu, \sigma^2)$的一个样本，其中σ^2为已知，μ为未知. 下面来求μ的置信水平为$1-\alpha$的置信区间. 由于样本均值$\overline{X}$是总体均值μ的无偏估计，$\overline{X}$的取值比较集中于μ附近，显然以很大概率包含μ的区间也应包含$\overline{X}$，基于这种想法，我们从$\overline{X}$出发，来构造μ的置信区间.

由于$X \sim N(\mu, \sigma^2)$，所以

$$\overline{X} = \frac{1}{n}\sum_{i=1}^{n} X_i \sim N\left(\mu, \frac{\sigma^2}{n}\right).$$

故有统计量

$$U = \frac{\overline{X} - \mu}{\sigma / \sqrt{n}} \sim N(0,1).$$

对于给定的置信水平$1-\alpha$，可选择$u_{\frac{\alpha}{2}}$使得

$$P\left(|U| < u_{\frac{\alpha}{2}}\right) = 1-\alpha \tag{1}$$

成立(图 6-8)，即

$$P\left(-u_{\frac{\alpha}{2}} < U < u_{\frac{\alpha}{2}}\right) = 1-\alpha.$$

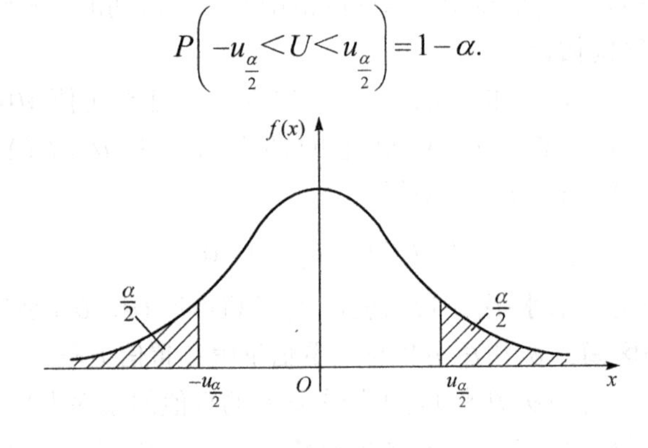

图 6-8

故

$$\Phi\left(u_{\frac{\alpha}{2}}\right) - \Phi\left(-u_{\frac{\alpha}{2}}\right) = 1-\alpha,$$

由此得

$$\Phi\left(u_{\frac{\alpha}{2}}\right)=1-\frac{\alpha}{2},$$

上式中 $\Phi(x)$ 为标准正态分布的分布函数. 根据 α 查标准正态分布表(附表 2)，求得临界值 $u_{\frac{\alpha}{2}}$，再由(1)式得

$$P\left\{-u_{\frac{\alpha}{2}}<\frac{\overline{X}-\mu}{\sigma/\sqrt{n}}<u_{\frac{\alpha}{2}}\right\}=1-\alpha,$$

即

$$P\left\{\overline{X}-\frac{\sigma}{\sqrt{n}}u_{\frac{\alpha}{2}}<\mu<\overline{X}+\frac{\sigma}{\sqrt{n}}u_{\frac{\alpha}{2}}\right\}=1-\alpha.$$

这样，我们得到了 μ 的一个置信水平为 $1-\alpha$ 的置信区间：

$$\left(\overline{X}-\frac{\sigma}{\sqrt{n}}u_{\frac{\alpha}{2}},\overline{X}+\frac{\sigma}{\sqrt{n}}u_{\frac{\alpha}{2}}\right). \tag{2}$$

例 6.2.5　设总体 $X\sim N(\mu,0.09)$，从总体 X 中抽取一个样本值如下：

12.6，13.4，12.8，13.2.

求总体均值 μ 的置信水平为 0. 95 的置信区间.

解　本例问题属于 σ 已知，求 μ 的置信区间，可使用 U 统计量.

由题意知，$n=4$，$\sigma=0.3$，$1-\alpha=0.95$，$\alpha=0.05$.

样本均值的观测值为

$$\overline{x}=\frac{1}{4}(12.6+13.4+12.8+13.2)=13.0.$$

由 $\Phi\left(u_{\frac{\alpha}{2}}\right)=1-\frac{\alpha}{2}=1-\frac{0.05}{2}=0.975$，查标准正态分布表(附表 2)知 $\Phi(1.96)=0.975$，故 $u_{\frac{\alpha}{2}}=1.96$. 从而总体均值 μ 的置信水平为 0. 95 的置信区间为

$$\left(\overline{x}-\frac{\sigma}{\sqrt{n}}u_{\frac{\alpha}{2}},\overline{x}+\frac{\sigma}{\sqrt{n}}u_{\frac{\alpha}{2}}\right)$$

$$=\left(13.0-\frac{0.3}{\sqrt{4}}\times 1.96,13.0+\frac{0.3}{\sqrt{4}}\times 1.96\right)=(12.71,13.29).$$

这就是说总体均值 μ 估计在 12.71 与 13.29 之间，这个估计的可信度为 0.95. 若以此区间的任一值作为 μ 的近似值，其误差不大于 $2\times\frac{0.3}{\sqrt{4}}\times 1.96=0.588$，这个误差估计的可信度为 0.95.

若 $X \sim N(\mu, \sigma^2)$，且 σ^2 已知时，求 μ 的置信区间的步骤如下：

(1) 从总体 X 中随机抽取容量为 n 的样本 $X_1, X_2, \cdots, X_n$，其样本观测值为 $x_1, x_2, \cdots, x_n$；

(2) 计算样本均值的观测值 $\overline{x} = \dfrac{1}{n}\sum_{i=1}^{n} x_i$；

(3) 根据 α，由 $\Phi\left(u_{\frac{\alpha}{2}}\right) = 1 - \dfrac{\alpha}{2}$，查标准正态分布表(附表 2)，查得临界值 $u_{\frac{\alpha}{2}}$；

(4) 求出总体均值 μ 的置信水平为 $1-\alpha$ 的置信区间：$\left(\overline{x} - \dfrac{\sigma}{\sqrt{n}} u_{\frac{\alpha}{2}}, \overline{x} + \dfrac{\sigma}{\sqrt{n}} u_{\frac{\alpha}{2}}\right)$.

2) 方差 σ^2 未知

当 σ^2 未知时，不能使用(2)式给出的区间估计，因为其中含有未知参数 σ^2. 考虑到 S^2 是 σ^2 的无偏估计，将(2)式中的 σ 换成 $S = \sqrt{S^2}$，并由定理 6.1.2，知

$$T = \frac{\overline{X} - \mu}{S / \sqrt{n}} \sim t(n-1).$$

对于给定的置信水平 $1-\alpha$，由于 t 分布是关于纵轴对称的，故可选择 t 分布的双侧临界值 $t_{\frac{\alpha}{2}}(n-1)$ 使下式

$$P\left(|T| < t_{\frac{\alpha}{2}}(n-1)\right) = 1 - \alpha \tag{3}$$

成立(图 6-9)，即

$$P\left(|T| > t_{\frac{\alpha}{2}}(n-1)\right) = \alpha.$$

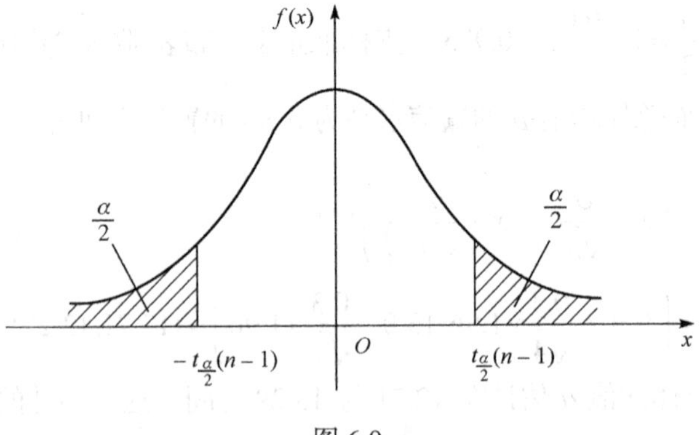

图 6-9

查自由度为 $n-1$ 的 t 分布表(附表 3)，求得双侧临界值 $t_{\frac{\alpha}{2}}(n-1)$. 从而由(3)

式，得

$$P\left\{-t_{\frac{\alpha}{2}}(n-1)<\frac{\overline{X}-\mu}{S/\sqrt{n}}<t_{\frac{\alpha}{2}}(n-1)\right\}=1-\alpha,$$

即

$$P\left\{\overline{X}-\frac{S}{\sqrt{n}}t_{\frac{\alpha}{2}}(n-1)<\mu<\overline{X}+\frac{S}{\sqrt{n}}t_{\frac{\alpha}{2}}(n-1)\right\}=1-\alpha.$$

这样，我们得到了 μ 的一个置信水平为 $1-\alpha$ 的置信区间：

$$\left(\overline{X}-\frac{S}{\sqrt{n}}t_{\frac{\alpha}{2}}(n-1),\overline{X}+\frac{S}{\sqrt{n}}t_{\frac{\alpha}{2}}(n-1)\right).$$

例 6.2.6 已知某地初生婴儿的体重服从正态分布，随机抽取 12 名初生婴儿，测得其体重(单位：g)为

3 100，2 520，3 000，3 000，3 600，3 160，

3 560，3 320，2 880，2 600，3 400，2 540.

试以 0.95 的置信水平估计该地初生婴儿的平均体重.

解 这里 σ^2 未知，求均值 μ 的置信区间，可用 T 统计量.

由 $1-\alpha=0.95$，得 $\frac{\alpha}{2}=0.025$，$n-1=11$，$t_{\frac{\alpha}{2}}(11)=t_{0.025}(11)=2.201$ (附表 3 可得)，又由给出的数据可算得 $\overline{x}=3057$，$s=375.3$. 由此得总体均值 μ 的置信水平为 0.95 的置信区间为

$$\begin{aligned}&\left(\overline{x}-\frac{s}{\sqrt{n}}t_{\frac{\alpha}{2}}(n-1),\overline{x}+\frac{s}{\sqrt{n}}t_{\frac{\alpha}{2}}(n-1)\right)\\&=\left(3057-\frac{375.3}{\sqrt{12}}\times 2.201,3057+\frac{375.3}{\sqrt{12}}\times 2.201\right)\\&=(2818.5,3295.5)(\mathrm{g}).\end{aligned}$$

若 $X\sim N(\mu,\sigma^2)$，且 σ^2 未知，求总体均值 μ 的置信区间的步骤如下：

(1) 从总体 X 中随机抽取容量为 n 的样本 X_1，$X_2,\cdots$，X_n，其样本观测值为 x_1，$x_2,\cdots$，x_n；

(2) 计算样本均值 $\overline{X}$ 和样本标准差 S 的观测值

$$\overline{x}=\frac{1}{n}\sum_{i=1}^{n}x_i,\quad s=\sqrt{\frac{1}{n-1}\sum_{i=1}^{n}(x_i-\overline{x})^2};$$

(3) 根据 α 和样本容量 n，查 t 分布表得临界值 $t_{\frac{\alpha}{2}}(n-1)$；

(4) 求出均值 μ 的置信水平为 $1-\alpha$ 的置信区间：

$$\left(\overline{x}-\frac{s}{\sqrt{n}}t_{\frac{\alpha}{2}}(n-1), \overline{x}+\frac{s}{\sqrt{n}}t_{\frac{\alpha}{2}}(n-1)\right).$$

2. 方差 σ^2 的置信区间

当我们研究生产的稳定性与精度问题时，常常要对方差或标准差进行区间估计. 根据实际问题的需要，下面只介绍 μ 未知时，σ^2 的置信水平为 $1-\alpha$ 的置信区间的计算方法.

由于 S^2 为 σ^2 的无偏估计，并由定理 6.1.1，知

$$\chi^2=\frac{(n-1)S^2}{\sigma^2}\sim\chi^2(n-1).$$

对于给定的置信水平 $1-\alpha$，由于 χ^2 分布的分布曲线是不对称的，要想找到最短的置信区间是很困难的. 因此，仿照上述分布曲线为对称的情形，选取这样的区间 $\left(\chi^2_{1-\frac{\alpha}{2}}(n-1),\ \chi^2_{\frac{\alpha}{2}}(n-1)\right)$，使得

$$P\left(\chi^2\geqslant\chi^2_{1-\frac{\alpha}{2}}(n-1)\right)=1-\frac{\alpha}{2},\quad P\left(\chi^2\geqslant\chi^2_{\frac{\alpha}{2}}(n-1)\right)=\frac{\alpha}{2}$$

是合理的(图 6-10). 于是有

$$\begin{aligned}&P\left(\chi^2_{1-\frac{\alpha}{2}}(n-1)<\chi^2<\chi^2_{\frac{\alpha}{2}}(n-1)\right)\\&=P\left(\chi^2>\chi^2_{1-\frac{\alpha}{2}}(n-1)\right)-P\left(\chi^2\geqslant\chi^2_{\frac{\alpha}{2}}(n-1)\right)\\&=\left(1-\frac{\alpha}{2}\right)-\frac{\alpha}{2}=1-\alpha,\end{aligned}$$

即

$$P\left\{\chi^2_{1-\frac{\alpha}{2}}(n-1)<\frac{(n-1)S^2}{\sigma^2}<\chi^2_{\frac{\alpha}{2}}(n-1)\right\}=1-\alpha,$$

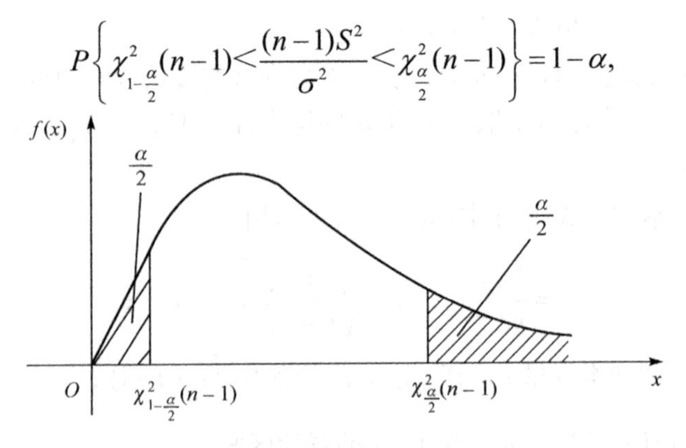

图 6-10

亦即

$$P\left\{\frac{(n-1)S^2}{\chi^2_{\frac{\alpha}{2}}(n-1)}<\sigma^2<\frac{(n-1)S^2}{\chi^2_{1-\frac{\alpha}{2}}(n-1)}\right\}=1-\alpha.$$

这样，就得到方差σ^2的一个置信水平为$1-\alpha$的置信区间：

$$\left(\frac{(n-1)S^2}{\chi^2_{\frac{\alpha}{2}}(n-1)},\frac{(n-1)S^2}{\chi^2_{1-\frac{\alpha}{2}}(n-1)}\right).$$

同时，还可得到标准差σ的一个置信水平为$1-\alpha$的置信区间：

$$\left(\frac{\sqrt{n-1}\,S}{\sqrt{\chi^2_{\frac{\alpha}{2}}(n-1)}},\frac{\sqrt{n-1}\,S}{\sqrt{\chi^2_{1-\frac{\alpha}{2}}(n-1)}}\right).$$

例 6.2.7　根据例 6.2.6 中测得的数据对该地初生婴儿体重的方差以 0. 95 的置信水平进行区间估计.

解　由题设$1-\alpha=0.95$知，$\alpha=0.05$，$\frac{\alpha}{2}=0.025$，$1-\frac{\alpha}{2}=0.975$，$n-1=11$，查表得

$$\chi^2_{0.025}(11)=21.920,\quad \chi^2_{0.975}(11)=3.816,$$

又由例 6.2.6 知$s^2=140\,850$. 由此得该地初生婴儿体重方差σ^2以 0. 95 的置信水平的置信区间为

$$\begin{aligned}&\left(\frac{(n-1)s^2}{\chi^2_{\frac{\alpha}{2}}(n-1)},\frac{(n-1)s^2}{\chi^2_{1-\frac{\alpha}{2}}(n-1)}\right)\\=&\left(\frac{(12-1)\times140\,850}{21.920},\frac{(12-1)\times14\,0850}{3.816}\right)\\=&(70\,682,406\,014).\end{aligned}$$

若$X\sim N(\mu,\sigma^2)$，μ未知，求总体方差σ^2的置信区间的步骤如下：

(1) 从总体X中随机抽取容量为n的样本X_1，X_2，…，X_n，其样本观测值为x_1，x_2，…，x_n；

(2) 计算样本均值$\overline{X}$和样本方差S^2的观测值

$$\overline{x}=\frac{1}{n}\sum_{i=1}^{n}x_i,\quad s^2=\frac{1}{n-1}\sum_{i=1}^{n}(x_i-\overline{x})^2;$$

(3) 根据α和容量n，查χ^2分布表得临界值$\chi^2_{\frac{\alpha}{2}}(n-1)$，$\chi^2_{1-\frac{\alpha}{2}}(n-1)$；

(4) 求出总体方差σ^2的置信水平为$1-\alpha$的置信区间：

$$\left(\frac{(n-1)s^2}{\chi^2_{\frac{\alpha}{2}}(n-1)}, \frac{(n-1)s^2}{\chi^2_{1-\frac{\alpha}{2}}(n-1)}\right).$$

表 6-1 是正态总体参数区间估计表。

表 6-1　正态总体参数的区间估计

被估计的参数		选用的统计量及其分布	置信水平为$1-\alpha$的置信区间
$E(X)=\mu$	σ^2 已知	$U=\frac{\overline{X}-\mu}{\sigma/\sqrt{n}}\sim N(0,1)$	$\left(\overline{X}-\frac{\sigma}{\sqrt{n}}u_{\frac{\alpha}{2}}, \overline{X}+\frac{\sigma}{\sqrt{n}}u_{\frac{\alpha}{2}}\right)$
	σ^2 未知	$T=\frac{\overline{X}-\mu}{S/\sqrt{n}}\sim t(n-1)$	$\left(\overline{X}-\frac{S}{\sqrt{n}}t_{\frac{\alpha}{2}}(n-1), \overline{X}+\frac{S}{\sqrt{n}}t_{\frac{\alpha}{2}}(n-1)\right)$
$D(X)=\sigma^2$	μ 未知	$\chi^2=\frac{(n-1)S^2}{\sigma^2}\sim\chi^2(n-1)$	$\left(\frac{(n-1)S^2}{\chi^2_{\frac{\alpha}{2}}(n-1)}, \frac{(n-1)S^2}{\chi^2_{1-\frac{\alpha}{2}}(n-1)}\right)$

习　题　6-2

1. 设总体的一组样本观测值为(单位：mm)：

482，493，457，471，510，446，435，418，394，469.

试用数字特征法估计总体的均值和方差.

2. 设总体X服从参数为λ的指数分布，即其密度函数为

$$f(x;\ \lambda)=\begin{cases}\lambda e^{-\lambda x}, & x>0,\\ 0, & 其他,\end{cases}$$

其中$\lambda>0$，X_1，X_2，…，X_n是来自X的一个样本，试用数字特征法求λ的估计量.

3. 设总体$X\sim N(\mu,1)$，X_1，X_2，X_3是来自总体X的一个样本，试证下述两个估计量都是μ的无偏估计量，并比较哪一个更有效.

$$\hat{\mu}_1=\frac{1}{5}X_1+\frac{3}{10}X_2+\frac{1}{2}X_3,\quad \hat{\mu}_2=\frac{1}{3}X_1+\frac{1}{4}X_2+\frac{5}{12}X_3.$$

4. 某车间生产一批滚珠，从长期实践知道，滚珠直径服从正态分布$N(\mu,\sigma^2)$，现从中随机抽取 8 个，测得直径如下(单位：mm)：

14.8. 14.6，15.1，15.0，14.9，15.1，14.9，15.0.

求：(1) 当$\sigma^2=0.05$时，均值μ的置信水平为 0.95 的置信区间；

(2) 当σ^2未知时，均值μ的置信水平为 0.95 的置信区间；

(3) 方差σ^2的置信水平为 0.99 的置信区间.

5. 某彩色电视机的使用寿命服从正态分布 $N(\mu,\sigma^2)$，现随机抽取 25 台进行测试，测得平均使用寿命为 6 720 小时，样本标准差为 200 小时，给定置信水平为 0.90，求：

(1) 使用寿命均值 μ 的置信区间；

(2) 使用寿命方差 σ^2 的置信区间.

第 3 节　参数的假设检验

一、假设检验的基本概念与方法

假设检验是统计推断的另一个重要内容. 在总体的分布完全未知或只知其形式但不知其参数的情况下，为了推断总体的某些性质，提出关于总体的分布或总体分布中的参数的某种假设，然后根据抽样得到的样本观测值，运用统计的方法，对所提出的假设作出是接受，还是拒绝的决策，这一过程就是假设检验. 假设检验有它独特的统计思想，在科学研究与工农业生产中具有广泛的应用价值.

1. 假设检测问题

下面通过一个例子介绍假设检验的基本概念和基本方法.

例 6.3.1　某车间用一台包装机包装糖果. 包得的袋装糖果的重量是一个随机变量，它服从正态分布 $N(\mu,0.015^2)$. 当机器正常时，其均值为 $\mu_0=0.5\text{kg}$. 某日开工后为检验包装机是否正常，随机地抽取它包装的糖果 9 袋，称得净重(kg)为：

$$0.497，0.506，0.518，0.524，0.498，$$
$$0.511，0.520，0.515，0.512.$$

问机器是否正常?

以 X 表示这一袋装糖果的重量，根据实际问题，则包装机正常是指 X 服从 $N(0.5,0.015^2)$，若 X 不服从这个正态分布，则包装机就不正常了. 因此现在的问题是根据样本值来判断 $\mu=\mu_0=0.5$，还是 $\mu\neq\mu_0=0.5$. 为此，我们提出假设

$$H_0:\ \mu=\mu_0=0.5,$$

称它为**原假设**(或**零假设**). 与这个假设相对立的假设

$$H_1:\ \mu\neq\mu_0,$$

称它为**备择假设**(或**对立假设**).

于是问题转化为检验假设 H_0 是否为真(成立). 当 H_0 为真，则认为机器正常，否则，认为机器不正常.

2. 假设检验的思想方法

为了推断原假设 H_0 是否正确，我们先假定 H_0 成立，在此条件下，利用样本观测值对实际问题进行分析. 如果发生了小概率事件(在一次试验中，如果事件 A

发生的概率 $P(A)=\alpha$ 很小时，事件 A 称为**小概率事件**)，我们就有理由怀疑作为小概率事件发生前提的原假设的正确性(因违背了**小概率原理**——概率很小的事件在一次试验中几乎不可能发生)，这时我们就拒绝假设 H_0 (相当于接受备择假设 H_1). 如果在一次试验中发生了大概率事件，我们没有理由拒绝 H_0 ，这时就接受 H_0 (相当于拒绝假设 H_1). 上述统计推断的问题称为**假设检验问题**. 一般地，在假设检验中将小概率值记为 $\alpha(0<\alpha<1)$ ，称为**显著性水平**. α 通常取为 0.01，0.05 或 0.1.

为了解答例 6.3.1，我们的任务是要根据样本对假设作出判断. 由于样本均值 $\overline{x}$ 是总体均值 μ 的无偏估计，因此，$|\overline{x}-\mu|$ 应该比较小，于是 $\left|\dfrac{\overline{x}-\mu}{\sigma/\sqrt{n}}\right|$ 也应该比较小. 如果 $\left|\dfrac{\overline{x}-\mu}{\sigma/\sqrt{n}}\right|$ 大于或等于某个常数时，我们就有理由怀疑原假设 H_0 的正确性，应该拒绝 H_0 .

在 H_0 成立的前提下，由本章第一节中(2)式，可得知

$$U=\frac{\overline{x}-\mu_0}{\sigma/\sqrt{n}}\sim N(0,1).$$

按以上分析，我们可以适当选取常数 k，当 $\left|\dfrac{\overline{x}-\mu_0}{\sigma/\sqrt{n}}\right|>k$ 时就拒绝 H_0 . 为了确定 k 的值，对于给定的显著性水平 α ，我们令

$$P\left\{\left|\frac{\overline{x}-\mu_0}{\sigma/\sqrt{n}}\right|>k\right\}=\alpha,$$

根据标准正态分布，可得

$$k=u_{\frac{\alpha}{2}},$$

其中 $u_{\frac{\alpha}{2}}$ 满足 $\Phi\left(u_{\frac{\alpha}{2}}\right)=1-\dfrac{\alpha}{2}$ (图 6-11).

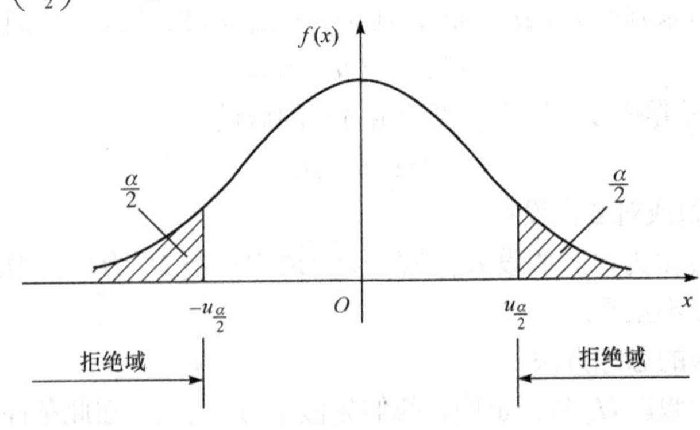

图 6-11

查 $N(0，1)$分布表可得$u_{\frac{\alpha}{2}}$的值，如果统计量 U 的观测值满足

$$|u|=\left|\frac{\overline{x}-\mu_0}{\sigma/\sqrt{n}}\right|>u_{\frac{\alpha}{2}},$$

则意味着概率为α的小概率事件发生了，根据小概率原理，我们拒绝假设H_0，接受假设H_1；如果

$$|u|=\left|\frac{\overline{x}-\mu_0}{\sigma/\sqrt{n}}\right|<u_{\frac{\alpha}{2}},$$

则接受假设H_0.

对于例 6.3.1，由计算可知$\overline{x}=0.511$，取$\alpha=0.05$，$\Phi\left(u_{\frac{\alpha}{2}}\right)=1-\frac{\alpha}{2}=1-\frac{0.05}{2}=0.975$，查 $N(0，1)$分布表得$u_{\frac{\alpha}{2}}=1.96$，又$n=9$，$\sigma=0.015$，因而

$$|u|=\left|\frac{\overline{x}-\mu_0}{\sigma/\sqrt{n}}\right|=\left|\frac{0.511-0.5}{0.015/\sqrt{9}}\right|=2.2>1.96=u_{\frac{\alpha}{2}},$$

小概率事件居然发生了，这与小概率原理相矛盾，故拒绝H_0，即认为该天包装机工作不正常.

构造小概率事件用的统计量称为**检验统计量**$\left(\text{如例6.3.1中}U=\frac{\overline{x}-\mu_0}{\sigma/\sqrt{n}}\right)$. 若当检验统计量在某个区域取值时，拒绝原假设$H_0$，则称该区域为**拒绝域**，拒绝域的边界点称为**临界点**. 如例 6.3.1 中拒绝域为$|u|>u_{\frac{\alpha}{2}}=(-\infty,-1.96)\cup(1.96,+\infty)$，临界点为$-u_{\frac{\alpha}{2}}=-1.96$和$u_{\frac{\alpha}{2}}=1.96$(图 6-1)，当检验统计量的值不属于拒绝域时，则接受假设H_0.

3. 两类错误

由于假设检验所作出判断的依据是一次抽样的样本，而样本具有随机性，因而我们进行假设检验时不可避免地会发生误判，从而使我们有可能犯下列两类错误：

(1) 当假设H_0的确成立时，由样本构造的小概率事件在一次试验中还是可能发生. 若果真发生了，这时，依检验法拒绝了H_0便发生了错误，这类错误称为**第一类错误**或“弃真”的错误，犯这类错误的概率就是小概率事件发生的概率α，即

$$P(\text{拒绝}H_0|H_0\text{为真})=\alpha.$$

(2) 当 H_0 不成立时，检验中小概率事件又没有发生，这时，依检验法接受 H_0 便搞错了，这类错误称为**第二类错误**或“取伪”错误，犯第二类错误的概率记为 β .

$$P(\text{接受}H_0|H_0\text{不真}) = \beta.$$

我们希望犯这两类错误的概率 α 与 β 都很小，但在样本容量 n 固定时，犯这两类错误的概率不可能同时减小. 减小其中一个，另一个往往就会增大. 若要使犯两类错误的概率都减小，则需增加样本容量.

在给定样本容量的情况下，一般来说，我们总是控制犯第一类错误的概率，而不考虑犯第二类错误的概率，这样的检验称为**显著性检验**.

4. 假设检验的三种类型

在对总体的分布中的参数 θ 进行检验时，如果原假设为 H_0: $\theta=\theta_0$ ，备择假设为 H_1: $\theta\neq\theta_0$ ，称这类检验问题为**双边检验**；对假设

$$H_0: \theta=\theta_0, \quad H_1: \theta<\theta_0$$

进行检验，称为**左边检验**；对假设

$$H_0: \theta=\theta_0, \quad H_1: \theta>\theta_0$$

进行检验，称为**右边检验**，左边检验和右边检验统称为**单边检验**.

5. 假设检验的基本步骤

一般地，假设检验的步骤为：

(1) 根据实际问题的要求，提出原假设 H_0 和备择假设 H_1 .

(2) 选取适当的检验统计量，并在 H_0 成立的前提下确定统计量的分布.

(3) 给定显著性水平 α ，由检验统计量的分布表，找出临界值，从而确定拒绝域 W.

(4) 根据样本值计算统计量的具体值，若统计量的具体值落入拒绝域 W 时，则拒绝 H_0 ；否则接受 H_0 .

二、正态总体的假设检验

1. 关于均值 μ 的检验

1) σ^2 已知——U 检验法

设 $X_1, X_2,\cdots, X_n$ 是来自正态总体 $X\sim N(\mu,\sigma^2)$ 的一个样本，其中 μ 为未知，σ^2 为已知，给定显著性水平 α . 可利用统计量 $U=\dfrac{\overline{X}-\mu_0}{\sigma/\sqrt{n}}$ 来检验

$$H_0: \mu=\mu_0, \quad H_1: \mu\neq\mu_0,$$

其中 μ_0 为已知常数，这种方法称为 ***U* 检验法**.

例 6.3.1 就揭示了 U 检验法的基本思想. 由例 6.3.1 可知 U 检验法的步骤如下：

(1) 提出原假设 H_0: $\mu=\mu_0$， H_1: $\mu\neq\mu_0$.

(2) 在 H_0 成立的条件下(即 $\mu=\mu_0$)，选用 U 统计量

$$U=\frac{\overline{X}-\mu_0}{\sigma/\sqrt{n}}\sim N(0,1).$$

(3) 确定 H_0 的拒绝域. 给定显著性水平 $\alpha(0<\alpha<1)$，令 $P\left(|U|>u_{\frac{\alpha}{2}}\right)=\alpha$. 查正态分布表得临界值 $u_{\frac{\alpha}{2}}$，使得 $\Phi\left(u_{\frac{\alpha}{2}}\right)=1-\frac{\alpha}{2}$，由此确定拒绝域为 $|U|>u_{\frac{\alpha}{2}}$.

(4) 作判断. 根据样本值计算统计量的具体值 u，并与临界值比较，若 $|u|>u_{\frac{\alpha}{2}}$，则拒绝 H_0: $\mu=\mu_0$，此时认为均值 μ 与 μ_0 之间有显著差异；若 $|u|<u_{\frac{\alpha}{2}}$，则接受 H_0，认为均值 μ 与 μ_0 无显著差异.

例 6.3.2　某种产品质量 $X\sim N(12,1)$(单位：g)，更新设备后，从新生产的产品中随机抽取 100 个，测得样本均值 $\overline{x}=12.5\text{g}$. 若方差没有变化，问更新设备后，产品的质量均值与原来产品的质量均值是否有显著差异？(取显著性水平 $\alpha=0.05$)

解　这是在方差已知 $(\sigma^2=1)$ 的情况下，检验假设

$$H_0:\ \mu=\mu_0=12,\quad H_1:\ \mu\neq 12.$$

在 H_0 成立的条件下(即 $\mu=\mu_0$)，选用 U 统计量

$$U=\frac{\overline{X}-\mu_0}{\sigma/\sqrt{n}}\sim N(0,1).$$

由 $P\left(|U|>u_{\frac{\alpha}{2}}\right)=0.05$ 和标准正态分布，得 $\Phi\left(u_{\frac{\alpha}{2}}\right)=1-\frac{\alpha}{2}=1-\frac{0.05}{2}=0.975$.

查标准正态分布表，得 $u_{\frac{\alpha}{2}}=1.96$，于是拒绝域为 $|U|>1.96$. 又由已知 $\mu_0=12$，$\sigma=1$，$\overline{x}=12.5$，$n=100$，得

$$|u|=\left|\frac{\overline{x}-\mu_0}{\sigma/\sqrt{n}}\right|=\left|\frac{12.5-12}{1/\sqrt{100}}\right|=5>u_{\frac{\alpha}{2}}=1.96.$$

故拒绝 H_0，即认为更新设备后，产品的质量均值与原来产品的质量均值有显著差异.

例 6.3.3　切割机在正常工作时，切割出的每段金属棒长 X 服从正态分布 $N(54,0.75^2)$. 今从生产出的一批产品中随机地抽取 10 段进行测量，测得长度(单

位：mm)如下：

53.8，54.0，55.1，54.2，52.1，54.2，55.0，55.8，55.1，55.3.

如果方差不变，试问该切割机工作是否正常？(取显著性水平 $\alpha=0.05$)

解　这是在方差已知($\sigma^2=0.75^2$)的情况下检验假设

$$H_0:\ \mu=\mu_0=54,\quad H_1:\ \mu\neq 54.$$

在 H_0 成立的条件下，选用 U 统计量

$$U=\frac{\overline{X}-\mu_0}{\sigma/\sqrt{n}}\sim N(0,1).$$

由 $P\left(|U|>u_{\frac{\alpha}{2}}\right)=0.05$ 和标准正态分布，得 $\Phi\left(u_{\frac{\alpha}{2}}\right)=1-\frac{\alpha}{2}=1-\frac{0.05}{2}=0.975$.

查标准正态分布表，得 $u_{\frac{\alpha}{2}}=1.96$，于是拒绝域为 $|U|>1.96$.

由已给数据求得样本均值的观测值，得 $\overline{x}=54.46$，以及已知 $\mu_0=54$，$\sigma=0.75$，$n=10$，得

$$|u|=\left|\frac{\overline{x}-\mu_0}{\sigma/\sqrt{n}}\right|=\left|\frac{54.46-54}{0.75/\sqrt{10}}\right|\approx 1.94<u_{\frac{\alpha}{2}}=1.96.$$

故接受 H_0，即认为该切割机工作正常.

2) σ^2 未知——t 检验法

设 $X_1, X_2,\cdots, X_n$ 是来自正态总体 $X\sim N(\mu,\sigma^2)$ 的一个样本，其中 μ 与 σ^2 均为未知，给定显著性水平 α，求检验问题 H_0：$\mu=\mu_0$，H_1：$\mu\neq\mu_0$ 的拒绝域.

由于 σ^2 未知，不能利用统计量 $U=\dfrac{\overline{X}-\mu_0}{\sigma/\sqrt{n}}$ 来检验正态总体分布的均值. 考虑到 $S^2=\dfrac{1}{n-1}\sum\limits_{i=1}^{n}(X_i-\overline{X})$ 是 σ^2 的无偏估计，我们用 S 来代替 σ，采用统计量

$$T=\frac{\overline{X}-\mu_0}{S/\sqrt{n}}\sim t(n-1).$$

对于给定的显著性水平 α，查 t 分布表(附表 3)可得 $t_{\frac{\alpha}{2}}(n-1)$，使得

$$P\left\{\left|\frac{\overline{X}-\mu_0}{\sigma/\sqrt{n}}\right|>t_{\frac{\alpha}{2}}(n-1)\right\}=\alpha.$$

因此原假设 H_0 的拒绝域为

$$|T|>t_{\frac{\alpha}{2}}(n-1).$$

如图 6-12 所示

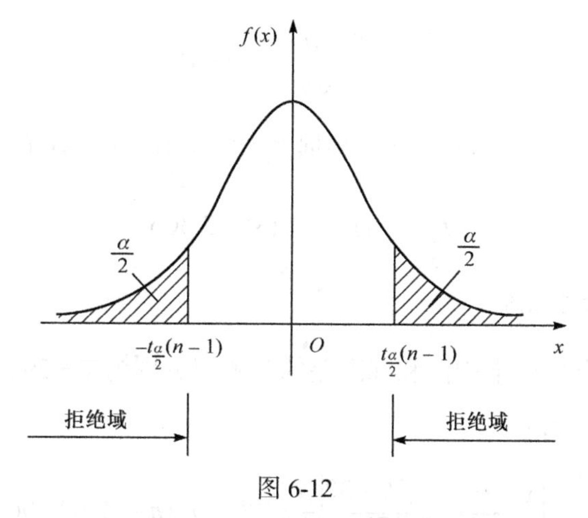

图 6-12

这种利用 T 统计量进行检验的方法称为 t 检验法.

t 检验法的步骤如下：

(1) 提出原假设 H_0: $\mu=\mu_0$， H_1: $\mu\neq\mu_0$；

(2) 在 H_0 成立的条件下(即 $\mu=\mu_0$)，选用 T 统计量

$$T=\frac{\overline{X}-\mu_0}{S/\sqrt{n}}\sim t(n-1);$$

(3) 确定 H_0 的拒绝域. 给定显著性水平 $\alpha(0<\alpha<1)$，由 $P\left(|T|>t_{\frac{\alpha}{2}}(n-1)\right)=\alpha$. 查 t 分布表得临界值 $t_{\frac{\alpha}{2}}(n-1)$，由此确定拒绝域为 $|T|>t_{\frac{\alpha}{2}}(n-1)$；

(4) 作判断. 根据样本值计算 T 统计量的具体值 t，并与临界值比较，若 $|t|>t_{\frac{\alpha}{2}}(n-1)$，则拒绝 H_0；若 $|t|<t_{\frac{\alpha}{2}}(n-1)$，则接受 H_0.

例 6.3.4 已知某种柴油发动机所使用的每升柴油运转时间 X(min) $\sim N(\mu,\sigma^2)$，现从中随机抽取 9 台，测得每升柴油的运转时间(单位：min)分别为

$$28，28，27，30，31，31，29，27，30.$$

按设计要求，平均每升柴油应运转 30min，根据试验结果，能否说明该种柴油机符合设计要求？($\alpha=0.05$)

解 这是在方差 σ^2 未知的情况下检验假设

$$H_0:\ \mu=\mu_0=30,\quad H_1:\ \mu\neq 30.$$

在 H_0 成立的条件下(即 $\mu=\mu_0$)，选用 T 统计量

$$T=\frac{\overline{X}-\mu_0}{S/\sqrt{n}}\sim t(n-1).$$

由于自由度 $n-1=8$，$\alpha=0.05$，根据 $P\left(|T|>t_{\frac{\alpha}{2}}(n-1)\right)=0.05$，查 t 分布表，得

$$t_{\frac{\alpha}{2}}(n-1)=t_{0.025}(8)=2.306,$$

于是拒绝域为 $|U|>2.306$.

由已知数据求得样本均值和标准差的观测值分别为 $\overline{x}=29$，$s=\sqrt{\frac{5}{2}}$，以及已知 $n=9$，$\mu_0=30$，得

$$|t|=\left|\frac{\overline{x}-\mu_0}{s/\sqrt{n}}\right|=\frac{|29-30|}{\sqrt{5/2}/\sqrt{9}}=1.88<t_{\frac{\alpha}{2}}(n-1)=2.306.$$

故接受 H_0，即可认为该种柴油机符合设计要求.

2. 关于方差 σ^2 的检验——χ^2 检验法

下面只讨论总体均值 μ 未知时，方差 σ^2 的假设检验.

设 $X_1, X_2, \cdots, X_n$ 是来自正态总体 $N(\mu,\sigma^2)$ 的样本，其中 μ，σ^2 均未知，在显著性水平 α 下，检验

$$H_0\text{: } \sigma^2=\sigma_0^2,\quad H_1\text{: } \sigma^2\neq\sigma_0^2,$$

上式中 σ_0^2 为已知常数. 选用 χ^2 统计量

$$\chi^2=\frac{(n-1)S^2}{\sigma_0^2}\sim\chi^2(n-1).$$

这种方法称为 χ^2 检验法，其步骤如下：

(1) 提出原假设 H_0: $\sigma^2=\sigma_0^2$，H_1: $\sigma^2\neq\sigma_0^2$.

(2) 在 H_0 成立的条件下(即 $\sigma^2=\sigma_0^2$)，选用 χ^2 统计量

$$\chi^2=\frac{(n-1)S^2}{\sigma_0^2}\sim\chi^2(n-1).$$

(3) 确定 H_0 的拒绝域. 给定显著性水平 α，由 $P\left(\chi^2<\chi^2_{1-\frac{\alpha}{2}}(n-1)\right)=\frac{\alpha}{2}$ 及 $P\left(\chi^2>\chi^2_{\frac{\alpha}{2}}(n-1)\right)=\frac{\alpha}{2}$ 查 χ^2 分布表得 $\chi^2_{1-\frac{\alpha}{2}}(n-1)$ 与 $\chi^2_{\frac{\alpha}{2}}(n-1)$，于是拒绝域为 $\left(0,\ \chi^2_{1-\frac{\alpha}{2}}(n-1)\right)\cup\left(\chi^2_{\frac{\alpha}{2}}(n-1),+\infty\right)$(图 6-13).

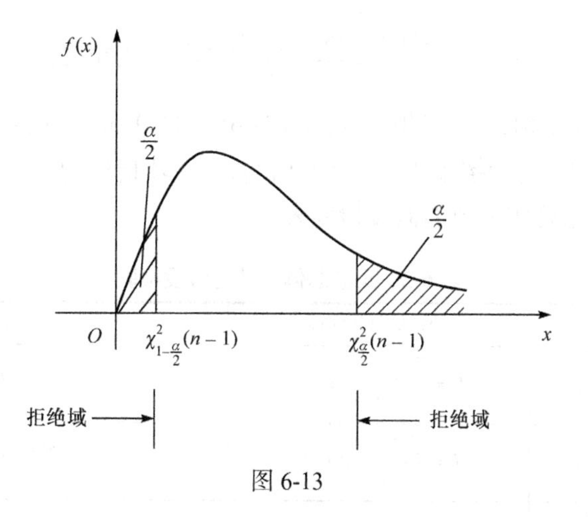

图 6-13

(4) 利用样本值计算 χ^2 的具体值，当 χ^2 的具体值落入拒绝域中时就拒绝 H_0；否则就接受 H_0.

例 6.3.5 某无线电厂生产的一种高频管，其中一项指标服从正态分布 $N(\mu, 8^2)$. 现对生产设备进行了维修，然后从一大批这种产品中随机地抽取 8 只管子，测得该项指标数据如下：

$$68，43，70，65，55，56，60，72.$$

问是否可以认为设备维修后生产的高频管的该项指标的方差仍为 8^2？ $(\alpha = 0.05)$

解 这是在均值 μ 未知的情况下，检验假设

$$H_0\text{: } \sigma^2 = \sigma_0^2 = 8^2, \quad H_1\text{: } \sigma^2 \neq 8^2.$$

在 H_0 成立的条件下，选用 χ^2 统计量

$$\chi^2 = \frac{(n-1)S^2}{\sigma_0^2} \sim \chi^2(n-1).$$

对于给定的显著性水平 $\alpha = 0.05$，$n = 8$，由

$$P\left(\chi^2 < \chi^2_{1-\frac{0.05}{2}}(8-1)\right) = \frac{0.05}{2} \quad 及 \quad P\left(\chi^2 > \chi^2_{\frac{0.05}{2}}(8-1)\right) = \frac{0.05}{2},$$

查 χ^2 分布表得临界值 $\chi^2_{0.975}(7) = 1.690$，$\chi^2_{0.025}(7) = 16.013$. 从而拒绝域为

$$(0,1.690) \cup (16.013.+\infty).$$

又由样本值算得 $\overline{x} = \frac{1}{8}\sum_{i=1}^{8} x_i = 61.125$，$s^2 = \frac{1}{8-1}\sum_{i=1}^{8}(x_i - \overline{x})^2 = 93.268$，以及已知 $\sigma_0^2 = 8^2$，得统计量的具体值为

$$\chi^2=\frac{(n-1)s^2}{\sigma_0^2}=\frac{(8-1)\times 93.268}{8^2}=10.2012.$$

比较可知 10.2012 不在拒绝域 $(0,1.690)\cup(16.013.+\infty)$ 内，因此接受 H_0: $\sigma^2=8^2$. 即可以认为设备维修后生产的高频管的该项指标的方差仍为 8^2.

表 6-2 是正态总体参数的假设检验表。

表 6-2　正态总体参数的假设检验

被检验参数		统计量及其分布	拒绝域
H_0: $\mu=\mu_0$	σ^2 已知	$U=\dfrac{\overline{X}-\mu_0}{\sigma/\sqrt{n}}\sim N(0,1)$	$\lvert U\rvert>u_{\frac{\alpha}{2}}$
	σ^2 未知	$T=\dfrac{\overline{X}-\mu_0}{S/\sqrt{n}}\sim t(n-1)$	$\lvert T\rvert>t_{\frac{\alpha}{2}}(n-1)$
H_0: $\sigma^2=\sigma_0^2$	μ 未知	$\chi^2=\dfrac{(n-1)S^2}{\sigma_0^2}\sim\chi^2(n-1)$	$\left(0,\ \chi^2_{1-\frac{\alpha}{2}}(n-1)\right)\cup\left(\chi^2_{\frac{\alpha}{2}}(n-1),+\infty\right)$

习　题　6-3

1. 已知某炼铁厂的铁水含碳量 $X\sim N(4.55,0.06^2)$. 现改变了工艺条件，又测得 10 炉铁水的平均含碳量 $\overline{x}=4.57$. 假设方差无变化，问总体的均值 μ 与原来相比是否有明显改变? $(\alpha=0.05)$

2. 已知某种规格的钉子长度单位(cm) $X\sim N(\mu,0.01^2)$，规定每个钉子的标准长度为 2.12. 今从该种规格的钉子中任取 16 个，测得其长度为

2.14,　2.10,　2.13,　2.15,　2.13,　2.12,　2.13,　2.10,

2.15,　2.12,　2.14,　2.10,　2.13,　2.11,　2.14,　2.11.

试问该种钉子是否合格? $(\alpha=0.05)$

3. 某厂生产的螺杆直径服从正态分布 $N(\mu,\sigma^2)$，现从中随机抽取 5 件，测得直径(单位: mm)为

22.3,　21.5,　22.0,　21.8,　21.4.

若 σ^2 未知，试在显著性水平 $\alpha=0.05$ 下，检验假设 H_0: $\mu=21$，H_1: $\mu\neq 21$.

4. 由于工业排水引起附近水质污染，测得鱼体内的蛋白质中含汞的浓度(单位：ppm)为

0.37,　0.266,　0.135,　0.095,　0.101,　0.213,　0.228,　0.167,　0.766,　0.054.

从过去大量资料判断，鱼体内蛋白质中含汞的浓度服从正态分布，并且从工艺过程分析可以推算出理论上的浓度应为 0.1，问从这组数据看，实验值与理论值是否相符合?

5. 某车间生产铜丝，生产一向较稳定，可以认为其折断力服从正态分布. 今从产品中随机抽取 10 根检查折断力，得数据(单位：kN)如下：

578,　572,　570,　568,　572,　570,　570,　572,　596,　584.

是否可以相信该车间的铜丝的折断力的方差为 64? $(\alpha=0.05)$

6. 民政部门对某住宅区住户的消费情况(单位：万元)进行的调查报告中，抽取 9 户为样本，其每年开支除去税款和住宅等费用外，依次为

$$4.9,\quad 5.3,\quad 6.5,\quad 5.2,\quad 7.4,\quad 5.4,\quad 6.8,\quad 5.4,\quad 6.3.$$

假定住户消费数据服从正态分布 $N(\mu,\sigma^2)$，给定 $\alpha=0.05$，试问：所有住户消费数据的总体方差 $\sigma^2=0.3$ 是否可信？

第 4 节　一元线性回归分析

在实际问题中所遇到的许多变量，它们之间存在着一定的关系. 这种关系大体上可分为两大类：一类是确定性关系，即函数关系，如正方形的面积 S 与其边长 x 的关系由 $S=x^2$ 来确定；另一类是非确定性关系，也称为**相关关系**，此时变量之间的关系不能用函数关系来表达. 例如，人的身高与体重之间有一定的关系，一般来说，身体越高体重越重，但是，同样身高的人，体重一般也有差异. 又如，人的收入与支出密切相关，但也不能完全由收入确定支出.

应用统计方法，寻求用一个数学公式来描述变量之间的相关关系所进行的统计分析称为**回归分析**，所求得的公式称为**回归方程**. 对两个变量之间线性关系的回归分析称为**一元线性回归分析**，它是一种最简单、最常用的回归分析. 下面介绍一元线性回归分析的基础知识.

一、散点图与回归直线

设随机变量 y 与普通变量 x 之间存在着某种相关关系. 通过试验，可得到 x，y 的若干对实测数据，将这些数据在坐标系中描绘出来，所得到的图称为**散点图**.

例 6.4.1　随机抽取某地区 10 个家庭的年收入与年储蓄(千元)资料如表 6-3 所示.

表 6-3

年收入 x	12	18	21	14	9	11	25	28	17	16
年储蓄 y	3.2	6.1	10	3.6	1.1	1.3	14	15	5	5.9

试建立 y 与 x 之间的关系式.

为考察 y 与 x 之间的关系，将这 10 对数据描在 xOy 平面上(图 6-14)，这样的图就是散点图. 从图 6-14 可以看出，这些点虽然不在一条直线上，但都分布在一条直线附近. 因此可以用这条直线来近似地表示 y 与 x 之间的关系，这条直线的方程称为 y 对 x 的**一元线性回归方程**(也称为**经验公式**). 这条直线的方程为

$$\hat{y}=a+bx, \tag{1}$$

其中 a，b 称为**回归系数**，$\hat{y}$ 表示直线上 y 的值与实际值是有差别的.

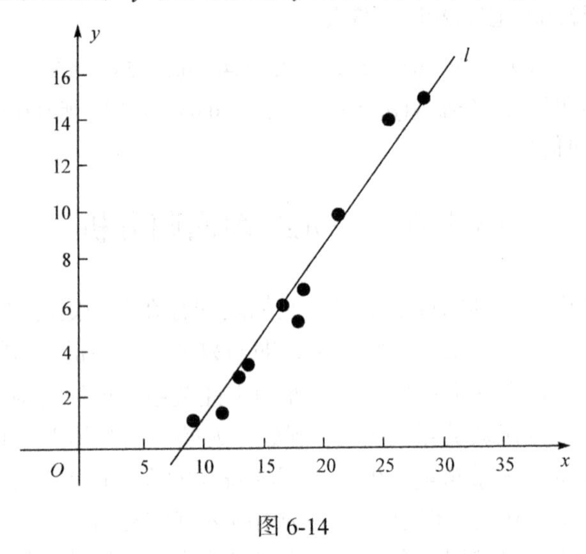

图 6-14

所要研究的是如何利用 n 对观察数据 $(x_i, y_i)(i=1,2,\cdots,n)$，来确定经验公式(1)中的未知参数 a 和 b，常用的方法是最小二乘法.

二、最小二乘法与回归方程

在一次试验中，取得 n 对观察数据 (x_i, y_i)，其中 y_i 是随机变量 y 对应于 x_i 的观测值，而对应在回归直线上的回归值 $\hat{y}_i = a + bx_i$. 要确定(1)式，就等价于求 a，b 的值，使得直线 $\hat{y} = a + bx$ 总地看来与所给的 n 个观察点 (x_i, y_i) 最接近，因此，我们所要求的直线应该是使所有 $|y_i - \hat{y}_i|$ 之和最小的一条直线. 由于绝对值在处理上比较麻烦，所以用平方和来代替，即要求 a，b 的值，使

$$Q = Q(a,\ b) = \sum_{i=1}^{n}(y_i - \hat{y}_i)^2 = \sum_{i=1}^{n}\left[y_i - (a + bx_i)\right]^2$$

最小.

$Q(a,\ b)$是 a，b 的二元函数，根据二元函数取极值的必要条件，回归系数 a，b 是方程组

$$\begin{cases} \dfrac{\partial Q}{\partial a} = -2\sum_{i=1}^{n}(y_i - a - bx_i) = 0, \\ \dfrac{\partial Q}{\partial b} = -2\sum_{i=1}^{n}(y_i - a - bx_i) = 0 \end{cases}$$

的解，方程组整理后，得

$$
\begin{cases}
na + b\sum_{i=1}^{n} x = \sum_{i=1}^{n} y_i, \\
a\sum_{i=1}^{n} x_i + b\sum_{i=1}^{n} x_i^2 = \sum_{i=1}^{n} x_i y_i.
\end{cases}
$$

解方程组得 a，b 的值为

$$
\begin{cases}
b = \dfrac{\sum_{i=1}^{n} x_i y_i - \frac{1}{n}\sum_{i=1}^{n} x_i \cdot \sum_{i=1}^{n} y_i}{\sum_{i=1}^{n} x_i^2 - \frac{1}{n}\left(\sum_{i=1}^{n} x_i\right)^2}, \\
a = \overline{y} - b\overline{x},
\end{cases}
$$

其中 $\overline{x} = \frac{1}{n}\sum_{i=1}^{n} x_i$，$\overline{y} = \frac{1}{n}\sum_{i=1}^{n} y_i$.

由于 Q 是偏差的平方运算，故将上述求 a，b 使 Q 最小的方法称为**最小二乘法**.

为了方便计算，记

$$
L_{xx} = \sum_{i=1}^{n} x_i^2 - \frac{1}{n}\left(\sum_{i=1}^{n} x_i\right)^2,
$$

$$
L_{yy} = \sum_{i=1}^{n} y_i^2 - \frac{1}{n}\left(\sum_{i=1}^{n} y_i\right)^2,
$$

$$
L_{xy} = \sum_{i=1}^{n} x_i y_i - \frac{1}{n}\sum_{i=1}^{n} x_i \cdot \sum_{i=1}^{n} y_i,
$$

则

$$
\begin{cases}
b = \dfrac{L_{xy}}{L_{xx}}, \\
a = \overline{y} - b\overline{x}.
\end{cases}
$$

因为根据上式所求得的回归系数 a，b 是仅依据 n 组样本值对 a，b 的一种估计值，一般用 $\hat{a}$，$\hat{b}$ 表示，即

$$
\begin{cases}
\hat{b} = \dfrac{L_{xy}}{L_{xx}}, \\
\hat{a} = \overline{y} - \hat{b}\overline{x}.
\end{cases}
$$

由 $\hat{a}$，$\hat{b}$ 所确定的回归直线方程也相应地记作 $\hat{y} = \hat{a} + \hat{b}x$.

下面计算例 6.4.1 中 y 对 x 的一元线性回归方程. 首先将计算列成如表 6-4 所示.

表 6-4

序号	x_i	y_i	x_i^2	y_i^2	x_iy_i
1	12	3.2	144	10.24	38.4
2	18	6.1	324	37.21	109.8
3	21	10	441	100	210
4	14	3.6	196	12.96	50.4
5	9	1.1	81	1.21	9.9
6	11	1.3	121	1.69	14.3
7	25	14	625	196	350
8	28	15	784	225	420
9	17	5	289	25	85
10	16	5.9	256	34.81	94.4
合计	171	65.2	3261	644.12	1382.2

$$L_{xx}=\sum_{i=1}^{10}x_i^2-\frac{1}{10}\left(\sum_{i=1}^{10}x_i\right)^2=3261-\frac{171^2}{10}=336.9,$$

$$L_{xy}=\sum_{i=1}^{10}x_iy_i-\frac{1}{10}\sum_{i=1}^{10}x_i\cdot\sum_{i=1}^{10}y_i=1382.2-\frac{171\times 65.2}{10}=267.28,$$

$$\hat{b}=\frac{L_{xy}}{L_{xx}}=\frac{267.28}{336.9}=0.793,$$

$$\hat{a}=\overline{y}-\hat{b}\overline{x}=\frac{1}{10}\sum_{i=1}^{10}y_i-\hat{b}\times\frac{1}{10}\sum_{i=1}^{10}x_i$$

$$=\frac{65.2}{10}-0.793\times\frac{171}{10}=-7.040\,3,$$

故所求的线性回归方程为

$$\hat{y}=-7.040\,3+0.793x.$$

三、一元线性回归的相关性检验

用最小二乘法求出的回归方程，并不需要事先假定 y 与 x 一定具有线性相关关系，也就是说对任何两个变量 y 与 x 的一组试验数据 $(x_i,y_i)(i=1,2,\cdots,n)$，都可以按上述计算方法求出一个回归方程，如果 y 与 x 之间根本没有内在的线性关系，那么这样得到的回归方程并不能描述 y 与 x 之间的关系，当然也就毫无意义. 因此我们还必须检验 y 与 x 之间是否存在线性相关关系，即进行相关关系的检验.

显然偏差平方和 $Q(\hat{a},\hat{b})=\sum_{i=1}^{n}(y_i-\hat{y}_i)^2=\sum_{i=1}^{n}(y_i-\hat{a}-\hat{b}x_i)^2$ 可用来反映变量 y 和

x之间线性相关的密切程度. 容易证明

$$Q(\hat{a},\hat{b})=L_{yy}\left(1-\frac{L_{xy}^2}{L_{xx}L_{yy}}\right).$$

令$r=\dfrac{L_{xy}}{\sqrt{L_{xx}L_{yy}}}$，则$Q(\hat{a},\hat{b})=L_{yy}(1-r^2)$. 由于

$$Q(\hat{a},\hat{b})=\sum_{i=1}^{n}(y_i-\hat{y}_i)^2\geqslant 0,$$

$$L_{yy}=\sum_{i=1}^{n}y_i^2-\frac{1}{n}\left(\sum_{i=1}^{n}y_i\right)^2=\sum_{i=1}^{n}(y_i-\overline{y})^2\geqslant 0,$$

所以，$1-r^2\geqslant 0$，即

$$-1\leqslant r\leqslant 1.$$

从$Q(\hat{a},\hat{b})=L_{yy}(1-r^2)$不难看出，$|r|$可以引起$Q$的变化. 当$|r|$越接近1时，$Q$的值就越接近0，说明$y$与$x$之间的线性关系就越好；如果$|r|$接近0，$Q$的值就较大，用回归直线来表达$y$与$x$之间的线性关系就不准确. 由于$r$的大小可以表示$y$与$x$之间具有线性关系的相对程度，所以将$r=\dfrac{L_{xy}}{\sqrt{L_{xx}L_{yy}}}$称为$y$对$x$的**相关系数**.

特殊情况下，当$|r|=1$时，$Q=0$，则散点图上的点完全落在回归直线$\hat{y}=\hat{a}+\hat{b}x$上，称y对x完全相关，当$r=0$时，Q的值最大，说明y与x无线性关系.

那么，$|r|$的值多大时才能确认y与x之间的线性关系显著呢?

下面，根据假设检验的原理来进行相关性检验.

相关性检验的检验步骤如下：

(1) 提出原假设H_0：y与x存在显著的线性相关关系.

(2) 选用统计量

$$r=\frac{L_{xy}}{\sqrt{L_{xx}L_{yy}}},$$

并根据样本值计算r的值.

(3) 给定显著性水平α，按自由度$f=n-2$查相关系数表，求出临界值$r_\alpha(n-2)$.

(4) 作出判断：

若$|r|\geqslant r_\alpha(n-2)$，则接受假设$H_0$，即认为在给定的显著性水平$\alpha$下，$y$与$x$的线性相关关系较显著；

若$|r| < r_\alpha(n-2)$，则可认为在给定的显著性水平α下，y与x的线性相关关系不显著，即拒绝假设H_0.

例 6.4.2 检验例 6.4.1 中的 y 与 x 线性关系是否显著？取显著性水平 $\alpha = 0.05$.

解 假设H_0：y与x存在显著的线性相关关系.

由例 6.4.1 知：$L_{xy} = 267.28$，$L_{xx} = 336.9$，又

$$L_{yy} = \sum_{i=1}^{10} y_i^2 - \frac{1}{10}\left(\sum_{i=1}^{10} y_i\right)^2 = 644.12 - \frac{65.2^2}{10} = 219.02,$$

从而相关系数为

$$r = \frac{L_{xy}}{\sqrt{L_{xx}L_{yy}}} = \frac{267.28}{\sqrt{336.9 \times 219.02}} \approx 0.984.$$

由$\alpha = 0.05$，$f = n-2 = 8$，查相关系数表，得$r_{0.05}(8) = 0.6319$，

$$|r| = 0.984 > r_{0.05}(8) = 0.6319.$$

所以接受假设H_0，即在$\alpha = 0.05$下，认为y与x的线性相关关系显著.

四、回归预测

当回归方程检验显著有效时，那么回归方程$\hat{y} = \hat{a} + \hat{b}x$就大致反映了$y$与$x$之间的变化规律. 对于$x$取任意值$x_0$，虽然不能精确地知道相应的$y$的真值，但用回归方程$\hat{y} = \hat{a} + \hat{b}x$可以估计出$y$的真值的取值范围，这就是实际中的回归预测问题.

要用$\hat{y}$的值去预测y的真值所在的范围，只要估计出偏差$y - \hat{y}$的大小即可. 因为偏差通常服从正态分布，即$y - \hat{y} \sim N(0, \sigma^2)$.

由正态分布的3σ法则知

$$P(|y-\hat{y}| \leqslant 3\sigma) \approx 0.99, \quad P(|y-\hat{y}| \leqslant 2\sigma) \approx 0.95, \quad P(|y-\hat{y}| \leqslant \sigma) \approx 0.68.$$

可以证明$\hat{\sigma} = \sqrt{\dfrac{Q}{n-2}}$是$\sigma$的无偏估计量，其中

$$Q = \sum_{i=1}^{n}(y_i - \hat{y}_i)^2 = L_{yy}(1-r^2) \quad \left(r = \frac{L_{xy}}{\sqrt{L_{xx}L_{xy}}}\right).$$

由于实际问题中，σ往往未知，故用其无偏估计$\hat{\sigma} = \sqrt{\dfrac{Q}{n-2}}$来代替，从而有$y$被包含在区间$(\hat{y}-\hat{\sigma}, \hat{y}+\hat{\sigma})$内的概率约为 0.68；$y$被包含在区间$(\hat{y}-2\hat{\sigma}, \hat{y}+2\hat{\sigma})$

内的概率约为 0.95；y 被包含在区间 $(\hat{y}-3\hat{\sigma}, \hat{y}+3\hat{\sigma})$ 内的概率约为 0.99，即

y 的置信水平为 0.99 的置信区间为 $(\hat{y}-3\hat{\sigma}, \hat{y}+3\hat{\sigma})$；

y 的置信水平为 0.95 的置信区间为 $(\hat{y}-2\hat{\sigma}, \hat{y}+2\hat{\sigma})$；

y 的置信水平为 0.68 的置信区间为 $(\hat{y}-\hat{\sigma}, \hat{y}+\hat{\sigma})$.

例 6.4.3　对例 6.4.1 求得的回归直线方程 $\hat{y}=-7.0403+0.793x$，求当年收入为 20 000 元时，年储蓄的置信水平为 0.95 的置信区间.

解　当 $x=20$ 时，

$$\hat{y}=-7.0403+0.793\times 20=8.8197,$$

年储蓄的置信水平为 0. 95 的置信区间为 $(\hat{y}-2\hat{\sigma}, \hat{y}+2\hat{\sigma})$.

由例 6.4.2 知，$L_{yy}=219.02$，$r=0.984$. 从而

$$\hat{\sigma}=\sqrt{\frac{Q}{n-2}}=\sqrt{\frac{(1-r^2)L_{yy}}{n-2}}=\sqrt{\frac{(1-0.984^2)\times 219.02}{10-2}}\approx 0.9322,$$

$$y_1=\hat{y}-2\hat{\sigma}=8.8197-2\times 0.9322=6.9553,$$

$$y_2=\hat{y}+2\hat{\sigma}=8.8197+2\times 0.9322=10.6841.$$

因此，当年收入为 20 000 元时，年储蓄的置信水平为 0. 95 的置信区间为

(6.955 3，10.684 1)(元).

习　题　6-4

1. 十个地区汽车拥有量与汽车配件年销售额的统计资料如下表所示.

序号	1	2	3	4	5	6	7	8	9	10
汽车拥有量 x/万辆	13.4	15	17.9	10.5	18.8	16.4	20.1	12.1	15.4	17.7
配件年销售额 y/百万元	155.3	169.7	198.4	101.6	214.6	175.4	220.3	124.7	150.8	184.2

(1) 求 y 关于 x 的线性回归方程；

(2) 检验回归方程中 y 与 x 的线性关系是否显著？(取显著性水平 $\alpha=0.05$)

(3) 预测某地区汽车拥有量达 22 万辆时，该地区汽车配件年销售额的置信水平为 0.95 的置信区间.

2. 随机抽取五个小城市，其人口数与商品的零售额之间的关系如下表所示.

人口/万人	69	51	61	38	83
零售额/亿元	2. 3	3. 3	3. 4	2. 9	5. 8

以人口为自变量，商品零售额为因变量，求回归直线方程，并检验其显著性.(取显著性水平 $\alpha = 0.05$)

3. 某种合金钢材的抗压强度 y 与钢材中含碳量 x(质量分数)有关，测得数据如下表所示.

x_i / %	y_i / (kg / mm^2)	x_i / %	y_i / (kg / mm^2)
0.05	40.8	0.13	45.6
0.07	41.7	0.14	45.1
0.08	41.9	0.16	48.9
0.09	42.8	0.18	50.0
0.10	42.0	0.20	55.0
0.11	43.6	0.21	54.8
0.12	44.8	0.23	60.0

(1) 检验抗压强度 y 与钢材中含碳量 x 之间是否存在显著的线性相关关系，如果存在，求 y 关于 x 的线性回归方程；

(2) 预测当含碳量为 0.15%时，抗压强度的置信区间.(取显著性水平 $\alpha = 0.05$)

第三部分 MATLAB简介及数学实验

第七章 MATLAB简介

MATLAB 是由美国 MathWorks 公司开发的工程计算软件，现在，MATLAB 已经发展成为适合多学科的功能强大的大型软件. 在很多高校，MATLAB 已经成为许多课程的基本教学工具，成为大学生、硕士生和博士生必须掌握的基本技能. 同时，MATLAB 也被研究单位和工业部门广泛应用，使科学研究和解决各种具体问题的效率大大提高.

随着 MATLAB 版本的不断升级，其所含的工具箱的功能也越来越丰富，因此，应用范围也越来越广泛，成为涉及数值分析的各类工程师不可不用的工具.

MATLAB 目前的版本是 7.0.

一、MATLAB 的安装和启动

1. MATLAB 的安装

(1) 将 MATLAB 光盘插入光驱；

(2) 运行 MATLAB 的安装文件 setup. exe；

(3) 按提示逐步安装.

安装完成后，就可以启动 MATLAB.

2. 启动 MATLAB

与一般的 Windows 程序一样，启动 MATLAB 有两种常见方法：

(1) 通过“开始”按钮，选择“程序”菜单项，然后打开“MATLAB”菜单中的“MATLAB”程序，就可启动.

(2) 将运行 MATLAB 的快捷方式放在桌面上，则只要在桌面上双击该图标即可启动 MATLAB.

当启动 MATLAB 后，将会出现如图 7-1 所示的窗口.

3. MATLAB 集成环境

MATLAB 是一个高度集成的语言环境，在该环境下既可以进行交互式的操作，又可以编写程序、运行程序并跟踪调试程序.

在默认设置情况下，集成视窗环境包括五个窗口，即主窗口、命令窗口、历史窗口、当前目录窗口和工作区管理窗口. 下面分别介绍.

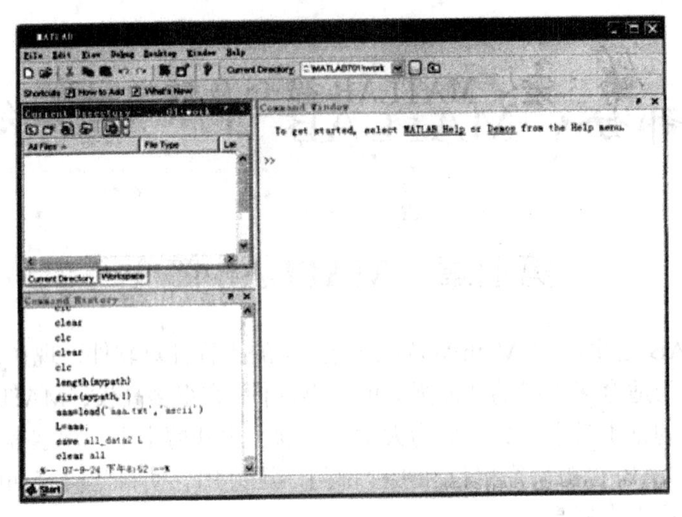

图 7-1　MATLAB 的默认工作环境

1) 主窗口

主窗口不能进行任何计算，它只是用来完成一些环境参数的设置，同时它提供了一个框架载体，其他窗口都是包含在该窗口中的.

2) 命令窗口(Command Window)

命令窗口是用户与 MATLAB 进行交互的主要场所，一般说来，MATLAB 的所有函数和命令都可以在命令窗口中输入和执行.

在 MATLAB 启动后，将显示提示符“>>”，在提示符后面键入命令，按下回车键后，系统执行所输入的命令，最后给出计算结果. 如输入(注意不要输入“>>”符号!)

```
>>1+2
```

结果为

```
ans =

      3
```

(提示：ans 为 answer 的前三个字母)

在 MATLAB 中，有很多的控制键和方向键可用于命令的编辑. 例如 CTRL + C 可以用来中止正在执行的 MATLAB 的工作，↑，↓两个箭头键可以将所用过的指令调回来重复使用. 其他键如 Home，End 等功能非常简单，一用便知.

如果输入的命令语句超过一行，或者希望分行输入，则可以在行尾加上三个句点(…)来表示续行. 如输入

```
>>s = 1+2+…
```

```
3-5
```
结果为
```
s =
   1
```
可见使用续行符之后，系统会自动将前一行保留而不加以计算，并于下一行衔接，等待完整命令后再计算整个输入结果.

编程序需要适当的注释，MATLAB 程序的注释用“%”.(注意使用时没有引号!)

3) 历史窗口(Command History)

显示用户近期输入过的指令，并标明使用时间，以便用户查询.如果双击某一行命令，会在命令窗口中执行该命令.如果要清除这些历史记录，可以选择 Edit 菜单中的 Clear Command History 命令.

4) 当前目录窗口(Current Directory)

在该窗口中可显示或改变当前目录，还可以显示当前目录下的文件，包括文件名、文件类型、最后修改时间，以及该文件的说明信息.

5) 工作区管理窗口(Workspace)

在该窗口中显示所有当前保存在内存中的 MATLAB 变量的变量名、值、类型等信息，并可对变量进行观察、编辑、保存和删除.

4. MATLAB 的退出

要退出 MATLAB 系统，有三种方法：

(1) 单击 MATLAB 命令窗口的“关闭”按钮.

(2) 在命令窗口 File 菜单中选 Exit MATLAB 命令.

(3) 在 MATLAB 命令窗口输入 Exit 和 Quit 命令.

5. MATLAB 的帮助系统

进入帮助窗口可以通过以下三种方法：

(1) 单击 MATLAB 主窗口工具栏中的 Help 按钮.

(2) 在命令窗口中输入 helpwin，helpdesk 或 doc.

(3) 选择 Help 菜单中的“MATLAB Help”选项.

二、MATLAB 的基本运算与函数

1. MATLAB 中的变量

MATLAB 中可以自定义变量.变量名的命名必须符合以下几条规则：

(1) 变量名必须是不含空格的单个词；

(2) 变量名区分大小写；

(3) 变量名最多不超过 31 个字符，第 31 个字符之后的字符将被忽略；

(4) 变量名必须以字母开头，之后可以是任意字母、数字或下划线，变量名中不允许使用标点符号.

如 f，f12，myfile，my_file 等都是合法的变量名，而 my；file，_f，my file 等都是不合法的变量名. 除了上述命名规则，MATLAB 还有几个特殊变量，如表 7-1 所示.

表 7-1　MATLAB 的特殊变量

特殊变量	取值
ans	用于结果的缺省变量名
pi	圆周率
eps	计算机的最小数，当和 1 相加就产生一个比 1 大的数
flops	浮点运算数
inf	无穷大，如 1/0
NaN	不定量，如 0/0
i，j	$i = j = \sqrt{-1}$
nargin	所用函数的输入变量数目
nargout	所用函数的输出变量数目
realmin	最小可用正实数
realmax	最大可用正实数

在命令窗口中，同时存储着输入的命令和创建的所有变量值，它们可以在任何需要的时候被调用. 如要查看变量 a 的值，只需要在命令窗口中输入变量的名称即可. 如：>>a.

MATLAB 命令的通常形式为

>>变量 = 表达式

表达式由操作符或其他特殊字符、函数和变量名组成. 执行表达式并将表达式结果显示于命令之后，同时存在变量中以留用. 如果变量名和“=”省略，即不指定返回变量，则名为 ans 的变量将自动建立. 例如：输入

```
>>x = [1 2 3 4 5 6]
```

系统将产生一个名称为 x 的 6 维向量，输出结果为

```
x =

    1    2    3    4    5    6
```

如果不想看见语句的输出结果，可以在语句的最后加上“;”，此时尽管结

果没有显示，但它依然被赋值并在 MATLAB 工作空间中分配了内存，依然可以通过变量名来查看.

例如：输入

```
>>y = sin(5);
>>y
```

结果为

```
y =
   -0.9589
```

2. 基本运算功能

MATLAB 的基本运算可分为三类：算术运算、关系运算和逻辑运算.

1) 算术运算

算术运算是最基本的运算形式. 它的实现非常简单，就像在计算器上进行相应运算一样. 在 MATLAB 启动后，将显示提示符“>>”，用户就可以在提示符后面键入命令，按下回车键后，系统会解释并执行所输入的命令，最后给出计算结果. 除此之外，MATLAB 还提供了其他几种类型的算术运算，如表 7-2 所示.

表 7-2　MATLAB 的算术运算符

+	加法运算	—	减法运算
*	乘法运算	.*	点乘运算
/	除法运算	./	数组左除
\	反斜杠表示左除	.\	数组右除
^	乘幂运算	.^	点乘幂运算

在运算中，求值次序和一般的数学求值次序相同；表达式是从左到右执行的，幂次方的优先级最高，乘除次之，最后是加减，如果有括号，则括号优先级最高.

MATLAB 引入的“点运算”是一般数学中没有定义的运算，“点运算”主要用于数组间的运算，如“a. *b”表示 a 的元素与 b 的对应位置处的元素相乘.

例 7.0.1　求$[1+2*(3-4)]\div 5^2$.

解　输入

```
>>(1+2*(3-4))/5^2
```

结果为

```
ans =
    -0.0400
```

2) 关系运算

关系运算主要用于比较数值、字符串、矩阵等运算对象之间的大小或不等关系，其运算结果的类型为逻辑量，如果比较运算的结果成立，其运算结果就为真(非零量)，否则为假(0 值).

关系运算是由关系运算符来实现的，主要的关系运算符如表 7-3 所示.

表 7-3　MATLAB 的关系运算符

>	大于	<	小于
==	等于	~=	不等于
>=	大于等于	<=	小于等于

例如：输入

```
>>x = 2;
>>x>3
```

结果为

```
ans =
     0
```

继续输入

```
>>x< = 2
```

结果为

```
ans =
      1
```

3) 逻辑运算

简单的关系比较是不能满足实际编程需要的，一般还需要用逻辑运算符将关系表达式或逻辑量连接起来，构成复杂的逻辑表达式. 逻辑表达式的执行结果是逻辑量(表示真或假的非 0 或 0).

主要的逻辑运算符有四种，如表 7-4 所示.

表 7-4　MATLAB 的逻辑运算符

<table>
<tr><td>&</td><td>与</td><td>|</td><td>或</td></tr>
<tr><td>~</td><td>非</td><td>Xor</td><td>异或</td></tr>
</table>

例如：输入

```
>>x = 2;
>>y = 5;
```

```
>>x> = 2&y>4
```
结果为
```
ans =
      1
```
输入
```
>>x<2|y<4
```
结果为
```
ans =
     0
```

3. MATLAB 的数学函数

MATLAB 提供了丰富的运算函数，只需正确调用其形式就可以得到满意的结果，用户可参阅有关资料，在此就不列出了.

使用函数需要注意以下几点：

(1) 函数一定是出现在等式的右边，写在左边将出现语法错误.

(2) 每个函数对其自变量的个数和格式都有一定的要求，如使用三角函数时要注意函数自变量角度的单位是“弧度”还是“度”等.

(3) 函数允许嵌套. 例如，可以使用 sqrt(1+sin(x))的形式，即 $\sqrt{1+\sin x}$.

例 7.0.2 求 $y=\sin x$ 在 $x=\dfrac{\pi}{12}$ 时的值.

解 输入
```
>>y = sin(pi/12)
```
结果为
```
y =
  0.2588
```

例 7.0.3 设 $x=5.67$，$y=7.811$，计算 $\dfrac{e^{x+y}+\sin(x+y)}{\lg(x+y)+\ln(x+y)}$.

解 输入
```
>>x = 5.67;
>>y = 7.811;
>>z = (exp(x + y) + sin(x + y))/(log10(x + y) + log(x + y))
```
结果为
```
z =
  1.9182e + 005
```

三、MATLAB 的图形功能

作为一个功能强大的工具软件，MATLAB 具有很强的图形处理功能，提供了大量的二维、三维图形函数. MATLAB 作图是通过描点、连线来实现的，故在画一个曲线图形之前，必须先取得该图形上的一系列的点的坐标(即横坐标和纵坐标)，然后将该点集的坐标传给 MATLAB 函数画图.

1. 二维图形

绘制二维曲线最常用的命令是利用 plot 函数.

绘制二维曲线 plot 函数的基本调用格式为 plot(x, y)，其中 x 和 y 为长度相同的向量，分别用于存储 x 坐标及对应的 y 坐标数据.

例 7.0.4 在 $0 \leqslant x \leqslant 2\pi$ 区间内，绘制曲线 $y = x\cos\pi x$.

解 程序如下：

```
>>x = 0: pi/100: 2*pi;
>>y = x. *cos(pi. *x);
>>plot(x, y)
```

结果如图 7-2 所示.

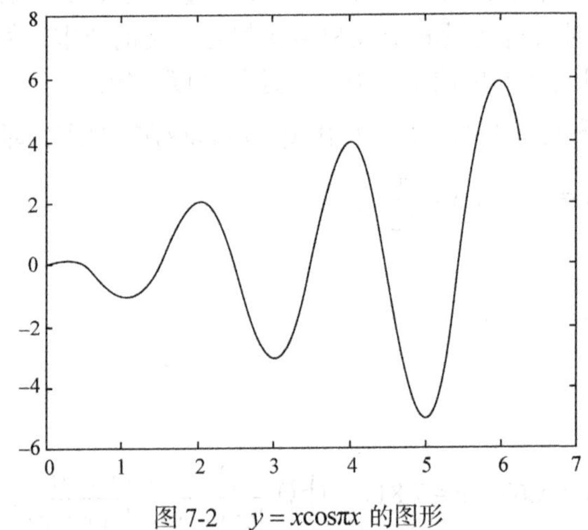

图 7-2 $y = x\cos\pi x$ 的图形

plot 函数最简单的调用格式是只包含一个输入参数，格式为 plot(x)，在这种情况下，当 x 是实向量时，以该向量元素的下标为横坐标，元素值为纵坐标画出一条连续曲线，这实际上是绘制折线图.

2. 三维图形

下面只介绍如何绘制三维曲面.

绘制三维曲面分两个步骤，首先生成三维数据，然后调用绘制三维曲面的函数来绘图，分述如下.

1) 产生三维数据

在 MATLAB 中，利用 meshgrid 函数产生平面区域内的网格坐标矩阵. 其格式为

```
x = a: d1: b; y = c: d2: d;
[X, Y] = meshgrid(x, y);
```

语句执行后，矩阵 $\boldsymbol{X}$ 的每一行都是向量 $\boldsymbol{x}$，行数等于向量 $\boldsymbol{y}$ 的元素的个数，矩阵 $\boldsymbol{Y}$ 的每一列都是向量 $\boldsymbol{y}$，列数等于向量 $\boldsymbol{x}$ 的元素的个数.

2) 调用绘制三维曲面的函数

绘制三维曲面的函数常用的有 surf 函数和 mesh 函数，调用格式为

```
mesh(x, y, z, c)
surf(x, y, z, c)
```

一般情况下，$\boldsymbol{x}$，$\boldsymbol{y}$，$\boldsymbol{z}$ 是维数相同的矩阵. $\boldsymbol{x}$，$\boldsymbol{y}$ 是网格坐标矩阵，$\boldsymbol{z}$ 是网格点上的高度矩阵，$\boldsymbol{c}$ 用于指定在不同高度下的颜色范围.

例 7.0.5　绘制三维曲面图 $z = \sin(x + \sin(y)) - x/10$.

解　程序如下：

```
[x, y] = meshgrid(0: 0. 25: 4*pi);
z = sin(x + sin(y)) - x/10;
mesh(x, y, z);
axis([0 4*pi 0 4*pi -2. 5 1]).
```

结果如图 7-3 所示.

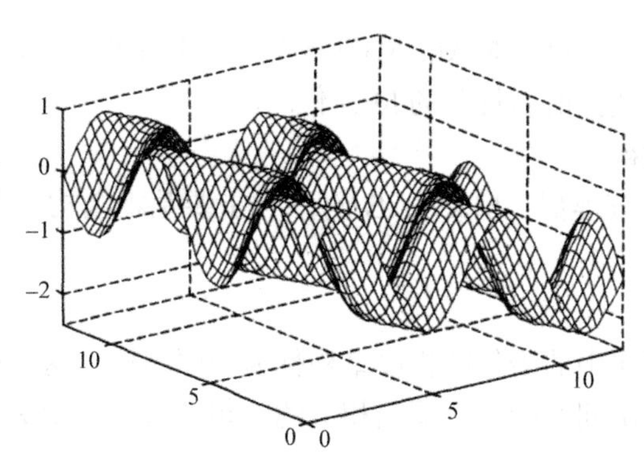

图 7-3　绘制三维曲面示例

四、MATLAB 的程序设计

1. M 文件

用 MATLAB 语言编写的程序，称为 M 文件. M 文件可以根据调用方式的不同分为两类：命令文件(Script File)和函数文件(Function File). 其中命令文件没有输入参数，也不返回输出参数；而函数文件可以输入参数，也可以返回输出参数.

M 文件是一个文本文件，它可以用任何编辑程序来建立和编辑，而一般常

用且最为方便的是使用 MATLAB 提供的文本编辑器来建立或打开 M 文件.

1) 建立新的 M 文件

为建立新的 M 文件，启动 MATLAB 文本编辑器有三种方法.

(a) 菜单操作. 从 MATLAB 主窗口的 File 菜单中选择 New 菜单项，再选择 M-file 命令，屏幕上将出现 MATIAB 文本编辑器窗口.

(b) 命令操作. 在 MATLAB 命令窗口输入命令 edit，启动 MATLAB 文本编辑器后，输入 M 文件的内容并存盘.

(c) 命令按钮操作. 单击 MATLAB 主窗口工具栏上的 New M-File 命令按钮，启动 MATLAB 文本编辑器后，输入 M 文件的内容并存盘.

第三种方式最方便.

2) 打开已有的 M 文件

打开已有的 M 文件，也有三种方法：

(a) 菜单操作. 从 MATLAB 主窗口的 File 菜单中选择 Open 命令，则屏幕出现 Open 对话框，在 Open 对话框中选中所需打开的 M 文件. 在文档窗口可以对打开的 M 文件进行编辑修改，编辑完成后，将 M 文件存盘.

(b) 命令操作. 在 MATLAB 命令窗口输入命令：edit 文件名，则打开指定的 M 文件.

(c) 命令按钮操作. 单击 MATLAB 主窗口工具栏上的 Open File 命令按钮，再从弹出的对话框中选择所需打开的 M 文件.

2. 程序控制结构

与其他编程语言类似，MATLAB 有三种主要基本结构：顺序结构、选择结构、循环结构.

1) 顺序结构

将依次执行程序中的语句的程序结构称为顺序结构，这是最简单的一种程序结构，只要按照解决问题的顺序写出相应的语句就行，它的执行顺序是自上而下，依次执行.

顺序结构经常出现在变量的初始化、控制数据输入与输出等方面.

2) 选择结构

实际应用中，常需要先判断后处理，根据不同情况做不同的处理. 选择结构就是对指定的条件进行判断，如果条件成立，则执行指定的语句序列. 在 MATLAB 中，选择结构包括 if语句和 switch 语句.

a) if语句

在 MATLAB 中，if语句有三种格式，其一般形式为：

if条件

```
    语句组 1
else
    语句组 2
end
```

例 7.0.6 输入三角形的三条边，求面积.

解 新建一个 M 文件(如果已经建立，则打开即可)，编写如下内容：

```
A(1) = 4; %数组 A 存放三角形三边的长度
A(2) = 5;
A(3) = 6;
if A(1) + A(2)>A(3)&A(1) + A(3)>A(2)&A(2) + A(3)>A(1)
P = (A(1) + A(2) + A(3))/2;
s = sqrt(p*(p -A(1))*(p -A(2))*(p -A(3)));
disp(s);
else
    disp('不能构成一个三角形. ')
end
```

编写好之后，将此文件保存在 MATLAB 的工作目录下，文件名可随意取，比如文件名为“exam810. m”，然后运行此文件，得到结果：

```
9.9216
```

b) switch 语句

switch 语句根据表达式的取值不同，分别执行不同的语句，其语句格式为：

```
switch 表达式
    case 表达式 1
      语句组 1
    case 表达式 2
      语句组 2
      ……
    case 表达式 m
      语句组 m
    otherwise
      语句组 n
end
```

当表达式的值等于表达式 1 的值时，执行语句组 1，当表达式的值等于表达式 2 的值时，执行语句组 2，…，当表达式的值等于表达式 m 的值时，执行语句组 m，当表达式的值不等于 case 所列的表达式的值时，执行语句组 n. 当任意一个分支的语句执行完后，直接执行 switch 语句的下一语句.

3) 循环结构

顺序结构和选择结构有一个共同点，即程序语句不能重复执行. 而在实际应用中，常常需要多次重复执行某些语句. 这样的需求适合于用循环语句来处理. 在 MATLAB 中，提供了两种循环语句：for 循环、while 循环.

a) for 语句

for 语句的格式为：

```
for 循环变量 = 表达式 1：表达式 2：表达式 3
        循环体语句
end
```

其中表达式 1 的值为循环变量的初值，表达式 2 的值为步长，表达式 3 的值为循环变量的终值. 步长为 1 时，表达式 2 可以省略.

例 7.0.7　一个三位整数各位数字的立方和等于该数本身，则称该数为水仙花数. 输出全部水仙花数.

解　新建一个 M 文件(如果已经建立，则打开即可)，编写如下内容：

```
for m = 100: 999
   m1 = fix(m/100);        %求 m 的百位数字
   m2 = rem(fix(m/10), 10);        %求 m 的十位数字
   m3 = rem(m, 10);        %求 m 的个位数字
   ifm = = m1*m1*m1 + m2*m2*m2 + m3*m3*m3
        disp(m)
   end
end
```

编写好之后，以“exam811. m”文件名保存，然后运行此文件，得到结果：

```
153  370  371  407
```

b) while 语句

while 语句的一般格式为：

```
while(条件)
    循环体语句
end
```

其执行过程为：若条件成立，则执行循环体语句，执行后再判断条件是否成立，如果不成立则跳出循环.

c) break 语句和 continue 语句

与循环结构相关的语句还有 break 语句和 continue 语句. 它们一般与 if 语句配合使用.

break 语句用于终止循环的执行. 当在循环体内执行到该语句时，程序将跳出循环，继续执行循环语句的下一语句. continue 语句控制跳过循环体中的某些语句. 当在循环体内执行到该语句时，程序将跳过循环体中所有剩下的语句，继续下一次循环.

4) 循环的嵌套

如果一个循环结构的循环体又包括一个循环结构，就称为循环的嵌套，或称为多重循环结构.

例 7.0.8　求 $\sum_{n=1}^{10} n!$.

解　程序如下：

```
sum_1 = 0;
prod_1 = 1;
for n = 1: 10
    for i = 1: n
      prod_1 = prod_1*i;
    end
    sum_1 = sum_1 + prod_1;
    prod_1 = 1;
end
sum_1
```

结果为：`sum_1 = 4037913`

3. 函数 M 文件

函数 M 文件是另一种形式的 M 文件，每一个函数 M 文件都定义一个函数. 事实上，MATLAB 提供的标准函数大部分都是由函数 M 文件定义的.

1) 函数 M 文件格式

函数 M 文件由 function 语句引导，其格式为：

function 输出形参表 = 函数名(输入形参表)

注释说明部分

函数体

注意　其中函数名的命名规则与变量名相同. 输入形参为函数的输入参数，输出形参为函数的输出参数. 当输出形参多于 1 个时，则应该用方括号括起来.

例 7.0.9　Fibonacci 数列是这样的数列：第一项和第二项为 1，从第三项开始，每一项都等于前两项的和. 试编写函数文件求小于任意自然数 n 的 Fibonacci 数列各项.

解　先编写如下函数 M 文件：

```
functionf = ffib(n)
     f = [1, 1];
     i = 1;
     whilef(i) + f(i + 1)<n
       f(i + 2) = f(i) + f(i + 1);
       i =i + 1;
   end
```

将以上函数文件以文件名 ffib. m 存盘，然后在 MATLAB 命令窗口输入以下命令，可求小于 2000 的 Fibonacci 数.

```
>>ffib(2000)
```

结果为

```
ans = 1  1  2  3  5  8  13  21  34 55 89  144 233  377
610  987  1597
```

2) 函数调用

函数调用的一般格式是：

[输出实参表] = 函数名(输入实参表)

要注意的是，函数调用时各实参出现的顺序、个数，应与函数定义时形参的顺序、个数一致，否则会出错. 函数调用时，先将实参传递给相应的形参，从而实现参数传递，然后再执行函数的功能.

第八章　线性代数实验

一、实验目的

(1) 熟悉 MATLAB 软件中关于矩阵运算的各种命令.

(2) 掌握 MATLAB 软件中关于求行列式的命令.

(3) 会求解线性方程组.

二、实验指导

1. 基本命令

命令	功能	命令	功能
A + B	矩阵 **A** 加矩阵 **B** 之和	inv(A)	求矩阵 **A** 的逆
A – B	矩阵 **A** 减矩阵 **B** 之差	det(A)	求矩阵 **A** 的行列式
k*A	常数 *k* 乘以矩阵 **A**	A^n	矩阵 **A** 的 *n* 次幂
A′	求矩阵 **A** 的转置	A. ^n	矩阵 **A** 每个元素的 *n* 次幂所得的矩阵
A*B	矩阵 **A** 与矩阵 **B** 相乘	a. ^A	以 *a* 为底取矩阵 **A** 每个元素次幂所得矩阵
A\B	矩阵 **A** 左除矩阵 **B**	zeros(m，n)	*m***n* 阶全 0 矩阵
A. \B 或 B. /A	矩阵 **A**，**B** 对应元素相除	ones(m，n)	*m***n* 阶全 1 矩阵
B/A	矩阵 **B** 右除矩阵 **A**	eye(n)	*n* 阶单位矩阵(方阵)
rank(A)	求矩阵 **A** 的秩	sym('[ ]')	构造符号矩阵 **A**

矩阵的输入格式：

$$A=[a_{11}\cdots a_{1n};\cdots;\ a_{n1}\cdots a_{nn}]$$

输入矩阵时要注意：

(1) 用中括号[　]把所有矩阵元素括起来；

(2) 同一行的不同数据元素之间用空格或逗号隔开；

(3) 用分号指定一行结束.

2. 例题

例 8.0.1　已知矩阵 $\boldsymbol{A}=\begin{pmatrix}1&2&3\\4&5&6\\7&8&9\end{pmatrix}$，$\boldsymbol{B}=\begin{pmatrix}1&1&1\\2&2&2\\3&3&3\end{pmatrix}$.

求：(1) 求 $\boldsymbol{A}+\boldsymbol{B}$，$\boldsymbol{A}-\boldsymbol{B}$，$\boldsymbol{A}'$；

(2) 求 $3\boldsymbol{A}$，$\boldsymbol{AB}$；

(3) 求 $\boldsymbol{A}$，$\boldsymbol{A}-\boldsymbol{I}$ 的行列式(其中 $\boldsymbol{I}$ 为单位矩阵).

解　首先输入矩阵 $\boldsymbol{A}$ 和 $\boldsymbol{B}$：

```
>>A = [1 2 3; 4 5 6; 7 8 9]       %输入矩阵 A
A =
     1     2     3
     4     5     6
     7     8     9
>>B = [1 1 1; 2 2 2; 3 3 3]       %输入矩阵 B
B =
     1     1     1
     2     2     2
     3     3     3
>>c1 = A+B       %求矩阵 A+B
c1 =
     2     3     4
     6     7     8
     10    11    12
>>c2 = A-B       %求矩阵 A-B
c2 =
     0     1     2
     2     3     4
     4     5     6
>>c3 = A'       %求矩阵 A 的转置
c3 =
     1     4     7
     2     5     8
     3     6     9
>>c4 = 3*A       %求矩阵 3A
```

```
c4 =
    3     6     9
    12    15    18
    21    24    27
>>c5 = A*B      %求矩阵 AB
c5 =
    14    14    14
    32    32    32
    50    50    50
>>d = det(A)      %求矩阵 A 的行列式
D =
    0
>>D = det(A-eye(3))      %求矩阵 A-I 的行列式
D =
    32
```

例 8.0.2　已知矩阵 $\boldsymbol{A}=\begin{pmatrix}3&1&1\\2&1&2\\1&2&3\end{pmatrix}$，求矩阵 $\boldsymbol{A}$ 的秩和逆.

解　程序如下：

```
>>A = [3 1 1; 2 1 2; 1 2 3];
>>R = rank(D)      %求矩阵 A 的秩
R =
    1
>>Ainv = inv(A)      %求矩阵 A 的逆阵
Ainv =
    0. 2500     0. 2500     -0. 2500
    1. 0000    -2. 0000     1. 0000
   -0. 7500     1. 2500    -0. 2500
```

例 8.0.3　解线性方程组

$$\begin{cases}2x_1+x_2-5x_3+x_4=8,\\x_1-3x_2-6x_4=9,\\2x_2-x_3+2x_4=-5,\\x_1+4x_2-7x_3+6x_4=0.\end{cases}$$

解　程序如下：

```
>>A = [2 1 -5 1; 1 -3 0 -6; 0 2 -1 2; 1 4 -7 6];       %输入矩阵 A
>>b = [8 9 -5 0]';        %输入右端向量 b
>>x1 = A\b       %求方程组的解，注意是反除号“\”
x1 =
     3.0000
    -4.0000
    -1.0000
     1.0000
>>x2 = inv(A)*b      %同样是求方程组的解，注意是 A 的逆与 b 相乘
x2 =
     3.0000
    -4.0000
    -1.0000
     1.0000
```

即

$$x_1=3,\quad x_2=-4,\quad x_3=-1,\quad x_4=1.$$

例 8.0.4　解线性方程组

$$\begin{cases}2x_1-7x_2+3x_3+x_4=6,\\3x_1+5x_2+2x_3+2x_4=4,\\9x_1+4x_2+x_3+7x_4=2.\end{cases}$$

解　程序如下：

```
>>A = [2 -7 3 1; 3 5 2 2; 9 4 1 7];
>>b = [6 4 2]';
>>RA = rank(A)       %求矩阵 A 的秩
>>RB = rank([A b])       %求增广矩阵 B = [A b]的秩
```

结果为

```
RA =
    3
RB =
    3
```

由于系数矩阵与增广矩阵有相同的秩 3，且秩 3 小于未知量的个数 4，故方程组有无穷多解. 再输入

```
>>rref([A b])
ans =
        1.0000     0      0      0.8000      0
        0      1.0000     0      0      0
        0      0      1.0000      -0.2000      2.0000
```

表示行最简形矩阵，得通解为

$$x_1=-0.8x_4,\quad x_2=0,\quad x_3=2+0.2x_4\quad (x_4\text{为自由未知量}).$$

三、实验任务

在计算机上将例题自己做一遍.

第九章　概率论与数理统计实验

一、实验目的

(1) 熟悉随机变量的分布率、概率密度等有关的 MATLAB 命令.

(2) 掌握利用 MATLAB 软件处理简单的概率及统计问题.

二、实验指导

常见的几种分布的命令字符为

正态分布：norm　　　　指数分布：exp

泊松分布：poiss　　　　β 分布：beta

韦布尔分布：weib　　　　χ^2 分布：chi2

t 分布：t　　　　F 分布：F

MATLAB 工具箱对每一种分布都提供五类函数，其命令字符为

概率密度：pdf　　　　概率分布：cdf

逆概率分布：inv　　　　均值与方差：stat

随机数生成：rnd

当需要一种分布的某一类函数时，将以上所列的分布命令字符与函数命令字符接起来，并输入自变量(可以是标量、数组或矩阵)和参数即可. 例如，求正态分布的概率密度对应的函数名是 normpdf，通过这样的组合，可以求出常见的概率分布的各种概率特征，下面的表中就不一一列出了，使用时可参阅 MATLAB 帮助。

1. 基本命令

命令	功能
random('name', A1, A2, A3, m, n)	求指定分布的随机数
cdf('name', x, A1, A2, A3)	求以 name 为分布、随机变量 $X\leqslant x$ 的概率之和的累积概率值
pdf('name', X, A1, A2, A3)	求指定分布的概率密度值
mean(x)	均值
std(x)	标准差

续表

命令	功能
var(x)	方差
normplot(X)	用图形方式对正态分布进行检验
[muhat，sigmahat] = normfit(DATA)	正态总体的参数估计和置信区间
[h，sig，ci] = ztest(x，m，sigma，alpha，tail)	总体方差 sigma 已知时，总体均值的检验使用 z-检验
[h，sig，ci] = ttest(x，m，alpha，tail)	总体方差 sigma 未知时，总体均值的检验使用 t-检验

2. 例题

例 9.0.1　画出正态分布 $N(0, 1)$和 $N(1, 2^2)$ 的概率密度函数图形.

解　程序如下：

```
x = -6: 0.01: 6:
y1 = normpdf(x);        %标准正态分布的概率密度值
y2 = normpdf(x, 1, 2);        %均值为 1、方差为 2 的正态分布的概率密度值
plot(x, y1, x, y2)
```

得到图形如图 9-1 所示.

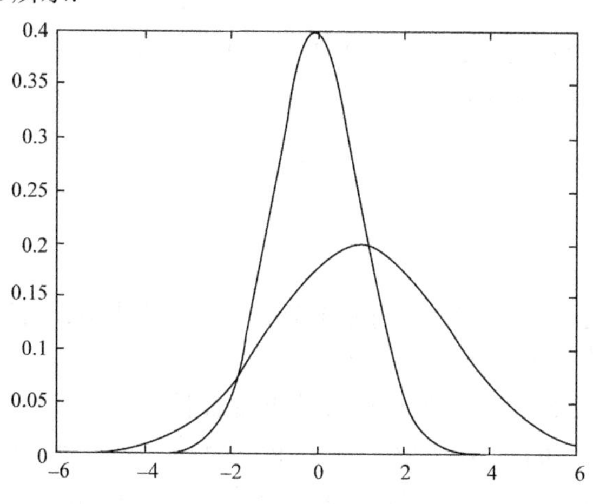

图 9-1　正态分布概率密度函数的图形

例 9.0.2　一个质量检验员每天检验 500 个零件. 假设 1%的零件有缺陷. 求：

(1) 一天内检验员没有发现有缺陷零件的概率是多少?

(2) 一天内检验员发现有缺陷零件的数量最有可能是多少?

解　依题意，设每天发现有缺陷的零件的个数为随机变量 X，则 X 服从 $N = 500$，$P = 0.01$ 的二项分布. 故有：

(1) 即求 $p = P(X = 0)$.

输入如下命令：

```
>>p = binopdf(0, 500, 0. 01)      %参数 500 和 0.01 的二项分布概率值
p =
   0.0066
```

也可以如下编程：

```
>>p = pdf('bino', 0, 500, 0. 01)
p =
   0.0066
```

(2) 即求 k 使得 $p_k = P(X = k)$ ，$k = 0, 1, \cdots, 500$ 最大.

输入如下命令：

```
>>y = binopdf([0: 500], 500, 0. 01);
>>[x, i] = max(y)
x =
   0.1764
i =
```

也可以如下编程：

```
>>y = pdf('bino', [0: 500], 500, 0. 01);
>>[x, i] = max(y)
x =
   0.1764
i =
   6
```

因为数组下标 i=1 时代表发现 0 个缺陷零件的概率，所以检验员发现有缺陷零件的数量最有可能是 i-1=5.

例 9.0.3 某校 60 名学生的一次考试成绩如下：

93, 75, 83, 93, 91, 85, 84, 82, 77, 76, 77, 95, 94, 89, 91, 88, 86, 83, 96, 81, 79, 97, 78, 75, 67, 69, 68, 84, 83, 81, 75, 66, 85, 70, 94, 84, 83, 82, 80, 78, 74, 73, 76, 70, 86, 76, 90, 89, 71, 66, 86, 73, 80, 94, 79, 78, 77,63, 53, 55

(1) 计算均值、标准差；

(2) 检验分布的正态性；

(3) 若检验符合正态分布，估计正态分布的参数；

(4) 检验参数.

解　首先输入数据:

```
>>x = [93 75 83 93 91 85 84 82 77 76 77 95 94 89 91 88
86 83 96 81 79 97 78 75 67 69 68  84 83 81 75 66 85 70 94
84 83 82 80 78 74 73 76 70 86 76 90 89 71 66 86 73 80 94
79 78 77 63  53 55];
```

(1) 计算均值、标准差

```
>>mean(x)
ans =
      80.1000
>>std(x)
ans =
      9.7106
```

说明均值为 80.1000，标准差为 9.7106.

(2) 检验分布的正态性

由于图 9-2 中“+”基本在一条直线上，故数据服从正态分布.

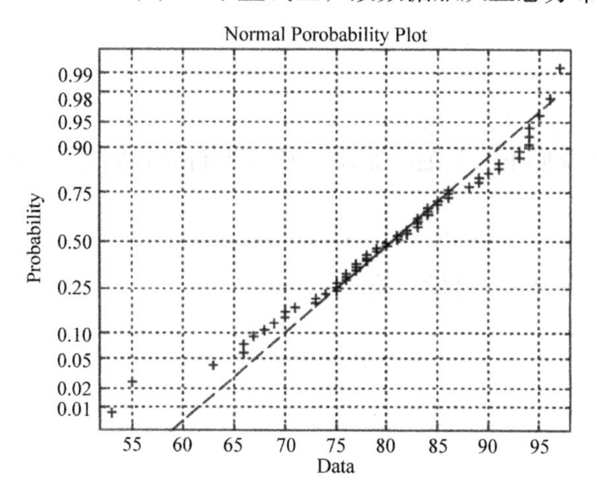

图 9-2　正态分布检验图

(3) 估计正态分布的参数并检验参数.

```
>>[muhat, sigmahat, muci, sigmaci] = normfit(x)
muhat =
        80. 1000
sigmahat =
          9. 7106
```

```
muci =
      77. 5915
      82. 6085
sigmaci =
          8. 2310
          11. 8436
```

上述结果可估计出成绩的均值为 80.1000，方差为 9.7106，均值的 0.95 置信区间为[77.5915，82.6085]，方差的 0.95 置信区间为[8.2310，11.8436].

(4) 检验参数

已知成绩服从正态分布，在方差未知的情况下，检验其均值 m 是否等于 80.1000，使用 ttest 函数；在方差已知的情况下，使用 ztest 函数.

```
>>[h, p, ci] = ttest(x, 80. 1000)
h =
   0
p =
   1
ci =
    77. 5915 82. 6085
```

$h=0$ 意味着我们不能拒绝原假设，95%的置信区间为[77.5915，82.6085].

三、实验任务

在计算机上将例题自己做一遍.

附　　录

附表 1　泊松分布数值表

$$P(X=k)=\frac{\lambda^k}{k!}\mathrm{e}^{-\lambda}$$

k \ λ	0.1	0.2	0.3	0.4	0.5	0.6	0.7	0.8	0.9	1	1.5	2	2.5	3
0	0.9408	0.8187	0.7408	0.6703	0.6065	0.5488	0.4960	0.4493	0.4066	0.3679	0.2231	0.1353	0.0821	0.0498
1	0.0905	0.1637	0.2223	0.2681	0.3033	0.3293	0.3476	0.3595	0.3659	0.3679	0.3347	0.2707	0.2052	0.1494
2	0.0045	0.0164	0.0333	0.0536	0.0758	0.0988	0.1216	0.1438	0.1647	0.1839	0.2510	0.2707	0.2565	0.2240
3	0.0002	0.0011	0.0033	0.0072	0.0126	0.0198	0.0284	0.0383	0.0494	0.0613	0.1255	0.1805	0.2138	0.2240
4		0.0001	0.0003	0.0007	0.0016	0.0030	0.0050	0.0077	0.0111	0.0153	0.0471	0.0902	0.1336	0.1681
5				0.0001	0.0002	0.0003	0.0007	0.0012	0.0020	0.0031	0.0141	0.0361	0.0668	0.1008
6							0.0001	0.0002	0.0003	0.0005	0.0035	0.0120	0.0278	0.0504
7										0.0001	0.0008	0.0034	0.0099	0.0216
8											0.0002	0.0009	0.0031	0.0081
9												0.0002	0.0009	0.0027
10													0.0002	0.0008
11													0.0001	0.0002
12														0.0001

k \ λ	3.5	4	4.5	5	6	7	8	9	10	11	12	13	14	15
0	0.0302	0.0183	0.0111	0.0067	0.0025	0.0009	0.0003	0.0001						
1	0.1057	0.0733	0.0500	0.0337	0.0149	0.0064	0.0027	0.0011	0.0004	0.0002	0.0001			
2	0.1850	0.1465	0.1125	0.0842	0.0446	0.0223	0.0107	0.0050	0.0023	0.0010	0.0004	0.0002	0.0001	
3	0.2158	0.1954	0.1687	0.1404	0.0892	0.0521	0.0286	0.0150	0.0076	0.0037	0.0018	0.0008	0.0004	0.0002
4	0.1888	0.1954	0.1898	0.1755	0.1339	0.0912	0.0573	0.0337	0.0189	0.0102	0.0053	0.0027	0.0013	0.0006
5	0.1322	0.1563	0.1708	0.1755	0.1606	0.1277	0.0916	0.0607	0.0378	0.0224	0.0127	0.0071	0.0037	0.0019
6	0.0771	0.1042	0.1281	0.1462	0.1606	0.1490	0.1221	0.0911	0.0631	0.0411	0.0255	0.0151	0.0087	0.0048
7	0.0385	0.0595	0.0824	0.1044	0.1377	0.1490	0.1396	0.1171	0.0901	0.0646	0.0437	0.0281	0.0174	0.0104
8	0.0169	0.0298	0.0463	0.0653	0.1033	0.1304	0.1396	0.1318	0.1126	0.0888	0.0655	0.0457	0.0304	0.0195
9	0.0065	0.0132	0.0232	0.0363	0.0688	0.1014	0.1241	0.1318	0.1251	0.1085	0.0874	0.0660	0.0473	0.0324
10	0.0023	0.0053	0.0104	0.0181	0.0413	0.0710	0.0993	0.1186	0.1251	0.1194	0.1048	0.0859	0.0663	0.0486
11	0.0007	0.0019	0.0043	0.0082	0.0225	0.0452	0.0722	0.0970	0.1137	0.1194	0.1144	0.1015	0.0843	0.0663
12	0.0002	0.0006	0.0015	0.0034	0.0113	0.0264	0.0481	0.0728	0.0948	0.1094	0.1144	0.1099	0.0984	0.0828
13	0.0001	0.0002	0.0006	0.0013	0.0052	0.0142	0.0296	0.0504	0.0729	0.0926	0.1056	0.1099	0.1061	0.0956

续表

k \ λ	3.5	4	4.5	5	6	7	8	9	10	11	12	13	14	15
14		0.0001	0.0002	0.0005	0.0023	0.0071	0.0169	0.0324	0.0521	0.0728	0.0905	0.1021	0.1061	0.1025
15			0.0001	0.0002	0.0009	0.0033	0.0090	0.0194	0.0347	0.0533	0.0724	0.0885	0.0989	0.1025
16				0.0001	0.0003	0.0015	0.0045	0.0109	0.0217	0.0367	0.0543	0.0719	0.0865	0.0960
17					0.0001	0.0006	0.0021	0.0058	0.0128	0.0237	0.0383	0.0551	0.0713	0.0847
18						0.0002	0.0010	0.0029	0.0071	0.0145	0.0255	0.0397	0.0554	0.0706
19						0.0001	0.0004	0.0014	0.0037	0.0084	0.0161	0.0272	0.0408	0.0557
20							0.0002	0.0006	0.0019	0.0046	0.0097	0.0177	0.0286	0.0418
21							0.0001	0.0003	0.0009	0.0024	0.0055	0.0109	0.0191	0.0299
22								0.0001	0.0004	0.0013	0.0030	0.0065	0.0122	0.0204
23									0.0002	0.0006	0.0016	0.0036	0.0074	0.0133
24									0.0001	0.0003	0.0008	0.0020	0.0043	0.0083
25										0.0001	0.0004	0.0011	0.0024	0.0050
26											0.0002	0.0005	0.0013	0.0029
27											0.0001	0.0002	0.0007	0.0017
28												0.0001	0.0003	0.0009
29													0.0002	0.0004
30													0.0001	0.0002
31														0.0001

λ=20						λ=30					
k	p	k	p	k	p	k	p	k	p	k	p
5	0.0001	20	0.0889	35	0.0007	10		25	0.0511	40	0.0139
6	0.0002	21	0.0846	36	0.0004	11	0.0001	26	0.0591	41	0.0102
7	0.0006	22	0.0769	37	0.0002	12	0.0002	27	0.0655	42	0.0073
8	0.0013	23	0.0669	38	0.0001	13	0.0005	28	0.0702	43	0.0051
9	0.0029	24	0.0557	39	0.0001	14	0.0010	29	0.0727	44	0.0035
											0.0023
10	0.0058	25	0.0646			15	0.0019	30	0.0727	45	0.0015
11	0.0106	26	0.0343			16	0.0034	31	0.0703	46	0.0010
12	0.0176	27	0.0254			17	0.0057	32	0.0659	47	0.0006
13	0.0271	28	0.0183			18	0.0089	33	0.0599	48	0.0004
14	0.0382	29	0.0125			19	0,0134	34	0.0529	49	0.0002
15	0.0517	30	0.0083			20	0.0192	35	0.0453	50	0.0001
16	0.0646	31	0.0054			21	0.0261	36	0.0378	51	0.0001
17	0.0760	32	0.0034			22	0.0341	37	0.0306	52	
18	0.0844	33	0.0021			23	0.0426	38	0.0242		
19	0.0889	34	0.0012			24		39	0.0186		

续表

$\lambda=40$						$\lambda=50$					
k	p	k	p	k	p	k	p	k	p	k	p
15		35	0.0485	55	0.0043	25		45	0.0458	65	0.0063
16		36	0.0539	56	0.0031	26	0.0001	46	0.0498	66	0.0048
17		37	0.0583	57	0.0022	27	0.0001	47	0.0530	67	0.0036
18	0.0001	38	0.0614	58	0.0015	28	0.0002	48	0.0552	68	0.0026
19	0.0001	39	0.0629	59	0.0010	29	0.0004	49	0.0564	69	0.0019
20	0.0002	40	0.0629	60	0.0007	30	0.0007	50	0.0564	70	0.0014
21	0.0004	41	0.0614	61	0.0005	31	0.0011	51	0.0552	71	0.0010
22	0.0007	42	0.0585	62	0.0003	32	0.0017	52	0.0531	72	0.0007
23	0.0012	43	0.0544	63	0.0002	33	0.0026	53	0.0501	73	0.0005
24	0.0019	44	0.0495	64	0.0001	34	0.0038	54	0.0464	74	0.0003
								55	0.0422	75	0.0002
25	0.0031	45	0.0440	65	0.0001	35	0.0054				
26	0.0047	46	0.0382			36	0.0075	56	0.0377	76	0.0001
27	0.0070	47	0.0325			37	0.0102	57	0.0330	77	0.0001
28	0.0100	48	0.0271			38	0.0134	58	0.0285	78	0.0001
29	0.0139	49	0.0221			39	0.0172	59	0.0241		
								60	0.0201		
30	0.0185	50	0.0177			40	0.0215	61	0.0165		
31	0.0238	51	0.0139			4I	0.0262				
32	0.0298	52	0.0107			42	0.0312	62	0.0133		
33	0.0361	53	0.0085			43	0.0363	63	0.0106		
34	0.0425	54	0.0060			44	0.0412	64	0.0082		

附表 2　标准正态分布函数数值表

$$\Phi(u)=\frac{1}{\sqrt{2\pi}}\int_{-\infty}^{u} e^{-\frac{x^2}{2}}dx\,(u\geqslant 0)$$

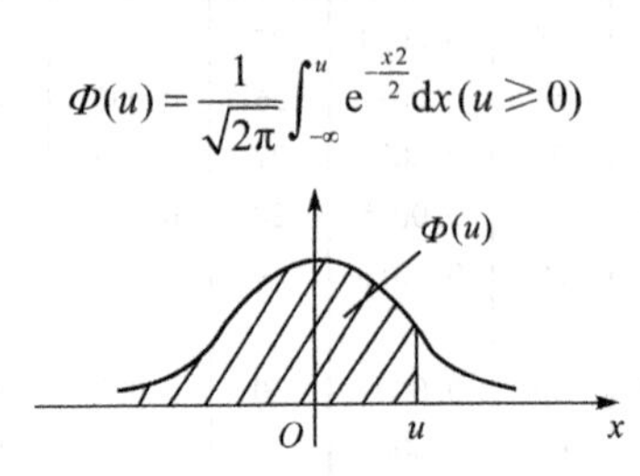

u \ $\Phi(u)$ \ u	0.00	0.01	0.02	0.03	0.04	0.05	0.06	0.07	0.08	0.09
0.0	0.5000	0.5040	0.5080	0.5120	0.5160	0.5199	0.5239	0.5279	0.5319	0.5359
0.1	0.5398	0.5438	0.5478	0.5517	0.5557	0.5596	0.5636	0.5675	0.5714	0.5753
0.2	0.5793	0.5832	0.5871	0.5910	0.5948	0.5987	0.6026	0.6064	0.6103	0.6164
0.3	0.6179	0.6217	0.6255	0.6293	0.6331	0.6368	0.6406	0.6443	0.6480	0.6517
0.4	0.6554	0.6591	0.6628	0.6664	0.6700	0.6736	0.6772	0.6808	0.6844	0.6879
0.5	0.6915	0.6950	0.6985	0.7019	0.7054	0.7088	0.7123	0.7157	0.7190	0.7334
0.6	0.7257	0.7291	0.7324	0.7357	0.7389	0.7422	0.7554	0.7486	0.7517	0.7549
0.7	0.7580	0.7611	0.7642	0.7673	0.7703	0.7734	0.7764	0.7794	0.7823	0.7852
0.8	0.7881	0.7910	0.7939	0.7967	0.7995	0.8023	0.8051	0.8078	0.8106	0.8133
0.9	0.8159	0.8186	0.8212	0.8238	0.8264	0.8289	0.8315	0.8340	0.8365	0.8389
1.0	0.8413	0.8438	0.8461	0.8485	0.8508	0.8531	0.8554	0.8577	0.8599	0.8621
1.1	0.8643	0.8665	0.8686	0.8708	0.8729	0.8749	0.8770	0.8790	0.8810	0.8830
1.2	0.8849	0.8869	0.8888	0.8907	0.8925	0.8944	0.8962	0.8980	0.8997	0.9075
1.3	0.9032	0.9049	0.9066	0.9082	0.9099	0.9115	0.9131	0.9147	0.9162	0.9177
1.4	0.9192	0.9207	0.9222	0.9236	0.9251	0.9265	0.9278	0.9292	0.9306	0.9319
1.5	0.9332	0.9345	0.9357	0.9370	0.9382	0.9394	0.9406	0.9418	0.9430	0.9441
1.6	0.9452	0.9463	0.9474	0.9484	0.9495	0.9505	0.9515	0.9525	0.9535	0.9545
1.7	0.9554	0.9564	0.9573	0.9582	0.9591	0.9599	0.9608	0.9616	0.9625	0.9633
1.8	0.9641	0.9648	0.9656	0.9664	0.9671	0.9678	0.9686	0.9693	0.9700	0.9706
1.9	0.9713	0.9719	0.9726	0.9732	0.9738	0.9744	0.9750	0.9756	0.9762	0.9767
2.0	0.9772	0.9778	0.9783	0.9788	0.9793	0.9798	0.9803	0.9808	0.9812	0.9817
2.1	0.9821	0.9826	0.9830	0.9834	0.9838	0.9842	0.9846	0.9850	0.9854	0.9857
2.2	0.9861	0.9864	0.9868	0.9871	0.9874	0.9878	0.9881	0.9884	0.9887	0.9890
2.3	0.9893	0.9896	0.9898	0.9901	0.9904	0.9906	0.9909	0.9911	0.9913	0.9916
2.4	0.9918	0.9920	0.9922	0.9925	0.9927	0.9929	0.9931	0.9932	0.9934	0.9936
2.5	0.9938	0.9940	0.9941	0.9943	0.9945	0.9946	0.9948	0.9949	0.9951	0.9952
2.6	0.9953	0.9955	0.9956	0.9957	0.9959	0.9960	0.9961	0.9962	0.9963	0.9964
2.7	0.9965	0.9966	0.9967	0.9968	0.9969	0.9970	0.9971	0.9972	0.9973	0.9974
2.8	0.9974	0.9975	0.9976	0.9977	0.9977	0.9978	0.9979	0.9979	0.9980	0.9981
2.9	0.9981	0.9982	0.9982	0.9983	0.9984	0.9984	0.9985	0.9985	0.9986	0.9986
3.0	0.9987	0.9990	0.9993	0.9995	0.9997	0.9998	0.9999	0.9999	0.9999	1.0000

注：本表最后一行自左至右依次是 $\Phi(3.0)$，…，$\Phi(3.9)$ 的值.

附表3　t分布临界值表

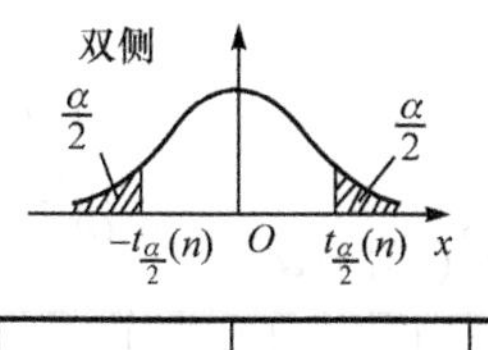

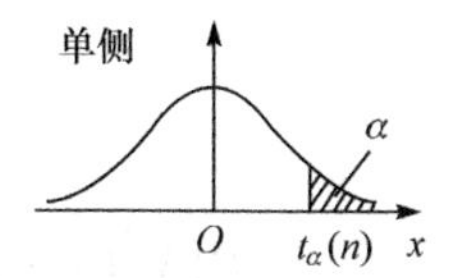

α	双侧	0.5	0.2	0.1	0.05	0.02	0.01
	单侧	0.25	0.1	0.05	0.025	0.01	0.005
自由度	1	1.000	3.078	6.314	12.708	31.821	63.657
	2	0.816	1.886	2.920	4.303	6.965	9.925
	3	0.765	1.638	2.353	3.182	4.541	5.841
	4	0.741	1.533	2.132	2.776	3.747	4.604
	5	0.727	1.476	2.015	2.571	3.365	4.032
	6	0.718	1.440	1.943	2.447	8.143	3.707
	7	0.711	1.415	1.895	2.365	2.998	3.499
	8	0.706	1.397	1.860	2.306	2.896	3.355
	9	0.703	1.383	1.833	2.262	2.821	3.250
	10	0.700	1.372	1.812	2.228	2.764	3.169
	11	0.697	1.363	1.796.	2.201	2.718	3.106
	12	0.695	1.358	1.782	2.179	2.681	3.056
	13	0.694	1.350	1.771	2.160	2.650	3.012
	14	0.692	1.345	1.761	2.145	2.624	2.977
	15	0.691	1.341	1.753	2.131	2.602	2.947
	16	0.690	1.337	1.748	2.120	2.583	2.921
	17	0.689	1.333	1.740	2.110	2.567	2.898
	18	0.688	1.330	1.734	2.101	2.552	2.878
	19	0.688	1.328	1.729	2.093	2.589	2.861
	20	0.687	1.325	1.725	2.086	2.528	2.845
	21	0.686	1.323	1.721	2.080	2.518	2.831
	22	0.686	1.321	1.717	2.074	2.508	2.819
	23	0.685	1.319	1.714	2.069	2.500	2.807
	24	0.685	1.318	1.711	2.064	2.492	2.797
	25	0.684	1.316	1.708	2.060	2.485	2.787
	26	0.684	1.315	1.706	2.056	2.479	2.779
	27	0.684	1.314	1.703	2.052	2.473	2.771
	28	0.683	1.313	1.701	2.048	2.467	2.763
	29	0.683	1.311	1.699	2.045	2.462	2.756
	30	0.683	1.310	1.697	2.042	2.457	2.750
	40	0.681	1.303	1.684	2.021	2.423	2.704
	60	0.679	1.296	1.671	2.000	2.390	2.660
	120	0.677	1.289	1.658	1.980	2.358	2.617
	∞	0.674	1.282	1.645	1.960	2.326	2.576

附表4　χ^2分布临界值表

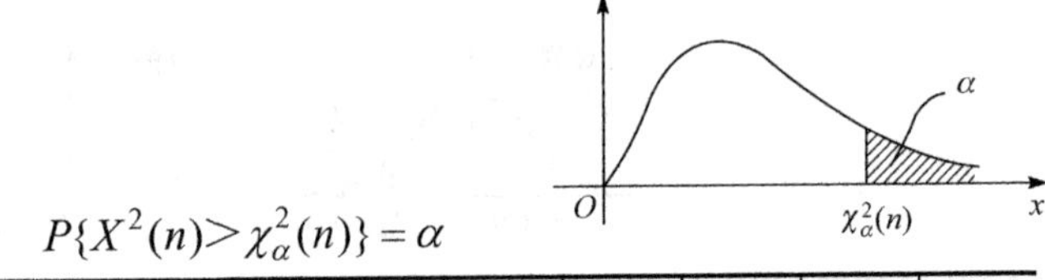

$$P\{X^2(n)>\chi_\alpha^2(n)\}=\alpha$$

自由度 \ α	0.995	0.99	0.975	0.95	0.90	0.75	0.25	0.10	0.05	0.025	0.01	0.005
1			0.001	0.004	0.016	0.102	1.323	2.706	3.841	5.024	6.635	7.879
2	0.010	0.020	0.051	0.103	0.211	0.575	2.773	4.605	5.991	7.378	9.210	10.597
3	0.072	0.115	0.216	0.352	0.584	1.213	4.108	6.251	7.815	9.348	11.143	12.838
4	0.207	0.297	0.484	0.711	1.064	1.923	5.385	7.779	9.488	11.143	13.277	14.860
5	0.412	0.554	0.831	1.145	1.610	2.657	6.626	9.236	11.071	12.833	15.086	16.750
6	0.676	0.872	1.237	1.635	2.204	3.455	7.841	10.645	2.592	14.449	16.812	18.548
7	0.989	1.239	1.690	2.167	2.833	4.255	9.037	12.017	14.067	16.013	18.475	20.278
8	1.344	1.646	2.180	2.733	3.490	5.071	10.219	13.362	15.507	17.535	20.090	21.955
9	1.735	2.088	2.700	3.325	4.168	5.899	11.389	14.684	16.919	19.023	21.666	23.589
10	2.156	2.558	3.247	3.940	4.865	6.737	12.549	15.987	18.307	20.483	23.209	25.188
11	2.603	3.053	3.816	4.575	5.578	7.584	13.701	17.275	19.675	21.920	24.725	26.757
12	3.074	3.571	4.404	5.226	6.304	8.438	14.845	18.549	21.026	23.337	26.217	28.299
13	3.565	4.107	5.009	5.892	7.042	9.299	15.984	19.812	22.362	24.736	27.688	29.819
14	4.075	4.660	5.629	6.571	7.790	10.165	17.117	21.064	23.685	26.119	29.141	31.319
15	4.601	5.229	6.262	7.261	8.547	11.037	18.245	22.307	24.996	27.488	30.578	32.801
16	5.142	5.812	6.908	7.692	9.312	11.912	19.369	23.542	26.296	28.845	32.000	34.267
17	5.697	6.408	7.564	8.672	10.085	12.792	20.489	24.769	27.587	30.191	33.409	35.718
18	6.265	7.015	8.231	9.390	10.865	13.675	21.605	25.989	28.869	31.526	34.805	37.156
19	6.844	7.633	8.907	10.117	11.651	14.652	22.718	27.204	30.144	32.852	36.191	38.582
20	7.434	8.260	9.591	10.851	12.443	15.452`	23.828	28.412	31.410	34.170	37.566	39.997
21	8.034	8.897	10.283	11.591	13.240	16.344	24.935	29.615	32.671	35.479	38.932	41.401
22	8.643	9.542	10.982	12.338	14.042	17.240	26.039	30.813	33.924	36.781	40.286	42.796
23	9.260	10.196	11.689	13.091	14.848	18.137	27.141	32.007	35.172	38.076	41.638	44.181
24	9.886	10.856	12.401	13.848	15.659	19.037	28.241	33.196	36.415	39.364	42.980	45.559
25	10.520	11.524	13.120	14.611	16.473	19.939`	09.339	34.382	37.652	40.646	44.314	46.928
26	11.160	12.198	13.844	15.379	17.292	20.843	30.435	35.563	38.885	41.923	45.632	48.290
27	11.808	12.879	14.573	16.151	18.114	21.749	31.528	36.741	40.113	43.194	46.963	49.645
28	12.461	13.565	15.308	16.928	18.939	22.657	32.620	37.916	41.337	44.461	48.278	50.993
29	13.121	14.257	16.047	17.708	19.768	23.567	33.711	39.087	42.557	45.722	49.588	52.336
30	13.787	14.954	16.791	18.493	20.599	24.478	34.800	40.256	43.773	46.979	50.892	53.672
31	14.458	15.655	17.539	19.281	21.434	25.390	35.887	41.122	44.958	48.232	52.199	55.003
32	15.134	16.362	18.291	20.072	22.271	26.304	36.973	42.585	46.194	49.480	53.486	56.328
33	15.815	17.074	19.047	20.865	23.110	27.219	38.058	43.745	47.400	20.725	54.776	57.648
34	16.501	17.789	19.806	21.664	23.952	28.136	39.141	44.903	48.602	51.966	56.061	58.964
35	17.192	18.509	20.569	22.465	24.794	29.054	40.223	46.059	49.802	53.203	57.342	60.275
36	17.887	19.233	21.336	23.269	25.643	29.973	41.304	47.212	50.998	54.437	58.619	61.586
37	18.586	19.960	22.106	24.075	26.492	30.893	42.383	48.363	52.192	55.668	59.892	62.883
38	19.298	20.691	22.878	24.884	27.343	31.815	43.462	49.513	53.384	56.896	61.162	64.181
39	19.996	21.426	23.654	25.695	28.196	32.737	44.539	50.660	54.572	58.120	62.468	65.476
40	20.707	22.164	24.433	26.509	29.051	33.660	45.616	51.805	55.758	59.342	63.691	66.766

部分习题参考答案与提示

第一章

习　题　1-1

1. (1) 29；　(2) 1；　(3) -22；　(4) $-abc$.

2. (1) $4abcdef$；　(2) 8；　(3) 8；　(4) 160.

3. (1) $(-1)^{n+1}n!$；　(2) $a^{n-2}(a^2-1)$.

4. 略.

5. (1) $x_1=3$，$x_2=1$；　(2) $x_1=-1$，$x_2=5$，$x_3=7$.

习　题　1-2

1. (1) $x_1=-1$，$x_2=-1$，$x_3=0$；　(2) $x_1=-1$，$x_2=2$，$x_3=1$，$x_4=-3$.

2. (1) $k\neq-1$ 且 $k\neq4$；　(2) $k=-1$ 或 $k=4$.

习　题　1-3

1. $\begin{pmatrix}3&1\\-5&0\\2&1\end{pmatrix},\begin{pmatrix}1&12\\15&-5\\-26&2\end{pmatrix}$.

2. $\boldsymbol{X}=\begin{pmatrix}2&-2\\-10&-3\end{pmatrix}$.

3. (1) $\begin{pmatrix}-1&2\\-10&14\end{pmatrix}$；　(2) $\begin{pmatrix}35\\6\\49\end{pmatrix}$；　(3) -17；　(4) $\begin{pmatrix}a&b&c&d\\2a&2b&2c&2d\\3a&3b&3c&3d\\4a&4b&4c&4d\end{pmatrix}$；

(5) $\begin{pmatrix}-3&-4&-2\\3&4&2\end{pmatrix}$；　(6) $\begin{pmatrix}8&7&-4&1\\4&-2&0&2\\3&-7&2&3\end{pmatrix}$.

4. (1) $\begin{pmatrix} 1 & 18 \\ -18 & 19 \end{pmatrix}$； (2) $\begin{pmatrix} a^k & 0 & 0 \\ 0 & b^k & 0 \\ 0 & 0 & c^k \end{pmatrix}$.

5. (1) 成立； (2) 不成立； (3) 不成立，因为 $\boldsymbol{AB} \neq \boldsymbol{BA}$.

6. $\begin{pmatrix} 3 & 5 & 6 \\ 2 & 4 & 8 \\ 4 & 5 & 5 \\ 4 & 3 & 7 \end{pmatrix} \begin{pmatrix} 600 \\ 500 \\ 200 \end{pmatrix} = \overset{\text{成本}}{\begin{pmatrix} 5500 \\ 7200 \\ 7400 \\ 5300 \end{pmatrix}} \begin{matrix} \text{工厂1} \\ \text{工厂2} \\ \text{工厂3} \\ \text{工厂4} \end{matrix}$.

工厂 4 的生产成本最低.

7.

(1) $\begin{pmatrix} 0.2 & 0.35 \\ 0.011 & 0.05 \\ 0.12 & 0.5 \end{pmatrix} \begin{pmatrix} 2000 & 1000 & 800 \\ 1200 & 1300 & 500 \end{pmatrix} = \begin{matrix} \text{北美} & \text{欧洲} & \text{非洲} \\ \end{matrix} \begin{pmatrix} 820 & 655 & 335 \\ 82 & 76 & 33.8 \\ 840 & 770 & 346 \end{pmatrix} \begin{matrix} \text{价值} \\ \text{重量} \\ \text{体积} \end{matrix}$；

(2) $\begin{pmatrix} 820 & 655 & 335 \\ 82 & 76 & 33.8 \\ 840 & 770 & 346 \end{pmatrix} \begin{pmatrix} 1 \\ 1 \\ 1 \end{pmatrix} = \begin{pmatrix} 1810 \\ 191.8 \\ 1956 \end{pmatrix} \begin{matrix} \text{总价值} \\ \text{总重量} \\ \text{总体积} \end{matrix}$.

习　题　1-4

1. (1) $\begin{pmatrix} 5 & -3 \\ -3 & 2 \end{pmatrix}$； (2) $\begin{pmatrix} \sin\theta & \cos\theta \\ -\cos\theta & \sin\theta \end{pmatrix}$； (3) $\begin{pmatrix} 0 & 0 & \frac{1}{3} \\ 5 & -7 & 0 \\ -2 & 3 & 0 \end{pmatrix}$.

2. (1) $\begin{pmatrix} 2 & -1 & 1 \\ 4 & -2 & 1 \\ -\frac{3}{2} & 1 & \frac{1}{2} \end{pmatrix}$； (2) $\begin{pmatrix} 1 & 1 & -2 & -4 \\ 0 & 1 & 0 & -1 \\ -1 & -1 & 3 & 6 \\ 2 & 1 & -6 & -10 \end{pmatrix}$； (3) $\begin{pmatrix} \frac{1}{a_1} & & & \\ & \frac{1}{a_2} & & \\ & & \ddots & \\ & & & \frac{1}{a_n} \end{pmatrix}$.

3. (1) $\begin{pmatrix} 2 & -23 \\ 0 & 8 \end{pmatrix}$； (2) (14, −7, −5)； (3) $\begin{pmatrix} 3 & -1 \\ 2 & 0 \\ 1 & -1 \end{pmatrix}$.

4. (1) $\begin{pmatrix}1 & -1 & 2\\0 & 4 & -6\\0 & 0 & 0\end{pmatrix}$(注：答案不唯一)； (2) $\begin{pmatrix}1 & 6 & -4 & -1 & 4\\0 & -4 & 3 & 1 & -1\\0 & 0 & 0 & 4 & -8\\0 & 0 & 0 & 0 & 0\end{pmatrix}$.

5. (1) 2； (2) 3； (3) 2.

6. $\boldsymbol{E}_3(1,3)=\begin{pmatrix}0 & 0 & 1\\0 & 1 & 0\\1 & 0 & 0\end{pmatrix}$， $\boldsymbol{E}_3(3(2))=\begin{pmatrix}1 & 0 & 0\\0 & 1 & 0\\0 & 0 & 2\end{pmatrix}$，

$$\boldsymbol{E}_3(2+3(4))=\begin{pmatrix}1 & 0 & 0\\0 & 1 & 4\\0 & 0 & 1\end{pmatrix},\quad \boldsymbol{E}_3(1,3)A=\begin{pmatrix}4 & 3 & 1\\2 & 3 & 4\\1 & 2 & 3\end{pmatrix},$$

$$\boldsymbol{AE}_3(3(2))=\begin{pmatrix}1 & 2 & 6\\2 & 3 & 8\\4 & 3 & 2\end{pmatrix},\quad \boldsymbol{AE}_3(2+3(4))=\begin{pmatrix}1 & 2 & 11\\2 & 3 & 16\\4 & 3 & 13\end{pmatrix}.$$

7. 提示：由 $\boldsymbol{AA}^{-1}=\boldsymbol{E}$，得 $|\boldsymbol{A}||\boldsymbol{A}^{-1}|=|\boldsymbol{E}|=1$，故 $|\boldsymbol{A}^{-1}|=\dfrac{1}{|\boldsymbol{A}|}$.

8. 提示：由 $\boldsymbol{AXB}=\boldsymbol{E}$，得 $\boldsymbol{A}^{-1}(\boldsymbol{AXB})\boldsymbol{B}^{-1}=\boldsymbol{A}^{-1}\boldsymbol{EB}^{-1}$，故 $\boldsymbol{X}=\boldsymbol{A}^{-1}\boldsymbol{B}^{-1}$.

第二章

习 题 2-1

1. (1) 有唯一解； (2) 无穷多解； (3) 无解.

2. (1) 无穷多解 $\begin{cases}x_1=-2+x_3,\\x_2=3-2x_3;\end{cases}$ (2) 无穷多解 $\begin{cases}x_1=\dfrac{1}{2}-\dfrac{1}{2}x_2+\dfrac{1}{2}x_3,\\x_4=0;\end{cases}$ (3) 无解；

(4) 唯一解 $\begin{cases}x_1=-8,\\x_2=0,\\x_3=0,\\x_4=-3;\end{cases}$ (5) 有非零解 $\begin{cases}x_1=-6x_2+x_4,\\x_3=-3x_4.\end{cases}$

3. (1) $m=-3\pm\sqrt{21}$ 或 $m=0$； (2) $m\neq-3\pm\sqrt{21}$ 且 $m\neq0$.

4. (1) $a\neq0$ 时，无解；

(2) $a=0$ 时有无穷多解，其解为 $\begin{cases} x_1 = \dfrac{1}{16}(3x_3 - 9x_4 + 11), \\ x_2 = \dfrac{1}{16}(7x_3 + 5x_4 - 1). \end{cases}$

5. 提示：设该 T 恤衫小号、中号、大号和加大号的销售量分别为 $x_i (i=1,2,3,4)$，由题意得

$$\begin{cases} x_1 + x_2 + x_3 + x_4 = 13, \\ 220x_1 + 240x_2 + 260x_3 + 300x_4 = 3200, \\ x_3 = x_1 + x_4, \\ 260x_3 = 220x_1 + 300x_4, \end{cases} \text{即} \begin{cases} x_1 + x_2 + x_3 + x_4 = 13, \\ 220x_1 + 240x_2 + 260x_3 + 300x_4 = 3200, \\ x_1 - x_3 + x_1 = 0, \\ 220x_1 - 260x_3 + 300x_4 = 0. \end{cases}$$

可得小号、中号、大号和加大号 T 衫的销售量分别为 1 件、9 件、2 件和 1 件.

习　题　2-2

1. $\boldsymbol{\alpha}_1 - \boldsymbol{\alpha}_2 = (1,0,-1)$， $3\boldsymbol{\alpha}_1 + 2\boldsymbol{\alpha}_2 - \boldsymbol{\alpha}_3 = (0,1,2)$.

2. $\boldsymbol{\alpha} = (1,2,3,4)$.

3. (1) $\boldsymbol{\beta} = 3\boldsymbol{\alpha}_1 - 4\boldsymbol{\alpha}_2 + 0 \cdot \boldsymbol{\alpha}_3$，表示方法有无穷多种；(2) 不能；

(3) $\boldsymbol{\beta} = 2\boldsymbol{\alpha}_1 - \boldsymbol{\alpha}_2 - 3\boldsymbol{\alpha}_3$，表示方法唯一.

4. (1) 线性相关；　(2) 线性无关；　(3) 线性无关；　(4) 线性相关.

5. $\lambda = -3$.

6. 略.

习　题　2-3

1. (1) 2，$\boldsymbol{\alpha}_1, \boldsymbol{\alpha}_2$；　(2) 3, $\boldsymbol{\alpha}_1, \boldsymbol{\alpha}_2, \boldsymbol{\alpha}_3$；　(3) 3, $\boldsymbol{\alpha}_1, \boldsymbol{\alpha}_2, \boldsymbol{\alpha}_4$.

2. (1) 3, $\boldsymbol{\alpha}_1, \boldsymbol{\alpha}_2, \boldsymbol{\alpha}_3$, 而 $\boldsymbol{\alpha}_4 = -3\boldsymbol{\alpha}_1 + 5\boldsymbol{\alpha}_2 - \boldsymbol{\alpha}_3$；

(2) 3, $\boldsymbol{\alpha}_1, \boldsymbol{\alpha}_2, \boldsymbol{\alpha}_4$, 而 $\boldsymbol{\alpha}_3 = 3\boldsymbol{\alpha}_1 + \boldsymbol{\alpha}_2 + 0\boldsymbol{\alpha}_4$, $\boldsymbol{\alpha}_5 = \boldsymbol{\alpha}_1 + \boldsymbol{\alpha}_2 + \boldsymbol{\alpha}_4$；

(3) 2, $\boldsymbol{\alpha}_1, \boldsymbol{\alpha}_2$, 而 $\boldsymbol{\alpha}_3 = \dfrac{3}{2}\boldsymbol{\alpha}_1 - \dfrac{7}{2}\boldsymbol{\alpha}_2$, $\boldsymbol{\alpha}_4 = \boldsymbol{\alpha}_1 + 2\boldsymbol{\alpha}_2$.

3. $a=2.\ b=5$.

习　题　2-4

1. (1) 基础解系：$\boldsymbol{\xi} = \left(\dfrac{4}{3}, -3, \dfrac{4}{3}, 1\right)^{\mathrm{T}}$；通解：$k\boldsymbol{\xi}$.

(2) 基础解系：$\boldsymbol{\xi}_1 = (-2,1,1,0)^{\mathrm{T}}$，$\boldsymbol{\xi}_2 = (-2,1,0,1)^{\mathrm{T}}$；通解：$k_1\boldsymbol{\xi}_1 + k_2\boldsymbol{\xi}_2$.

(3) 基础解系：$\boldsymbol{\xi}_1 = (-1,-2,1,0,0)^{\mathrm{T}}$，$\boldsymbol{\xi}_2 = (1,-2,0,1,0)^{\mathrm{T}}$，$\boldsymbol{\xi}_3 = (5,-6,0,0,1)^{\mathrm{T}}$；通解：$k_1\boldsymbol{\xi}_1 + k_2\boldsymbol{\xi}_2 + k_3\boldsymbol{\xi}_3$.

(4) 基础解系：$\boldsymbol{\xi}_1=(-1,1,1,0,0)^{\mathrm{T}}$，$\boldsymbol{\xi}_2=\left(\frac{7}{2},\frac{5}{2},0,1,3\right)^{\mathrm{T}}$；通解：$k_1\boldsymbol{\xi}_1+k_2\boldsymbol{\xi}_2$.

2. (1) $k_1=(-2,0,1,0)^{\mathrm{T}}+k_2=(-1,1,0,1)^{\mathrm{T}}+(2,1,0,0)^{\mathrm{T}}$；

(2) $k(-1,1,1,0)^{\mathrm{T}}+(-8,13,0,2)^{\mathrm{T}}$；

(3) $k_1\left(\frac{1}{4},\frac{7}{4},1,0,0\right)^{\mathrm{T}}+k_2\left(-\frac{3}{4},\frac{7}{4},0,1,0\right)^{\mathrm{T}}+k_3(-1,0,0,0,1)^{\mathrm{T}}+\left(\frac{5}{4},-\frac{1}{4},0,0,0\right)^{\mathrm{T}}$.

3. $k_1(1,0,1,0)^{\mathrm{T}}+k_2(4,-3,0,1)^{\mathrm{T}}+(1,0,0,2)^{\mathrm{T}}$.

4.略.

5. $\lambda=5$时有解，通解为$k_1\left(-\frac{1}{5},\frac{3}{5},1,0\right)^{\mathrm{T}}+k_2\left(-\frac{6}{5},-\frac{7}{5},0,1\right)^{\mathrm{T}}+\left(\frac{4}{5},\frac{3}{5},0,0\right)^{\mathrm{T}}$.

第三章

习　题　3-1

1. 5，$\sqrt{39}$.

2. (1) 5；(2) −21.

3. $\lambda=-2$，$\boldsymbol{\gamma}=(-2,2,-1)^{\mathrm{T}}$.

4. (1) $\boldsymbol{e}_1=\frac{1}{\sqrt{3}}(1,1,1)^{\mathrm{T}}$，$\boldsymbol{e}_2=\frac{1}{\sqrt{2}}(-1,0,1)^{\mathrm{T}}$，$\boldsymbol{e}_3=\frac{1}{\sqrt{6}}(1,-2,1)^{\mathrm{T}}$；

(2) $\boldsymbol{e}_1=\frac{1}{\sqrt{2}}(1,1,0,0)^{\mathrm{T}}$，$\boldsymbol{e}_2=\frac{1}{\sqrt{6}}(-1,1,2,0)^{\mathrm{T}}$，$\boldsymbol{e}_3=\frac{1}{2\sqrt{3}}(1,-1,1,3)^{\mathrm{T}}$.

5. (1) 不是；(2) 是.

6. $a=\frac{1}{2}$，$b=\frac{\sqrt{3}}{2}$，$c=-\frac{\sqrt{3}}{2}$或$a=\frac{1}{2}$，$b=-\frac{\sqrt{3}}{2}$，$c=\frac{\sqrt{3}}{2}$.

7. 略.

习　题　3-2

1. (1) $\lambda_1=7$，$\lambda_2=-2$，对应于$\lambda_1=7$，$k_1(1,1)^{\mathrm{T}}$，对应于$\lambda_2=-3$，$k_2(-4,5)^{\mathrm{T}}$；

(2) $\lambda_1=\lambda_2=\lambda_3=-1$，$k(1,1,-1)^{\mathrm{T}}$；

(3) $\lambda_1=-1$，$\lambda_2=\lambda_3=1$，对应于$\lambda_1=-1$，$k_1(2,-1,1)^{\mathrm{T}}$，对应于$\lambda_2=\lambda_3=1$，$k_2(-1,1,0)^{\mathrm{T}}+k_3(-1,0,1)^{\mathrm{T}}$.

2. $a=-3$，$b=0$，$\lambda=-1$. 提示：设$\boldsymbol{A}\boldsymbol{\alpha}=\lambda\boldsymbol{\alpha}$.

3.略.　4. 略.

习　题　3-3

1. (1) $\boldsymbol{A}$ 可以对角化，$\boldsymbol{P}=(\boldsymbol{p}_1,\boldsymbol{p}_2,\boldsymbol{p}_3)=\begin{pmatrix}-1&-1&3\\-1&1&1\\1&0&2\end{pmatrix}$，$\boldsymbol{P}^{-1}\boldsymbol{AP}=\begin{pmatrix}0&0&0\\0&-1&0\\0&0&9\end{pmatrix}$(注：答案不唯一)；

(2) $\boldsymbol{A}$ 不可对角化，因为 $\lambda=2$ 是 $\boldsymbol{A}$ 的二重特征值，但它只对应一个线性无关的特征向量；

(3) $\boldsymbol{A}$ 可以对角化，$\boldsymbol{P}=(\boldsymbol{p}_1,\boldsymbol{p}_2,\boldsymbol{p}_3)=\begin{pmatrix}1&1&-1\\2&1&0\\2&0&1\end{pmatrix}$，$\boldsymbol{P}^{-1}\boldsymbol{AP}=\begin{pmatrix}1&0&0\\0&2&0\\0&0&2\end{pmatrix}$(注：答案不唯一).

2. $\dfrac{1}{3}\begin{pmatrix}4-2^{100}&-1+2^{100}&-1+2^{100}\\0&3\cdot2^{100}&0\\4-2^{102}&-1+2^{100}&-1+2^{102}\end{pmatrix}$.

3. 提示：因 $\boldsymbol{A}$ 的特征值互异，故知向量组 $\boldsymbol{p}_1$，$\boldsymbol{p}_2$，$\boldsymbol{p}_3$ 线性无关，于是 $\boldsymbol{P}=(\boldsymbol{p}_1,\boldsymbol{p}_2,\boldsymbol{p}_3)$ 为可逆阵，且有 $\boldsymbol{P}^{-1}\boldsymbol{AP}=\begin{pmatrix}2&&\\&-2&\\&&1\end{pmatrix}$，可得

$$\boldsymbol{A}=\boldsymbol{P}\begin{pmatrix}2&&\\&-2&\\&&1\end{pmatrix}\boldsymbol{P}^{-1}=\begin{pmatrix}-2&3&-3\\-4&5&-3\\-4&4&-2\end{pmatrix}.$$

习　题　3-4

1. (1) $\boldsymbol{P}=\dfrac{1}{3}\begin{pmatrix}1&2&2\\2&1&-2\\2&-2&1\end{pmatrix}$，$\boldsymbol{P}^{-1}\boldsymbol{AP}=\begin{pmatrix}-2&&\\&1&\\&&4\end{pmatrix}$；

(2) $\boldsymbol{P}=\begin{pmatrix}\dfrac{1}{\sqrt{2}}&-\dfrac{1}{3\sqrt{2}}&\dfrac{2}{3}\\\dfrac{1}{\sqrt{2}}&\dfrac{1}{3\sqrt{2}}&-\dfrac{2}{3}\\0&\dfrac{4}{3\sqrt{2}}&\dfrac{1}{3}\end{pmatrix}$，$\boldsymbol{P}^{-1}\boldsymbol{AP}=\begin{pmatrix}9&&\\&9&\\&&27\end{pmatrix}$.

2.略.

3. $\lambda_2=-2$.

习 题 3-5

1. (1) $f=\boldsymbol{x}^{\mathrm{T}}\boldsymbol{A}\boldsymbol{x}$，其中 $\boldsymbol{A}=\begin{pmatrix}1&-1&\frac{3}{2}\\-1&-2&4\\\frac{3}{2}&4&3\end{pmatrix}$；

(2) $f=\boldsymbol{x}^{\mathrm{T}}\boldsymbol{A}\boldsymbol{x}$，其中 $\boldsymbol{A}=\begin{pmatrix}1&-1&0&0\\-1&1&0&3\\0&0&0&0\\0&3&0&0\end{pmatrix}$.

2. (1) $f(x_1,x_2,x_3)=5x_2^2-6x_1x_2+4x_1x_3-8x_2x_3$；

(2) $f(x_1,x_2,x_3)=-2x_1^2+2x_1x_2+6x_1x_3+2x_2^2-14x_2x_3+6x_3^2$.

3. (1) $f=4y_1^2+y_2^2-2y_3^2$，$\boldsymbol{x}=\boldsymbol{P}\boldsymbol{y}$，其中 $\boldsymbol{P}=\frac{1}{3}\begin{pmatrix}2&2&1\\-2&1&2\\1&-2&2\end{pmatrix}$；

(2) $f=5y_1^2+5y_2^2-4y_3^2$，$\boldsymbol{x}=\boldsymbol{P}\boldsymbol{y}$，其中 $\boldsymbol{P}=\begin{pmatrix}\frac{1}{\sqrt{2}}&\frac{1}{\sqrt{6}}&\frac{1}{\sqrt{3}}\\-\frac{1}{\sqrt{2}}&\frac{1}{\sqrt{6}}&\frac{1}{\sqrt{3}}\\0&-\frac{2}{\sqrt{6}}&\frac{1}{\sqrt{3}}\end{pmatrix}$；

(3) $f=2y_1^2+2y_2^2-7y_3^2$，$\boldsymbol{x}=\boldsymbol{P}\boldsymbol{y}$，其中 $\boldsymbol{P}=\begin{pmatrix}-\frac{2}{\sqrt{5}}&\frac{2}{3\sqrt{5}}&\frac{1}{3}\\\frac{1}{\sqrt{5}}&\frac{4}{3\sqrt{5}}&\frac{2}{3}\\0&\frac{5}{3\sqrt{5}}&-\frac{2}{3}\end{pmatrix}$.

4. (1) $f=y_1^2-y_2^2$，$\boldsymbol{x}=\boldsymbol{C}\boldsymbol{y}$，其中 $\boldsymbol{C}=\begin{pmatrix}1&\frac{1}{2}&-\frac{3}{2}\\0&\frac{1}{2}&-\frac{1}{2}\\0&0&1\end{pmatrix}$；

(2) $f=-4z_1^2+4z_2^2+z_3^2$，$\boldsymbol{x}=\boldsymbol{C}\boldsymbol{y}$，其中$\boldsymbol{C}=\begin{pmatrix}1&1&\frac{1}{2}\\1&-1&\frac{1}{2}\\0&0&1\end{pmatrix}$.

习 题 3-6

1. (1) 正定； (2) 负定； (3) 既不正定，也不负定.
2. (1) 负定； (2) 既不正定，也不负定； (3) 正定.
3. $k>4$.

第四章

习 题 4-1

1. (1) $\{(1,2),(1,3),(2,3)\}$； (2) {红, 白}； (3) $\{0,1,2,\cdots\}$；
(4) $\{x\mid 0<x<2\}$.
2. A，C，D，F是随机事件，B，E是不可能事件，G是必然事件.
3. (1) Ω; (2) $\varnothing$； (3) $\{2,4\}$； (4) $\{5,7,9\}$； (5) $\{6,8,10\}$.
4. (1) 该生是一年级女生，且还是运动员；
(2) 当计算机系的运动员都是一年级女生时.
5. 略.
6. 0. 022，0. 178.
7. $\frac{1}{190}$.
8. (1) $\frac{3}{5}$；(2) $\frac{2}{5}$；(3) $\frac{1}{5}$.
9. (1) $\frac{1}{6}$；(2) $\frac{1}{2}$；(3) $\frac{2}{3}$.

习 题 4-2

1. $P(AB)\leqslant P(A)\leqslant P(A\cup B)\leqslant P(A)+P(B)$.
2. 0.92.
3. (1) $\frac{1}{2}$； (2) $\frac{1}{6}$； (3) $\frac{3}{8}$.

4. $\frac{2}{9}$.

5. (1) $\frac{19}{58}$; (2) $\frac{19}{28}$.

6. (1) 0.87; (2) 0.9457; (3) 0.9158.

7. (1) 0.48; (2) 0.96; (3) 0.62.

8. 0.145.

9. (1) 0.0125; (2) 来自乙厂的可能性最大.

10. 独立.

11. (1) 0.3; (2) $\frac{3}{7}$.

12. (1) 0.512; (2) 0.992.

13. (1) 0.72; (2) 0.98.

14. (1) 0.0729; (2) 0.41.

第五章

习 题 5-1

1. (1) 是; (2) 不是.

2. (1) 是; (2) 不是.

3.

X	0	1	2	3
P	$\frac{1}{8}$	$\frac{3}{8}$	$\frac{3}{8}$	$\frac{1}{8}$

4. (1)

X	1	2	3	4
P	$\frac{7}{10}$	$\frac{7}{30}$	$\frac{7}{120}$	$\frac{1}{120}$

(2)

X	1	2	…	3	…
P	$\frac{7}{10}$	$\frac{7}{10}\times\frac{3}{10}$	…	$\frac{7}{10}\left(\frac{3}{10}\right)^{k-1}$	…

5. (1) 2;　(2) $\frac{3}{4}$，$\frac{11}{16}$，$\frac{2}{5}$；　(3) $F(x)=\begin{cases}0, & x<-1,\\ \frac{1}{4}, & -1\leqslant x<0,\\ \frac{5}{8}, & 0\leqslant x<1,\\ \frac{15}{16}, & 1\leqslant x<2,\\ 1, & x\geqslant 2.\end{cases}$

6. (1) $\frac{1}{2}$；　(2) $F(x)=\begin{cases}0, & x<-\frac{\pi}{2},\\ \frac{1}{2}\sin x+\frac{1}{2}, & -\frac{\pi}{2}\leqslant x<\frac{\pi}{2},\\ 1, & x\geqslant\frac{\pi}{2};\end{cases}$ (3) $\frac{\sqrt{2}}{4}$；(4) $\frac{\sqrt{2}}{4}$.

7. (1) $f(x)=F'(x)=\begin{cases}\frac{1}{2}e^{x}, & x<0,\\ \frac{1}{4}, & 0\leqslant x<2,\\ 0, & x\geqslant 2;\end{cases}$　(2) $\frac{3}{4}-\frac{1}{2}e^{-1}$，$\frac{1}{4}$.

8. (1) 0;　(2) $1-e^{-3}$；　(3) e^{-1}.

9. 0.003 066.

10. (1) 0.033 3；(2) 0.259 2.

11. (1) 0.241 7，0.066 8，0.866 4，0.617；　(2) $a=1.92$.

12. (1) 0.532 8，0.697 7，0.5；　(2) $c=3$.

13. (1) $\Phi(1,11)=0.866\,5$；　(2) 符合.

14. 0.682.

15. 10m，提示：$P(x>h)=\int_h^{+\infty}\frac{2}{x^3}dx=\frac{1}{h}\geqslant 0.01$，即 $h\geqslant 10$.

16. (1) 0.923 6;

(2) $x=58$. 提示：由题意知 $P(300-x<X<300+x)\geqslant 0.901$，可得 $\Phi\left(\frac{x}{35}\right)\geqslant 0.950\,5$. 查附表 2 得 $\Phi(1.65)=0.950\,5$. 由于 $\Phi(x)$ 是单调增加函数，因此 $x\geqslant 1.65\times 35=57.75$，故 $x=58$.

习 题 5-2

1. –0.2，1 3.4，2. 76，11.04，24.84.

2. $\frac{3}{5}$，$\frac{148}{75}$.

3. 0，0.5.

4. e –1，1.

5. 0，$\frac{1}{6}$，–1，$\frac{2}{3}$，$\frac{3}{2}$.

6. $n=6$，$p=\frac{2}{5}$.

7. 5，3.

8. (1) 4； (2) 33.64.

第六章

习 题 6-1

1. (1) 是； (2) 是； (3) 不是； (4) 是.

2. (1) 总体为某工人生产的铆钉的直径；样本为 X_1，X_2，X_3，X_4，X_5；样本值为 13.7，13.08，13.11，13.11，13.13；样本容量为 5；

(2) $\overline{x}=13.226$，$s^2=0.73$.

3. λ，$\frac{\lambda}{n}$.

4. (1) $N\left(40,\frac{25}{36}\right)$，0.9916； (2)0.890 4.

5. 3.57，26.217，–2.681 0，2.681 0，1.91，0.357.

6. (1) 33.196； (2) 55.758； (3) 1.943； (4) –1.812； (5) 2.98.

习 题 6-2

1. $\hat{\mu}=\overline{x}=457.5$，$\widehat{\sigma^2}=s^2=1240.3$.

2. $\hat{\lambda}=\frac{1}{\overline{X}}$.

3. $\hat{\mu}_2$更有效.

4. (1) (14.75，15.05)mm； (2) (14.79，15.06)mm； (3) (0.009 6，0.196 8).

5. (1) (6 652，6 788)(h)；　(2) (26 363，69 324).

习　题　6-3

1. 无明显改变.
2. 不合格.
3. 拒绝 H_0，即在显著性水平 0.05 下认为螺杆直径不是 21mm.
4. 实际值与理论值相符.
5. 可以.
6. 不可信.

习　题　6-4

1. (1) $\hat{y}=-19.89+12.04x$；　(2) 线性关系显著；　(3) (226.57，263.41)(万元).
2. $\hat{y}=0.616+0.0484x$，线性关系不显著.
3. (1) 存在显著的线性相关关系，$\hat{y}=33.05+103.56x$；
(2) $(45.2342, 51.9338)(\mathrm{kg/mm^2})$.